フィールドの生物学―⑯

琉球列島のススメ

佐藤寛之 著

東海大学出版部

Discoveries in Field Work No. 16
An encouragement of studying in the Ryukyu Archipelago

Hiroyuki SATO
Tokai University Press, 2015
Printed in Japan
ISBN978-4-486-01997-8

はじめに

このフィールドの生物学シリーズに出てくる他の著者の方々は基本的に初志貫徹型の生き物屋さんであり、最終的に研究者になった方々が執筆されている。そんなまじめな研究者による対象生物や研究のおもしろ話が満載されて、若い後進に夢を抱かせる内容になっているのだ。しかし、私は生き物好きから研究者になろうとして沖縄に来たものの、紆余曲折を経て道を外してしまったいわゆる研究者モドキというやつである。正直、研究職に就けていない私のようなものの話など書いてどうしようか？　少なくともこれまでのシリーズの毛色とはだいぶ異なってしまうことだけは間違いない、と初めにこの話を提案いただいたときに正直かなり悩むこととなった。しかし、私がのめり込んだのと同様、この地が生き物好きの皆さんにとって絶対におもしろい場所であり、その事についてはしっかりその魅力を伝えたほうがいいだろうという事、とことん道を踏み外してみるとどうなるか、「ああはならないように」という反面教師という一例としてはなにがしかの貢献もできるかということ、そして、生物が多様なほうがおもしろいのと同様、多様な人間の振る舞いが読み取れたほうがおもしろくなるのでは、と都合よく解釈することにして、今回この本を書かせていただく決意を持つことにした次第である。それゆえこの本では一つの理論だったり、研究対象を扱うのではなく、あえていろんな生き物や現象、実践などのおもしろそうなところだけを紹介しようと思っている。

さて、このフィールドの生物学というシリーズに合わせて文章を書くとすると、いったい私にはどんなフィールドがあり、皆さんに紹介できるのだろうか、ということを考えてみた。いろいろ頭を整理して考えるに現在の私には大きな二つのフィールドがあり、それらを楽しんでいるようである。そこでこの本ではその二つのフィールドについて詳しく書いていきたい。

今の私を紡いでいる大きなフィールド、一つは間違いなくこの「琉球列島」という場所である。大学入学以来方々ほっつき歩く中で数々の生き物や自然に接し、その魅力にどっぷりとはまってしまっている。どこを取ってみてもとにかく魅力的な場所なのだ。そしてそれらは自分の知識や経験を増やすことでより強く知的好奇心をくすぐることになる。二〇年住んだ今でもまだまだ新しい発見や出会いがあり、それら一つひとつがとてもおもしろい。だとするならば、そのおもしろさ、魅力的な部分や脆弱性について、研究者ではなく、一生き物屋の目線で整理して紹介したいと考えた。大学から大学院の博士課程が修了するまで取り組んでいたスッポンの研究は日進月歩の研究の世界ではいささか旬を過ぎてしまった。ここでは研究もあくまで琉球列島を見る中での一つのピースとして扱いたい。

最近強い興味を持っているもう一つのフィールドが教育や啓蒙といった分野である。理科好きを増やす事、生き物屋を増やす事、それも理科や生き物の好きな人を伸ばすのではなく、理科や生き物が嫌いになってしまった人を振り向かせる事に強いおもしろ味を感じている。色々タイミングや偶然の出会いというものも作用したと思うのだが、これまで多くの貴重な機会を得る事ができ、その都度、今までの経験や知識を総動員して挑む事ができた。そんな体験も交え、このフィールドについても少し紹介させて頂きたい。

前置きが長くなってしまった。それでは次頁から私が経験してきた琉球列島の魅力について紹介していこうと思う。この場所におもしろさを感じ、共感してくれる人が現れてくれると幸いである。読みにくい点など散在していると思うのだが、私の文章能力の無さゆえ、ご容赦願いたい。

著　者

山原の森

リュウキュウヤマガメ幼体

オキナワイシカワガエル

クロイワゼミ

アカマタによるアカウミガメの捕食

オオハシリグモに捕食されるリュウキュウアカガエル♂

オキナワトゲネズミ

ハブ

目次

第3章　毒モノ、キワモノ体験のススメ——57

第4章　陸モノのススメ——79

第5章　琉球列島の春夏秋冬　105

第6章　離島のススメ　191

第1章 沖縄生活のススメ

クロイワトカゲモドキ

沖縄本島、琉球列島の入り口

高校の頃、両生爬虫類、なかでもカメが私の中でとても魅力的な存在になっていた。実際に見に行ったり、飼育したり、図鑑を読みふけったりと、とにかく大きなブームがきていた。当時、進路を考えていた高校生の生き物屋予備軍だった私は、単純に「カメが好き、カメを見たい、カメを研究したい」という動機で、日本地図を取り出し、図鑑片手に日本に生息するカメの分布域を書き込んでいった。すると、琉球列島がニホンイシガメ、ミナミイシガメ、スッポン、リュウキュウヤマガメ、セマルハコガメ、ウミガメ類……と、日本の中でいちばん多くのカメが生息する地域であるらしいことが見えてきた。そこで私は、琉球列島にある沖縄の大学に行けばカメの研究ができるだろうと安易に考え、日本最南端の国立大学、琉球大学を目指すことに決めた。

当時の琉球大学には、生物系の学科として理学部には生物学科と海洋学科の二つがあり、農学部には複数の学科があった。予備校で模試を受けると、海洋学科は生物学科に比べ合格の可能性が一ランク高かった。生物を研究したいというのにもかかわらず、合格しやすいとアドバイスされた海洋学科のほうを目指すことにした。そして、浪人の末、理学部海洋学科（現・海洋自然科学科）に入学した。

当時、わが国の国立大学の中で唯一、海洋学科は海洋に関する物理、地学、生物、化学の講座がまとまっている学科であった（その後、残念なことに、学科改変でなくなってしまった）。そのため必修の講義には、生物の専門知識以外に海洋に関する物理、化学、地学の授業があり、それらの単位を全部取らない

図1・1　オサガメと筆者

と留年してしまうので、必死で勉強することとなった。当時はものすごく負担に感じたが、このことは常に物事を複数の視点から考える習慣を私につけさせてくれ、思考の裾野を広げることになったと思っている。特に岩石や地質の知識は土壌や植生、地形などに大きな影響を与えるため、フィールドに赴く際に、大変役に立っている。

あこがれの地、沖縄へ

かくして一九九三年の春、私は希望に充満て沖縄の地を踏んだ。

ところが、だ。ここでこれから少なくとも四年間は暮らしていくというのに、部屋を一歩出ると、目の前に広がる景色の中に、人工物以外、私の知っているものがほとんどない。街路樹も道端の雑草も、見たことがないものばかり、大学のキャンバス内に普通にいる鳥にしても、虫にしても、生えている植物にしても、何もわからないのだ。

東京に住み、本州の中を少し移動したくらいでは経験できない事態だった。今から思えば、生物境界線や気候区の異なる場所にきたのだから、当然のことなのだが、当たり前にしている前提が突如なくなり、何もわからない状態は、「恐怖」にも似たなんともいえない経験で、生き物好きをこじらせた大学一年生には少し刺激が強かったようで、「これは、大変なところにきてしまったかもしれない」、と思ったことを、今でも何かの拍子に思い出す。

私にとって「生き物を知っている」とは、最低限名前がわかったうえで、「その生き物について何かを知っている」ということで、東京から飛行機でたった三時間、同じ国内であるにもかかわらず突如その最低限すらなくなり、周りのすべての生き物の情報がなくなってしまったのだ。旅行で一時的に滞在するならそれでもかまわないが、生活するのにこれではまずい。大学にはカメの研究をするためにきた。しかし、それは研究室に入ってからでいい。まずは、急ぎその最低限の再構築を目指すために行動しなければ……

そんなふうに私の学生生活はスタートした。

なにしろすべてのものがわからない、この恐怖というか焦りのような気持ちが少し落ち着くのは大学院が終わる頃なので、私は学生時代を通してずっと焦っていたことになる。

図1・2　千原キャンパス

脱線の始まり、市場

まずは沖縄を知らないと話にならない。この地にきて前提をすべてリセットしてしまった私は、この地を納得するためにとにかく色々な現場に出てみることにした。琉球大学はフィールドが近いという点が何よりも大きなメリットで、大学のある西原キャンパス内には林があり、そこには見なれぬ植物が繁茂し、街路樹には複数のオキナワキノボリトカゲが縄張りを主張していた。農学部の農場を歩いても色々な生き物を見ることができた。さらにキャンパス東側の坂を下れば中城湾という海が広がる。「周りがすべてフィールド」という非常に恵まれた環境であった。そのため見たいものがあれば現場に行って見てこられる、必要ならとってこられる、うろ覚えで気になったものがあれば、その都度、実物で確認してこられるといったことが実際に容易にできるのだ。

そんな私の生き物屋としての学生生活の多くは、市場巡り、生物クラブというサークル活動、野外調査という、大きく三つの要素を軸に展開していくこととなる。まずは順番にそれぞれのおもしろさを紹介していきたいと思う。

第2章
海モノのススメ

オキナワキノボリトカゲ

初めての漁連

学生生活をスタートさせ、色々なものに刺激を受ける中、当時、海洋学科の吉野哲夫先生のサカナの分類学の研究室にいた先輩に、「漁連」に連れて行ってもらう機会を得た。ちなみに吉野先生には、この後研究室に所属させてもらい、卒業研究の指導教官をしていただいたり、私がヘマをやらかしたときに後始末をしていただいたりと、なにかとお世話になる。当時、私はあまりサカナには関心がなかったものの、海洋学科で生き物、特に背骨のある生き物を研究したいということで、この研究室の周りをうろついていた。

漁連とは、沖縄県漁連の略称だ。東京の築地市場のような場所で、沖縄県で流通するサカナの多くがこの市場を経て県内に流通している。当時、研究室の先輩たちは、ほぼ毎日交代で誰かが漁連に出向き、変なサカナ探しやデータ収集などを続けていた。

朝の三時半。大学の研究室から先輩の車に同乗し、初めて漁連を訪れた私は一気にこの市場の持つ力に圧倒されてしまった。私の目に飛び込んできたのは、やはり「何かわからないサカナたちの集団」がとにかく大量に、そして整然と床に並んでいる、同じ日本とは思えない漁連の風景だった。

漁連の競り場は、体育館よりもだいぶ広い一面コンクリートの床スペースに発砲スチロールのトロ箱などが所狭しと並び、手前から、八重山や外国・内地などから送られてきた近海魚類、マグロ・カジキなどの延縄もの、那覇周辺の魚種を扱う地区漁連というように、取り扱い魚種の異なる三つのパートに大別さ

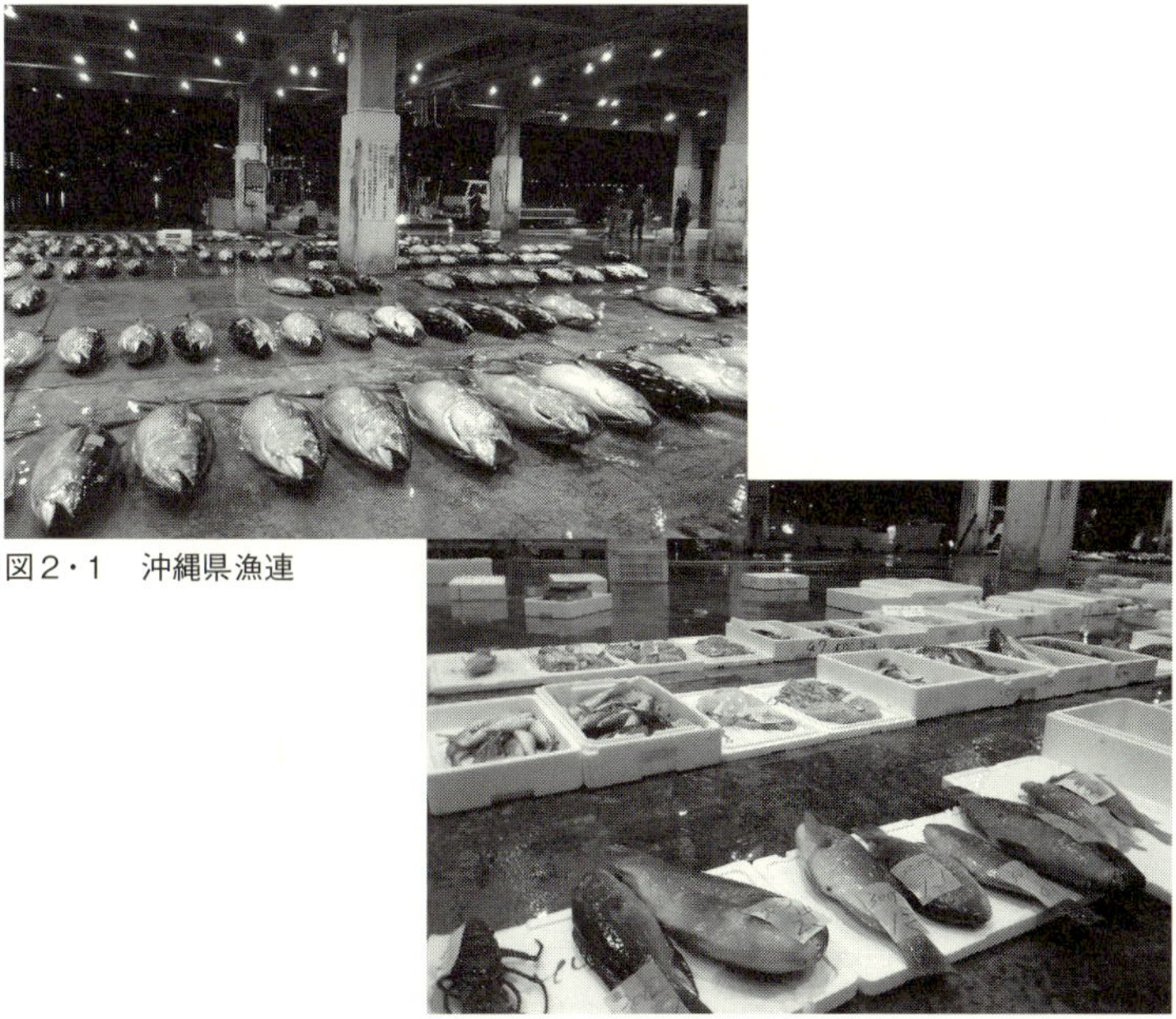

図2・1　沖縄県漁連

れている。競りの時間は五時半。その時間が近づくと、競り場は緊張感に包まれ、仲買人以外の部外者は入れなくなる。私たちは競りの時間のだいぶ前、競り場にサカナを並べているところにお邪魔させてもらい、サカナを観察するのだ。

　この市場のおもしろさはなんといってもその魚種の豊富さにある。日本本土で同一の魚種が大量に並んでいる魚市場はよく見かけるが、ここまで魚種がばらけていて、かつ、そのどれもがカラフルなサカナで占められる競り場はあまり例がない。また、真ん中に位置するマグロなどの延縄ものの競り場はすべて「生マグロ」で、それまで尾鰭を切り落とされてカチンカチンに凍った白い冷凍ものしか見たことない私には、五体（？）満足のマグロを観察できること自体すごく新鮮であった。

東京にいたときは切り身でしか知らなかったカジキマグロ類も、ここでは丸のまま広いコンクリートの上に鎮座している。北方系の魚種を見かけることはほとんどないが、サンゴ礁域の様々な魚種の実物をじっくり観察することができる「生きた勉強の場」なのだ。今はわからないが、当時はまだ市場も非常に緩い感じで、学生がうろうろしていても、挨拶さえきちんとしていれば怒られることはなかった。私はその広い市場で、目に飛び込んできたサカナたちを手当たり次第観察することにしたが、私にはそれが何なのかほとんどわからない。先輩に尋ねると（面倒くさそうに）「×××！」と即答で答えが降ってきた。違う種類と思って再び尋ねると（さらに面倒くさそうに）「×××！」といわれ、「えー、これとこれが同種かよ……」と、ただただ混乱するばかりであった。サカナであることはわかっても頭の中に対応する生き物名が入っていないことに加え、「何の仲間か？」というあたりをつけるための分類体系も構築されていなかったのだ。ここでは高校生程度の持つ少々の知識では全然通用しないのである。

こうして、私の初回の漁連見学は、ただただ敵（生き物屋はこなすべき対象を〝敵〟と表すことが多い）の存在が大きいことを確認するだけで終了となった。まったく手も足も出なかったのだ。しかし、大切なことは、私の知識がないだけで、そこには間違いなく見たこともない非常に多くの種類のサカナが存在し、琉球列島のおもしろさが陸だけではなく、海の生き物にも当然備わっているという無限の広がりを感じさせるものだった。とにかく種数が多い。このことこそ生き物屋にとっての琉球列島の最大の魅力といえるだろう。かくして私はこの市場にすっかり魅了され、大学院の修士課程が終わるくらいまで、朝は三時半に起きて（寝ないで）那覇に出かけ、この魚市場通いを続けることとなった。

図鑑は武器、辞書であり、メモ帳

初めての漁連を体験して、攻略しないといけない敵の存在は理解した。まずはサカナと闘うための武器を手に入れなければ、そう考えた私はサカナについての二つの図鑑を購入した。一つは『日本産魚類大図鑑』（益田ほか編、一九八四）、図版と解説がそれぞれ別冊になっているもので、正確な金額は忘れたが約四万円、学生にとっては購入にいささか勇気が必要な図鑑である。この図鑑は魚類の写真を系統ごとに分けて載せてあり、サカナ屋さんの「共通の辞書」的存在となっている。図版部と解説部が別冊になっているので、図版部だけを持ち歩いてとりあえず名前を確認するというのが先輩たちの図鑑の使い方だった。図鑑の内容はみんなの頭の中に入っており、例えば図鑑のないところでも「ニザダイのページの真ん中辺にいるでしょ」、とか「アイゴのちょっと後ろ」とか、サカナ屋さん同士で話が成り立つのである。

もう一つは、『日本産魚類検索―全種の同定』（中坊編、一九九三）。これも三万円弱のお値段がしたように記憶している。この本は、とにかく厚くて重くて持ち運びが大変で（現行版は三冊に分かれているが、私の買った最初の版は一冊でできており、『広辞苑』ほどの厚みがあった）、フィールドに一緒に持っていくということはおよそ考えられないが、当時としては画期的で、なかなか使い勝手がよく、日本産の魚類の体の特徴から、その種類を同定できる検索表がまるまる図鑑になっている。知りたいサカナを手に取り、背鰭の棘が○本、軟条が○本、背鰭の始まりは腹鰭基部より前か後ろか、などと図鑑にある解説と線画に従ってページを進めていくと、既知の魚種に同定することができる。もちろん、これに当てはまらなけれ

図2・2　使い込んだ図鑑

ば新種や新分布記録の可能性が出てくるのだ。

この二冊の図鑑をうまく駆使すると、それまで「模様が違う?」などと見ていた、似たようなサカナの「質的な」違いが見えてくるようになった。また、これらの図鑑は、種の分類形質だけでなく、属や科、目といった高次の分類形質なども当然載っているので、フエダイ科とフエフキダイ科といった当時、自分の中で混同していたいわゆる〝似ているサカナグループ〟を明瞭に識別することができ、大まかなグループで当たりをつけられるようにもなれたのである。

サカナに限ったことではないが、分類体系の基本を学ぶには、図鑑を自分の手足のように扱えるようにならなければ話にならない。しかし、図鑑をいくら眺めていてもやはり身につくものではない。一度は何がしかの分類群を対象に、標本なり、実物なりをしっかりいじくり回し、とにかく使い込む期間が重要なのだ。実物に多くふれると目がなれ、分類形質を把握できるようになるだけでなく、勘や感じといった言葉以外の部分が研ぎすまされ、結果としてちょっとした変異に目が届きやすくなる。

そのためには同時にたくさんの種類が観察できる場所で使い込むのがいちばんで、市場での観察は格好の実践の場であった。

また、サカナは適度な種数であるというのもよかった。カメなどは一度に出会える種数が少なすぎるし、虫や植物のようなあまりにも種数が多い分類群から取り組むと、おもしろさがわかるまで時間がかかり、途中で飽きてしまったかもしれない。適度に多い種数でかつ紛らわしい、そして図鑑が充実していた、これらの要因が強力な援護射撃になった。

武器（図鑑）が手に入ってからは、漁連に行っても何やらすごく心強い。「なんでもかかってこい」という気持ちになった。手当たり次第に図鑑と絵合わせをし、家で検索図鑑を見て確認、という作業を夢中で繰り返した。写真ではわかりにくい識別点も、実物で見ると「なるほど」と腑に落ちる。似ているサカナも広い場内を回れば本物同士で比べ、違いを確認することができる。まずは大きな分類群、科や属を間違えないようにとか、今週はハタ類、来週はフエダイ類、マグロ類、などと目標を決めたりしながら楽しんでいたが、覚えても覚えてもたくさんの種類がいる。そのうち、何度も同じ種類を検索していたり、同じ間違いをしていることに気が付いた。これではさすがに効率がわるい。そう考えた私は、図版部の写真の横に検索図鑑の情報や鮮魚の状態の特徴などを現場でその都度書き込んでいくことにした。その結果、私の図版はみるみる汚くなっていったが、それと引き換えに、頭の中では非常に効率よくサカナの世界が整理されていった。私の場合、分類の基本は、好きだった「爬虫類」ではなく「魚類」から、そして主にこの二冊の図鑑と、とにかく、たくさんの種類が見られる魚市場で養われたといっても過言ではない。今私の手元にあるこの二冊は、どちらもぼろぼろで、随所にきたない字での書き込みがあり、何度も濡れた手でさわったためか、所々波打っていたり、シミがあったり、とても他人に見せられたものではないが、書き込まれた汚い走り書きの一つひとつに、当時の無知さやあがきっぷりが垣間見え、なつかしい本となっている。

そんな悪戦苦闘の中、私のもう一つの楽しみが競り場の端の柱の陰にあった。そこは毎朝、八重山などから送られてきた輸送コンテナをひっくり返し、中の種々雑多なサカナたちを競りに出せるように種類・大きさごとに分類し、トロ箱にのせていく場所の傍で、形が小さすぎたり、身崩れしていたり、値段があまりに安いものだったりで、競りに出せないと判断されたサカナたちが、ゴミ箱に棄てられるまでの間、まとめて積まれていた。私はそれを「いらんもん」とよんでいた。「いらんもん」には珍しい魚種が少なからず混入しており、断りを入れて標本用にもらって帰ったりできたのだ。研究室に戻って実際にそんなサカナを標本にし、さらに詳しく細部を観察すれば、それらの違いが頭の中できれいに整理されていく感覚を急速に得ることができた。それ以外にもこの市場では、競りに並んでいるマグロの多くに入っている丸くきれいにえぐられた、ダルマザメに食われた傷跡であるとか、メカジキの体表につく外部寄生虫の存在、どういう泳ぎをするのか想像もつかない形態をしたアカマンボウ、一度きりしか出会えていないニタリ、ギンザメ、トビハタ、アカメモドキといった珍しいサカナとの遭遇、沖縄におけるマグロのさばき方、おいしいとされる魚種の傾向など、種類だけでなく様々な生きた情報を、私はその都度メモ帳のように図版部に書き込んでいくことができた。

こうして毎朝市場に通い続けて数カ月もたったあるとき、普段の風景と違って見える日がやってくる。目がなれてきたのか、知識がついてきたのか、はたまたその両方か、それまでなんだかわからないサカナたちの並んでいたモノトーンの世界の中に、自分の知っているサカナたちがまるでカラーパーツのように浮き上がって見えてくるという、宝探しのような感覚を得ることができるようになった。同時に「これは間違いなくわからないサカナだ」という、わからないものも判別できるようになった。この「わからないものがわかる」感覚こそ、そこそこものがわかってきた兆候に他ならない。生き物屋にとってとにかくとてもうれしい感覚で、その楽しさはなかなか言葉では表せないが、毎朝この市場に並び、普通に沖縄の人たちが口にしている魚種について、やっと最低限の部分が少し手に入ったような気がしてくる。

わからないものがはっきり認識できるようになると、友人と海に出かけても、遠くを泳いでいるサカナの識別点がくっきり見えて同定できるようになる。少しずつではあるが周りに知っているものが何もなかった感覚から、解放されていったのだ。学年が進み、系統分類学などの専門の講義を受ける頃になると、それらのベースを頭において、具体的に考えることができるようになっていった。また、不思議なもので曲がりなりにも一つの分類群でその分類体系や識別点などを体に叩き込むと、他の分類群に対してもその質的な違いに目が届くようになる。そうしてできた余裕を利用して、また他の分類群、別の分類群、というように食指を伸ばしていく。それを現在までひたすら続けることになる。

図2・3　左から，便所サンダル，コンビニ袋，蓋付きコマセバケツ，コンパクトデジカメ，『日本産魚類大図鑑（図版）』

コラム　漁連・漁港通いの装備

便所サンダル　市場は水を多用しているので足回りは非常に滑りやすい。本来は長靴などが正しいのであろうが当時の私たちは「便所サンダル」とよんでいた三八〇円のサンダルを愛用していた。他の多くのサンダルや島ゾウリと異なり、水の多い場所でのグリップ力が高く、海洋学科の学生から絶大な支持を得ていた。今ならきれいな長靴を用意するのがいいだろう。

『日本産魚類大図鑑（図版）』　サカナと向き合うための武器である。小脇に抱えて市場をうろついた後は車の後部座席に常に積んでおく。

コンビニ袋（ポケットに入れておく）　何か気になるものがあったら持ち帰るための袋で、生き物そのものだけでなくサカナの口に残った釣り針なんかも回収することができる。

蓋付きコマセバケツ　「いらんもん」入れ用のバケツである。車の荷物スペースに三個くらい入れておく。複数個入れておくのは食材としてもらう「いらんもん」とそれ以外を分けるため。

コンパクトデジカメ　当時はデジカメのような簡易な記録媒体

がなかったが、今ならコンパクトデジカメの一つでも持ち歩くほうがいいだろう。

漁港を回る　変な生き物との遭遇

例の図鑑を手に入れて以来、平日の私の琉球列島での生活は三時半に漁連に出かけ、四時半くらいまで市場をうろつくことから始まった。加えて大学の講義まで時間がある時などは、大学周辺にある漁港にも足をはこぶようになっていた。

本島中南部の各漁港は、那覇の漁連の競りから仲買人が移動できるよう調整されていて、那覇から近い糸満漁港の六時を皮切りに、那覇から離れるに従って、七時、七時半、八時……とずれていくように設定されていた。このため、時間をうまく使うと、いくつかの漁港をはしごしたうえに授業にも間に合う、という非常に効率のいい時間の使い方ができたのだ。漁港は、漁連とはまた違ったおもしろさにあふれていた。漁連が完成品を見る展示場とするならば、漁港回りはさしずめ製品が揃っていく工程を見られる工場見学のようなもので、いつ頃どこからどうやって、どんなサカナがとれるのか、どんなサカナが高く取り引きされているかなどという背景を知る機会に恵まれるだけでなく、競りにあがらない多くの生き物についても知ることができる場でもあった。

大学の東側に広がる中城湾には湾を囲むように小規模な漁港が点在し、沿岸のサカナなどを対象にした

図2・4　漁港のいらんもんたち．トラフザメ他

漁を行っていた。それらの漁港では、それぞれ傾向の違いはあるものの、概ね延縄、定置網、刺し網、ソデイカ漁の四つの漁法での漁が行われていた。漁連同様しっかりと大きな声で挨拶をしていれば漁師のおっちゃんからは歓迎され、船に乗せてもらえたり、色々な活きた話を聞かせてもらえる。

これらの漁港での漁のうち、私が特に好きだったのが刺し網漁だ。刺し網はGill net（Gillは鰓の意）といい、海中で網が立つように網の下側に錘り、上部に浮きをつけた構造の網を数百メートルつないでサカナの通り道などに仕掛けることで、そこを通り抜けようとするサカナが体の尖った部分を網に引っかけてつかまってしまうという、単純でありながらなかなか効果的な漁法である。網の目合いを通過できるかどうか、ぎりぎりの大きさのサカナをつかまえるため、目合いを変えることでとれるサカナのサイズを変えることができ、漁師によって使い分けていたりする点もおもしろい。この漁は、比較的近い場所に前日の夜に仕掛け、次の日の朝方に回収するというスケジュールで行われるため、漁連から帰ってきて一休みしてから港に行くと、ちょうど網を回収した船が戻ってくる時間に遭遇できる。ここでは魚類の他、最初に網にかかったサカナを狙って集まってくるカニ、エビなどの甲殻類や肉食性の貝類などもよくかかっていた。これまで見たこともない、沖縄では普通に食卓にのぼるウチワエビモドキやシマイシガニ、ワタリイシガニ、タイワンガザミなども当時はまったくわからず図鑑を頼りに調べることになった。

そして私のここでの楽しみは、漁連と同様に「いらんもん」の探索に向けられていた。

網から外す、コツという技術の習得

漁港の「いらんもん」は、サイズが小さすぎたり、元々食用にしないサカナやカニの類いだけではなく、ホネガイなどの肉食性の貝類、一緒にかかってきた海底の石やサンゴ塊、稀にウミガメやウミヘビ類などの海産爬虫類、本当になんだかわからないもの、と漁連の「いらんもん」なんかよりも遥かに多様だ。

港に戻ってくる船を待っていると、「いらんもん」はかなり遠くから視認できた。刺し網は船尾にあるスペースに回収した網を積み上げるのだが、その際、カニなどの甲殻類や「いらんもん」たちは、船上で再び網にからまないよう船の外側に網ごと出されていた。このため「いらんもん」を大量にかけた船は船尾に大量の網をぶら下げられた状態で港に戻ってくる。その光景はまさに魅力的な種々雑多なお宝を満載した宝船のようでさえあった。

船が港内の所定の位置に戻ってきたら、挨拶をしながら各船を回って成果を尋ねる。漁師さんも毎日の

図2・5　大学周辺にある漁港

ようにくる奇妙な大学生にもなれ、もう日常の光景になっていた。変なものがかかっていると、漁師さんが教えてくれた。「今日は駄目だ。石といらないカニしかかかってない。勝手に外してもらっていけ」「おい、大学生！　変なカニかかってるぞ」「おーい、こっち」「ホネガイもらうか？」といった感じだ。

しかし、勝手に（私にとっての）宝物だけをもらっていくわけにはいかない。広い海から網にかけてもらうまでは漁師さんがやってくれたのだ。当たり前のことであるが、まずは自分でその網から外さなければならない。しかもその前に迫っている競りの時間に間に合わせるためにも、まずは売り物であるエモノを片っ端から網から外し、トロ箱に入れていくことになる。

字面を見ると大したことではないように思える「網から外して」という行為であるが、なれるまでは大変苦労した。サカナはまだいいのだ。カニやイセエビ類、ホネガイのたぐいは最初の頃は手も足も出なかった。網から外しきれないのである。刺し網の構造は単純な平面の網であるから、どこからか入ったのであれば、理屈的にはその反対にすれば取り出せるだろう、と思うが、網にかかった生き物はそりゃもう文字通り必死に大騒ぎをするようで、網を何重にも行ったり来たり、潮流の作用でさらに絡まったりして御用になる。そのため、エモノのかかった部分の見た目は、網の塊のようになっている。目がなれていないと網を外すきっかけとなる出口すら見えてこないのだ。外しているつもりが、さらに他の網にからませて事態を複雑にもしてしまうし、港の中とはいえ、海に浮かんでいる船の上で下を向きながらさらに必死になっていると、微妙な揺れも手伝って酔いそうにもなる。悔しいかなここでは私はとことん使えない「大学生」であった。どうすることもできないので、実際に網を外しているおっちゃんたちの指先の動きを観察しながら世間話をしつつ、素直にそのテクニックを教えてもらうことになる。

おっちゃんらの手にかかると、こんがらがって見える網の塊の中から、あれよあれよという間に中心にいるサカナだけが取り出されていく。だまされているのかと思うくらい、華麗で優雅であっけない。じっと手先を見ていると、そのうちコツが見えてくる。サカナは頭から尻尾にかけては滑らかになっている。一方、進行方向と逆に動かすと鰭や鱗など色々な部分が引っかかる構造となっているので、サカナに関しては頭のほうをつかんで、からんでいる網を尾部に向けて移動させていけばいいのだ。コツをつかむと自分でもあっという間に外せることに気が付く。コツというものは大切で、これればかりはやり込まないと理解できないことだと本当に感心した。

自分でも外せるようになると、サカナが最初に網にかかった部分に見当がついてくる。多くのサカナは同じ原因で網にかかっている。そしてそのきっかけは本当に些細なものであるようだった。サカナの背鰭は開いたり閉じたりするために、背中側にそれを動かすための筋肉と骨構造が存在する（寿司ネタでいうとヒラメの縁側にあたる部分）。この構造のため、背鰭の手前と背鰭第一棘の基部では柔軟性が異なる。網にかかったサカナは体の構造上、逆戻りは苦手なので突進して網をくぐり抜けようとする。そのとき、少々きついくらいなら、筋肉の柔軟性を利用して力技で網を体の後ろのほうに進ませることができる。しかし、背鰭の生えているところまで網が進むと、体の内と外に硬い構造物があるので、そこに網が引っかかると、それ以上すり抜けられなくなる。網の塊になるのは、その後暴れて周囲の網を巻き込むからであり、網にかかったたいていのサカナは、最初の背鰭付近に引っかかった糸の存在さえ見つけることができれば簡単に外せるということを、仕組みの上から理解することができた。単純だなぁと思う反面、こんな技を考え出した漁師さんてすげぇなぁとただただ感心してしまった。

サカナが簡単に外せるようになっても、からんだ後に形を変形させるコブヒトデやハネジナマコのようなさらに難しい無脊椎動物たちが次から次に控えていた。そしてさらに複雑なのがカニなどの甲殻類。特に遊泳脚とよばれる先端が団扇状になった足を有していたり、突起物や凹んでいる部分の多い構造をしているカラッパ類、アサヒガニやカルイシガニ、イセエビ類、ガザミ類は上級者向けの教材だった。しかし、これも悪戦苦闘しながら落ち着いてよく観察すると、初めに引っかかった箇所が必ずあることが見えてくるし、体の構造を理解すると、進行方向に対してはそれを邪魔する突起が比較的少なかったりと、エモノ自体が色々ヒントを与えてくれていることに気が付くようになった。

外せるポイントさえ見きわめられれば、手先の器用な私はおっちゃんに負けない速度で外していくことができる。そのうちおっちゃんから「かかっている他のカニも、全部外して」といわれるようになる。最初の頃は、外しているうちに足が取れたりして競り値を大きく落としてしまう危険性があったので、おっちゃんたちが外していた売り物のカニたちだ。小さなことではあるが、私の網外しのスキルがおっちゃんたちに認められた気がしてうれしくなった。私はこうして一つひとつエモノを網から外しながらその技に磨きをかけていった。

漁につれていってもらう

エモノを簡単に外せるようになると、今度はそれらがどうやってとられるのかが気になってしょうがなくなる。どうしてもそれらが海からあがってくるところが見たくなり、仲のよかった漁師さんにお願いして何度か網の回収に参加させてもらったりもした。

網を入れる場所は、当然のことながらなんの目印もない海の上である。しかし、入れる場所を間違えれば何もかからないそうで、ここにも多くのコツが存在しているようだった。

教えてもらった範囲では、周囲に見える目標物を頼りにして、季節や勘などで、おっちゃんらそれぞれが決めているとのことであった。港を出て少しすると、「おいっ、網があったぞ！」とおっちゃんが前方の海を指差す。しかし、指差す先にある水平線上にどんなに目を凝らしても、何も見えない。おっちゃんには目印のブイが見えるらしく、そっちだという方向に船を進めてしばらくすると、エンジンの回転数が落ち、本当に網の目印のブイが視界に入ってきた。どんな目をしているのだろうか？　こんなこと一つひとつに感心しながら、おっちゃんの作業を見させてもらう。

ブイをギャフで引っ掛けて船内に回収すると、それにつながるロープが海中から伸びている。海底に張られた網がこれにつながっているのだ。船尾にある巻き上げ機にロープを引っ掛けてスイッチを入れると、「ウーーーン」という軽快な音とともに、ロープが巻き上げられていく。船を微速後進させながらしばらくロープを巻き上げていくと、網部分が船内に巻き上げられてくる。巻き上がってきた網は、船尾のスペースに折り返しながら積み上げていく。サカナなどがかかってきたら、網の山から少し外したところに網ごと置いて、カニやホネガイなど絡まると厄介な「いらんもん」は船の縁にぶら下げ、さらに網の山を作っていく。網が全部巻き終わると、かかったエモノが網の周囲に生えているような感じの、いつも漁港で私が見ている網の姿になるのだ。このままエモノを外せば、次の日の漁は網のいちばん上を持って海に入れれば網同士がからむことなく、とてもスムーズに網入れが行えるというスマートな方法だ。

たいしたエモノもなく（私的には）はずれのときは、このまま淡々と巻き上げ機の音を聞きながら船尾に回収された網の山が築かれて終わる。もちろんそれでも十分におもしろいのだが、何度も漁に連れて行ってもらっていると、船上の事態が一変するようなかなり興奮する出来事にも遭遇することになる。とてつもない大物がかかるのである。

ある日、いつものように網を回収していると、軽快だった巻き上げ機の音が「ウーーン、ウ、ウ、ウ、ブブブブブ、」と軋みだした。同時に、それ以上網が巻き上がらなくなる。こういうときは海底の大きな

図2・6　イトマキエイと著者

石を引っ掛けてしまっていることが多いので、船の動力を前進に入れてほつれを取り、網を岩から外すのが対処法だった。今回もそうだろうと思って見ていると、おっちゃんの顔つきが明らかに違っていた。すぐに素人の私にも事態は飲み込める。小さいとはいえ、エンジン付きの船が網に引っぱられて動いているのが、なんとなくわかるのである。石でないことは明らかだった。恐怖というかなんというか、抗えない大きな力を感じて驚いていると「おい、琉大生！　ギャフ準備しとけ！」と大声がかけられる中、おっちゃんも本気になり、船を前後させて網に弛みを作っては網を引き上げ、また弛みを作って巻き上げる、ということを繰り返した。悪戦苦闘の末、船縁近くまで引き寄せたところで、一面濃い青色の海面に、とにかく大きな黒い塊が悠然と船の下を横切った。さらに巻き上げ、いよいよエモノが弱ってきて船舷にその姿を見せると、それは黒地に一面白い斑点があざやかな、一広以上ある大きなマダラトビエイだった。大きなエイとはいえ、たかがサカナが全力で泳いだ結果、船が引っぱられたのだった。

足場の悪い船の上では、大きすぎるエモノを船内に持ち上げることは到底できないので、ギャフを打ち込み、ひっぱたいて絶命させて、ロープなどで船舷につないで固定した。大騒ぎで固定した後に周りを見わたすと、こんな大きなものがどこからわいたんだ？　と思えるほど、海面には船と静寂以外何もない、いつもの海だった。大捕り物の後、残りの網も回収したところで港に戻る。港について数人がかりで陸にあげると、マダラトビエイはさらに大きく見えた。よく見ると、尾っぽにあるトゲに網がかかり、その他かろうじて数カ所に網がからんでいるだけで、いつ外れてもおかしくない、かなり幸運なケースであったことがわかった。まったくとれない日は、船尾のスペースに網が淡々と積み上がって終わってしまうが、大当たりすると船尾のスペースいっぱいにサカナがかかったり、ときにはこのエイのようなとてつもない大物がかかったりする。漁師は本当にギャンブル性が高いのだなぁと思った。

陸に上がって一息つくと、私の体に異変が起きた。膝が笑ってしょうがないのだ。気が付かなかったが、どうやら私はすごく興奮していたようで、体中にアドレナリンだか、何か興奮物質が多量に分泌されたらしく、手や足がいうことをきかないくらいブルブルと震えていた。本当に武者震いというものがあるんだな、ということも実感させてもらった。

落ち着いたところで、陸に引き上げたマダラトビエイは私が包丁で解体し、カマンタ（沖縄でエイのこと）という名前で競りにかけられ、どこかの仲買いさんに競り落とされていった。かろうじてこのときの個体の尻尾を記念にもらい、乾燥させたものが今でも家の本棚の上にビニールに包まれて置いてある。時期やタイミングがいいこともあっただろうが、本当に海面から海を眺めていたのでは想像もつかない、海の中には間違いなく大きな生き物が生息しているのだということを、実感した出来事だった。

この体験後、そういう目線で再び漁港のあちこちを見わたしてみると、メカジキやクロカジキなどのカジキ類の吻端、オナガザメやイバラエイの尻尾、サメにかじられた跡のある餌木など、一目でわかる大物の痕跡がこの小さな漁港中に散在していることに気が付いた。こういう生き物の痕跡は、その存在を雄弁に私に語りかけている海からの主張のように思えた。

とにかく標本にしてみる

毎日のように市場や漁港に出かけて、もらってきた「いらんもん」をせっせと標本にして保存した。私は、とにかく実物がないと色々考えることができない要領のわるい人間なのだ。一度はいじくり回してみないとわからないので、とにかく片っ端から標本を作ってみた。標本作りにも、やはりコツのようなものがたくさんあって、先輩や先生方に教えてもらいながら、何度も失敗を繰り返した後にうまくなっていく。毎日もらえる「いらんもん」は、そんな私に色々試す機会を提供してくれる実践教材でもあった。どの標本も、基本的には腐敗させないためにタンパク質を変成させ、カビや菌が繁殖しないように維持するためのものであるが、その方法がいくつも存在する。一口に標本といっても、その目的や生き物によって、標本のタイプは大きく異なる。個人で作るには、昨今の薬品管理事情から厳しいといわざるを得ないものも多いが、代表的な方法を簡単に紹介しておこう。

液浸標本　軟組織を持つ生き物など、乾燥させて保存ができないものを保存する方法で、ホルマリンやブアン液などの固定液で生き物のタンパク質を固定（変成）後、ホルマリンやアルコールなどの液体中で保存する標本である。特に、学術標本は未来永劫残すものと考えて、自分以外の人たちが見てもわかるようにしておくことが大切となる。

私の場合、サカナは主に研究室の標本にしていたので、すべて液浸標本として処理していた。標本化の流れは次のようなものである。

①採集してきたサカナは、まず検索図鑑などで種を同定する。
②お腹を手前にしたとき、頭が左側になるように発泡スチロールの板の上にサカナを並べる。
③虫ピン二本で尾鰭の付け根を挟むようにして板に押しつけ、動かないように保持する。
④背鰭、腹鰭、尻鰭の棘に虫ピンを引っかけて、各鰭が伸展するようにして板に保持する。
⑤各鰭にホルマリンの原液を筆で塗布し、五分ほど放置（固定）する。
⑥固定された鰭は保持の虫ピンを外しても再び閉じることはないので、虫ピンを外す。
⑦写真などを撮るときはこの時点で撮影する。
⑧大きなサカナや軟骨魚類のように体内に固定液が浸み込みにくい生き物の場合は、筋肉中や浮き袋に

ホルマリンを適宜注射する。特にサメは固定液が浸透しないので、体軸に沿って三センチメートルおきくらいの高密度でホルマリンを注射しないと、中身だけが腐って膨らんでくることがある。
⑨標本にラベルを付け、台帳に記入し、一〇パーセントホルマリン溶液の固定槽で数日から一〇日前後固定する。台帳には採集日時や場所、採集者などを記載し、固有の標本番号をふっておく。
⑩固定槽から出し、流水中で余分なホルマリンを抜いてから、八〇パーセントエタノールなどの保存溶液の中に移して完成する。ホルマリンには強い脱灰力がある。甲殻類などの外骨格の生き物を長期間保存すると甲羅からカルシウムが除かれてしまい、ぼろぼろになることがあるので注意する（ホルマリンのままでもかまわないものはそのままでもよい）。

ホルマリンはタンパク質を変成させる力が強く（正確にはタンパク質の鎖間、鎖内に架橋を作り、固定する）、安価でとても便利な薬品であった。ただ、人の体もタンパク質のため、不用意にふれるとさわったところが固定される他、発がん性も指摘されている。今では規制が厳しく、取り扱いに注意が必要な薬品である。こうして作成した標本は、今後誰かの研究に資するため、標本庫の片隅で、同じ種類の標本とともに保存されることとなる。

乾燥標本　貝類や外骨格の生き物など、乾燥させても変形しないものなどに用いる。昆虫標本や植物の腊葉《さくよう》標本なども、広義の乾燥標本といえるだろう。ここではカニなどの甲殻類、貝類、なめし革の作り方を紹介しよう。サカナ以外の標本は研究室に納めることもなかったので、私はこれらを自分用の標本にしていた。

甲殻類の乾燥標本も、固定するまでの工程（工程⑧まで）は液浸標本とまったく同様で、発泡スチロールの上で形を整え、触覚や目玉のような細部も形を決めたらホルマリンを塗布し、形がついたところで四〜五パーセント程度のホルマリン液中で一週間ほどおいて十分に固定する。その後、流水に一週間ほどさらして余分なホルマリンを抜き、再び発泡スチロールの上で竹串や虫ピンを使い、形を整えたら陰干しする。乾くと本当に軽い標本になる。こうして一度固定しておくと、虫がわくことはほとんどない。乾燥させた標本は、表面に細かい突起や毛が生えているためそのままでは埃などがつきやすい。埃などの付着を防ぐのと、丈夫にするために表面をニスや樹脂でコーティングする。初期の頃はラッカースプレーのクリアーを使っていたが、現在では遺跡などの保存用として使われているパラロイドB‐72という樹脂を使う。有機溶剤やアルコールに可溶で非常に使い勝手がいいので愛用している。完成した標本は壊れやすいので、ケースなどに入れて保存する。

貝類は、軟体部を除去して、貝殻と蓋を合わせて保存する。軟体部の取り出しには、お湯にくぐらせたり、冷凍して殺して取り出す方法の他、貝を腐らせるやり方があり、貝によって使い分ける。軟体部を除去した貝は、よく水洗いした後に、乾燥させて保存する。真珠層を持つ貝や外套膜で覆われるタカラガイのような貝は、薬品や熱にさらすときれいな表面の構造が壊れてしまうことがあったので、漁港でもらったホネガイなどの貝類は、港の端っこのサンゴ砂の積み上げてあるところに差し込んで放置する方法をとっていた。これなら臭いも気にならない。一カ月ほど放置すると、きれいに軟体部が腐り落ちている。その後持ち帰って水洗し、薄い漂白剤などで洗い流して、きれいに乾燥させて完成となる。なめし革は、動物の毛皮などを保存する方法。サメや皮膚の硬いサカナなど、質感なりをさわって確かめられる。作成方法は、哺乳類でも爬虫類でも魚類でも、基本的には同じ。

①生き物の皮を剝ぎ、皮についた余分な肉片や脂肪をなるべく除去する。

②固定する。ミョウバンや、薬屋さんにあるホウ酸と、適当な量の塩を合わせた粉末を、皮の内側に擦り込む。袋などに入れて、最初の数日のみ冷蔵で、一週間以上保存する。

③袋から取り出し、水にさらして塩を抜き、ベニヤ板などに引っぱりながら貼り付けて、釘などで保持して乾燥させる。

サメの皮やフグなどの他、モンガラカワハギ類のようなサカナで作るとうまくいく。

骨格標本　脊椎動物の外皮や筋肉、内蔵などを除いた状態で作成する、骨格の標本。展示などに向いている。魚類以外にも、幅広く脊椎動物に使える。大型の哺乳類などではやり方が少し異なるが、この方法は簡便で、小型のものであれば作成可能。

①皮を剝き、可能な限り除肉する。小さな骨は、誤って破損・除去しないように、あらかじめ骨の各部のおおよその位置関係を調べて行うとよい。

②入れ歯洗浄剤につける。骨の周りに残った筋肉や色素を、入れ歯洗浄剤のアルカリ分や漂白剤が分解する。二、三日で反応が終わり、液が濁ってくるので、液を棄てて水洗。ふやけた箇所をハサミやピ

ンセットを使って除肉し、再び入れ歯洗浄剤を投入する。これを、液が透明になるまで数回繰り返し、タンパク質を取り除く。脳などの除去のため、頭部はこの際に切り離しておくと作業効率や仕上がりがよい。

③組み立て、乾燥。除肉・漂白が終わった標本は、発泡スチロールの上などに、虫ピン、竹串、爪楊枝などを適宜用いて、なるべく生体時の形に成形して乾燥させる。この方法では、骨と骨が腱や筋でつながったままなので、うまく成形できれば自然な関節状態の骨格標本になりやすい。頭部は別に形成し、乾燥させる。乾燥後、虫ピンや竹串を外し、針金などを脊椎骨に通す。別々に乾燥させた頭部と胴体を接着する。接着には、スーパーX（クリアー）というシリコン系のボンドが使い勝手がよく、便利。

④保存する。そのままでは、埃の付着、臭い、虫の発生など、長期間の保存には問題がある。クリアーラッカーやパラロイドなどの樹脂を全体に塗布し、コーティングを行う。こうすることで、保存しやすく長持ちする標本になる。骨格標本は壊れやすいので、ケースなどに入れてデータを書いたタグと一緒に保存する。

なんでもそうだが、やり込めばそれだけ技術や知識は蓄積していく。このような試行錯誤を繰り返して、液浸標本の保存液を変えて標本の透過性をあげたり、柔軟性を維持した変則的な標本や、透明な樹脂に封埋する方法や、透明標本の作成など、特殊な標本を作っていくことになる。

当時作っていたできのよい標本の多くは、友人や後輩などの求めに応じてあげてしまったようで、できのわるい標本だけが今でも家に残っている。それら不格好な標本は、私の標本作製修行の過程を物語るなつかしい作品たちだ。ともかく、こういう標本を一度でも実際に作ってみると、理屈抜きにおもしろいし、でき上がってみると生き物の体の作りがよくわかるようになる。夏休みの企画展などで、骨格標本作りの依頼がくると、こういった経験をもっと多くの人たちが体験して、生き物好きになって欲しいと思うのである。

コラム　液浸・乾燥標本作りの装備

標本作りは、生き物のことを知る大きなきっかけになる。一度自分で作ってみると、数多くのことを理解できる。手に入れにくい医薬品などもあるが、少し装備を示しておきたい。

標本台帳　採集地、採集日時などは、確実に記録しておこう。標本は、大げさにいえば一生どころか未来永劫残る可能性がある。数年後には忘れているであろう、いつどこで誰がといった基本事項を記録しておくことが重要。

発泡スチロール　標本を固定する際の土台になる。サカナなどの場合、サカナの形に表面の一部を彫り込んだりして使う。

虫ピン、竹串など　標本の鰭や足などを望む形に調整し、固定するまでの間保持する。志賀昆虫の有頭虫ピ

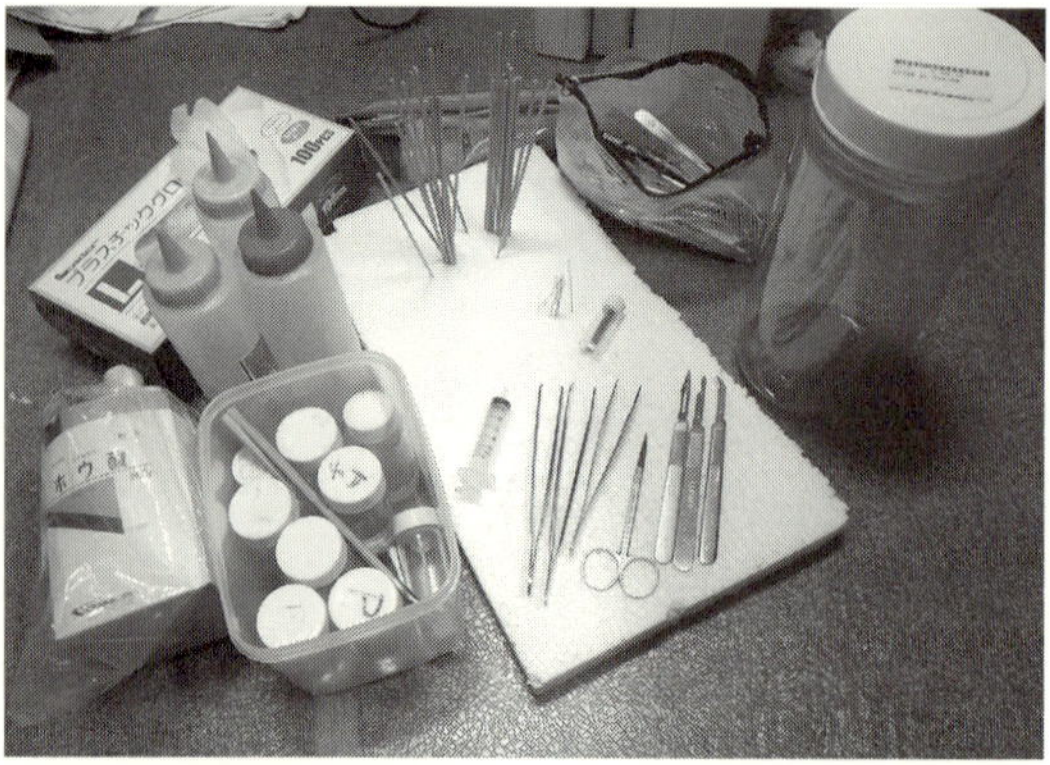

図2・7　標本作りの道具

ンは、錆ないので使い勝手がよい。

ディスポーザブル手袋　昔はあまり使わなかったが、危険な薬品なども多いので、手を保護するためにも使用しよう。

解剖道具一式　メス、ハサミ、ピンセット、鉗子など、一通りあると何かと便利。

固定液　ホルマリン。原液を鰭などの固定に使用する。一般には、現在手に入りにくい薬品。

保存液　ホルマリン、エタノール、エチレングリコール、グリセリンなどがあり、用途によって使い分ける。

なめし革用固定液　塩とミョウバンまたはホウ酸を混合したもの。スーパーマーケットの食品売り場や、薬局などで簡単に手に入る。生皮に擦り込んで脱水・固定し、腐敗を防ぐ。

広口T型瓶2リットル　液浸標本を固定・保存する容器として使い勝手がよい。3リットル瓶は大きすぎて、何かの拍子に蓋が取れてしまうことがある。

入れ歯洗浄剤　骨格標本を作る際に、細かい部分の除肉を行うための薬品。手に入りやすく、扱いも容易なので、一箱あるとなにかと便利。

コーティング剤　骨格標本などをコーティングするための樹脂として、幅広い溶媒で利用可溶な、パラロイドB-72がある。アセトンと、無水エタノールで溶かしておいたものを、使用目的に応じて使い分けている。代わりに手に入りやすいものとして、百円ショップやホームセンターにある、ラッカースプレーのクリアを吹きつけても同様の結果が得られると思う。

料理の腕をあげる、サカナの味を覚える、食費を浮かす

当たり前のことかもしれないが、やはりたくさんのものが集まるところにいると、目的以外の色々な経験も積むことができる。そのためにも、なるべく現場に出ているほうがおもしろい。毎朝おっちゃんたちと顔を合わせて網外しをしていると、一人暮らしをしている私をおっちゃんたちが心配してくれる。そして網外しのお礼として、型の小さいサカナやカニなどをもらうことが多くなっていった。

私自身はすでにたくさんの「いらんもん」をおっちゃんたちからもらっていたので恐縮したが、食材が手に入るというのは、金のない学生にとってはなんとも助かることである。素直に甘えさせてもらい、せっかくの機会だから食べられるものはなんでも食べてみようと考えた。おかげで漁港回りをしていた学生時代は、本当に色々なサカナを食べる機会に恵まれ、学部生の頃の私の食生活の大きな支えとなっていた。当然のことながら、おいしいものからおいしくないものまで楽しく食べながら、県内で流通している魚介類がどんなもので、どんな種類が好まれているかといった市場の傾向や、サカナに合った調理法など、生物学とは若干異なった知識を得るきっかけとなった。

私は昔から料理好きで、沖縄に持ってきた荷物の中にも自分用のフライパンや小出刃といった調理道具があったくらいで、サカナの三枚下ろしくらいなら難なくこなせた。このため、丸のままのサカナをもらっても、困ることは一切なかった。もらった食材は、漁港で鱗、鰓、内蔵を取り除いて下処理をし、袋に入れてバイクの後ろに縛りつけて大学の講義に向かう。休み時間に部室の冷蔵庫に移しつつ、一緒にメシを食うヤツを探し、夜に米を炊いてもらってそいつの家で調理して食べる。こんな感じで、週二〜三回以上は出張料理人のようなことを繰り返していた。

実は、これには少し情けない裏話がある。当時、本の購入はクレジットカード決済ではなく、本が届くと同封の青色の振り込み用紙に金額が書かれていて、銀行なりの金融機関で納めてください、となるのが流れであった。大学に入ってすぐ、大図鑑と検索図鑑の他に、甲殻類図鑑などの多数の武器（図鑑）をまとめて注文してしまった私の元には、一気に結構な額の振り込み用紙（「なるべく早くお支払いください」の手紙付き）が貯まってしまい、それらを払うと当然生活費が数カ月先まで心もとなくなったのだ。そこで、出張料理人のごとく友人宅に食材を持ち込んでは調理し、メシ食って帰るというワザを多用し、食費を大幅に浮かせることにしたのだ。

日替わりで複数の友人宅をわたり歩き、調理して帰る。この繰り返しのおかげで、図鑑の代金で圧迫された私の食費不足の時期もなんとか克服することができた。しかし、当然のことながら、おいしいものを作らないと不評を買ってしまう。ご飯を炊いてもらう以上は、こちらもなるべくおいしい魚料理を作って提供する win-win の関係でなければならなかった。おかげで、私の魚料理のレパートリーはすごく増えたし、料理の腕も上がったと思う。今、作れる魚料理のほとんどは、この時代に体に染みついたレシピが元になっている。こうして、サカナの味を知るとともに食費を浮かせることができたのである。

いちばんまずいサカナ

さんざんサカナを食べておいて、こんなことをいうのは不謹慎かもしれないが、コバンザメやハコフグ類のような、外見が変わっていて、なおかつおいしかった生き物は記憶に残っているものの、普通に食卓に上るようなおいしいサカナの印象は不思議とあまり残っていない。その一方で、おいしくなかったサカナのことははっきりと覚えているものだ。

市場だけでなく、潜りや夜漁りなどでとったサカナの多くはおいしく調理ができた。しかし、食感の大変わるいベラの仲間全般や、変な臭みのあったナンヨウツバメウオやクサビベラ、固くて噛み切れなかったオオウナギなど、おいしくなかったサカナは印象が強かったらしく、図版に「まずい」旨の書き込みが残っている。そもそも、それらのサカナはあれだけ市場に通っていて競り場で見かけないのだから、そうなっていないなんらかの納得できる理由が存在するのだ。そんなおいしくないサカナの一つとして、サケガシラがいる。何をもっておいしくないのか？　と聞かれると難しいのだが、なぜか強く印象に残っているまずいサカナである。このサケガシラとの出会いも、やはり漁港が舞台だった。

漁港には、刺し網の他、延縄やソデイカ漁の漁船もあった。ソデイカとは、一五五ミリ榴弾砲の弾のような形の巨大な頭足類で、今では沖縄県の水産重要種とされている。私が漁港に通い始めたのは、沖縄県でソデイカの存在が知られ始めた、ソデイカ漁の走りのような時期であった。ソデイカ漁は、水深五〇〇メートル以深の海域に棲むこのイカを狙う漁だ。大きな餌木《えぎ》とよばれる疑似餌二つと、錘りの先端が疑似餌になった計三個の仕掛けのついたハリスを一セットにして、海底に落とし、数時間後に引き上げる漁法である。この漁では、思っている以上に様々な外道がかかり、生き物好きにとってはおもしろいことこの上ない。しかし、たいていの場合、外道は仕掛けを引き上げてすぐに海に戻されてしまうので、深場の生き物の姿は、船に乗らないと見ることができなかった。

サケガシラは、沖縄周辺では、このソデイカ漁の混獲物として時折かかる外道のサカナである。このため、漁師以外でその姿を見かけるのは稀ではないかと思われる。あるとき、いつものように漁港に出向き、網外しをしていると、隣でソデイカ漁をしている漁師さんから呼び止められた。「変なサカナ持ってけ!」。そういうと、ギャフを上手に使って、船の前方にある室の氷の中からなんとも奇妙なサカナを引っぱり上げてきた。

深海魚らしく(?)大きな目をしており、体型は大きなタチウオのような姿、大きさは二メートル以上もある。体全体にグアニンの銀色光沢があり、まばらにイボ状の鱗の突起が散在する。リュウグウノツカイに見えなくもない……が、何かが違う。さっぱりわからなかったので、とりあえずもらうことにして尻尾から丸めていき、一抱えほどもあるその奇妙なサカナを車の後部にあったトロ箱に押し込んで、研究室に向かった。図鑑を調べたり、先輩に聞いた結果、このサカナの正体はサケガシラだということが判明し

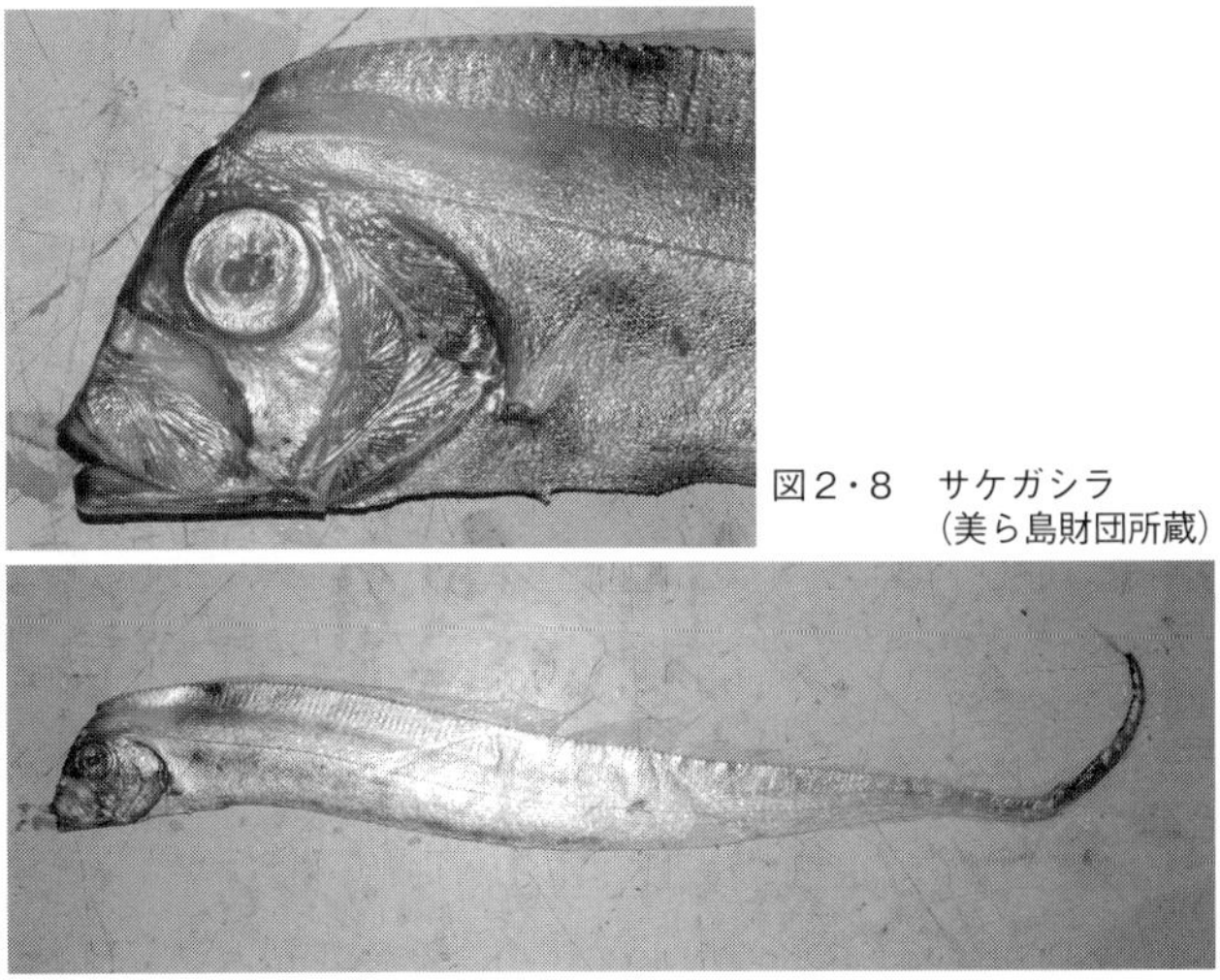

図2・8　サケガシラ
（美ら島財団所蔵）

た。体表を覆う銀色のグアニンがふれるたびに手につい たりして、どこからどう見てもできのわるい作り物のようであった。

正体がわかると、次の問題が浮上してきた。大きすぎるので、置いておくスペースがないのだ。この頃になると吉野先生も研究室に顔を見せており、処遇は先生に一任することになった。

「頭と尻尾は切り落として標本！」。明確な指示がとんだ。早速、頭と尻尾を切り落とすと、標本処理を施す。さて、残りはどうするか。目の前には、頭と尻尾のない銀色のぶよぶよした物体が横たわっていた。「とりあえず食べてみよう」。誰かが発した言葉に同調し、切り分けてみる。本当に好意的にいえば霜降りといえなくもないが、半透明の脂ともなんともいえないゲル状のものの中に、筋肉らしいものがまばらにあるという、見たこともない切断面であった。中骨も変わっていた。化骨があまり十分ではないのか、神経棘も血管棘（中骨の上下に伸びている突起）もほとんど見られず、中骨自体も発泡スチロールの棒のようななんとも頼りない単純な構造をしていた。そして内臓には、見たこともない、きしめんほどもある大きな条虫（サナダムシのようなもの）が束になって詰まっているのが確認できた。

こういった体の特徴を観察しつつ、とりあえず三〇センチメートル四方ほどの大きさに切り分けた。これにたっぷりと塩胡椒をふり、フライパンで焼いてみることにした。通常、サカナに限らずタンパク質に火を通せば、色が変わったり固くなるなどして火が中まで通ったかわかるものだが、コイツはそういった外見の変化に乏しかった。食あたりしては嫌だったので、十分に火を通そうと焼き続けると、フライパンには揚げ物をしているかのように油がこぼれんばかりに貯まってきた。切り身から浸み出してきた油である。何度も油を棄てながら焼き続けるが、この切り身は一向に固くならず、奇妙な油が滲み出続けて延々縮んでいった。生のときの半分くらいに縮んだところで、さすがに生ではないだろうということになり、食べてみることになった。

あんなにたくさん油を棄てたにもかかわらず、口の中には一面脂の味が広がった。味は散々っぱら降りかけた塩胡椒の味が利いているが、喉の奥のほうに変な臭みがあり、そしてなんといっても食感がむちゃくちゃわるかった。ゼリー状の油の中に、食感のわるい小肉片がちりばめられているような感じである。そこにいたメンバーは皆正直者で、一口くらいは口に入れるもののその後さっぱりと箸が動かなくなり、その切り身一つも残ってしまう有様であった。結局、残りの大部分は穴を掘って埋めることとなり、私の図鑑のサケガシラのところには大きな力強い文字で「まずい、脂多し！　水深五〇〇メートル知念沖」と書き加えられることとなった。

他にも、これまでにまずいサカナはたくさん食べているが、なぜか、いちばん印象に残っているのがこのサカナである。記憶が薄れてきたからか、最近、もう一度機会があればもう少しおいしく食べられるのではないか、と思うようになり、再会を楽しみにしている。

サメの揚がる漁港、生物季節を体得する

この漁港は大学に近いというメリットだけではなく、生き物屋を十二分に魅惑する熱い場所であることを通い続けるうちに理解するようになる。目がなれ、レギュラーで見られる生き物の概要がつかめてくると、がむしゃらにサカナやカニを覚えているうちにはわからなかったことが次第に見えてくるようになる。その中の一つが生物季節（フェノロジー）というヤツだ。

生物季節とは、植物などで主に使われている概念だ。開花時期、結実、芽吹き、落葉など、その生物の状態を記録しておくことで温度や日照条件の異なる場所との比較が容易になったり、その生き物の生活史が明確にできたりする、生き物による時間軸の変化のことである。普通に使う場合は旬という言葉が近いかもしれない。植物以外でもこの感覚を意識できるようになると、一気にこの地の生き物との関係が深まっていく感覚を得ることになる。そういったものを意識し始めたきっかけの一つを紹介しておこう。

それは、通い始めてしばらくたち、漁師さんと顔馴染にもなった六月過ぎ頃のこと、いつものように漁

港に行くと、船縁から垂れ下がる「いらんもん」にそれまでなかった大きな変化が現れていた。ひときわ大きな塊が大量に船の外側に出ていたのだ。それらの正体は全部「サメ」である。それも産まれてすぐの孵化幼体。体の下側、左右の胸鰭の間に卵黄嚢のあった形跡が小さな穴としてまだ開いている状態（この穴はしばらくすると成長に伴って塞がってしまう）で網にかかってくるのだ。

実は中城湾周辺（他の沿岸域でもそうなのだが）では、六月頃からサメ類が網にかかりだす。エイの仲間も時折つかまるが、ここでのメインはハナザメとアカシュモクザメというサメである。どちらも世界中の温熱帯域に生息する普通種で、大人は三メートルをゆうに超す大型の軟骨魚類だ。ハナザメの幼体は体長六〇～七〇センチメートルほどで、シュモクザメのほうはそれより一回りほど小さい。大人の姿を知っていると驚くほど小さいが、漁港の他のエモノに比べれば、とても大きな「いらんもん」である。この時期になると、どうやら中城湾でサメ類の出産が行われるらしく、出産直後のサメ幼体が刺し網にかかってくるのだ。エイはともかく、サメは競りでは値段がつかないうえに、独特の臭いがある。他のサカナと接しているだけでその臭いがサカナに移り、商品価値を下げてしまうので、船の外側につけられているやっかいものだ。そのためおっちゃんらは口を揃えて「全部持っていけ」と、それらを煙たがるのである。

東京にいると、まずいじくり回すことのないサメが目の前にあふれている。せっかくのこの機会に色々いじくり回すことにした。消化器の形態や大きな肝臓、骨格系が軟骨でできていること、歯は小さいが大人と同じ形をしており、その形状はサメの種類によって異なること、皮膚に並ぶ小さな歯（皮歯）をルーペなどで見るなどじっくり観察、堪能することができた。

もちろん、私の行動様式に従えばなんでも食べてみないことには始まらない。色々方法を変えながら、おいしく食べられないかとがんばってみたりもした。大人のサメに比べれば臭みやアンモニア臭も少なく、まずいというほどではないが、おいしくはない。どのサメも一度味わえばまぁいいかなという程度で、二回目以降を食べようとはあまり思わない食感と味を備えていた。板鰓類には特有の臭いがある。コイツがなかなかくせ者なのである。臭みを十二分に消し去り竜田揚げや煮付けなどにして、おいしく調理したとしても、ある程度食べると、数時間はげっぷをするとその微妙な臭いが込み上げてくる。他に例のない手強い食材であった。

毎日そんなサメとたわむれていたところ、学科の友人から「太田先生が探しているから、早く行ったほうがいい」との連絡をもらった。これが私の記憶する限り太田先生との最初の出会いである。太田英利先生は当時、バリバリの両生爬虫類の研究者として理学部生物学科に所属していた。後述するが、私はこの先生に、卒論ならびに学位を取得後もお世話になり続けることになる。大変失礼な話だが、この時点では、三年生になって所属する研究室のことなど遥か遠い先の話で、事前のリサーチなどをまったくしていなかった。そのため、私はまだ先生の存在を知らなかったのである。

これまでの経験上、先生から呼び出されるときはたいてい怒られるときだ。怒られる理由は特に思い当たらなかったものの、あまり行きたくはなかった。が、覚悟を決め、おそるおそる部屋に出頭することにした。入室し名前を名乗ると、「おー、お前さんかサメを集めているのは、あのなぁ三年生の実習用のサメを集めてくれ、四〇匹！」と、親指を折った〝四〟のサインをこちらに向けながら頼まれた。これが太田先生との最初の会話であったと思う。

理系らしいというか、過不足なく確実に要件を伝えるという、実に重みのある強い言葉であったと記憶している。まぁそうでなくても毎日漁港に出向くのは変わらなかったので、「ついででいいなら」と快諾し、ついでに自分がカメを研究したいと思い琉球大学に入学したなどの自己紹介もしっかり行いながら、生物学科の実習用のサメ標本を集めることになった。今はわからないが、当時、理学部の生物学科の脊椎動物学の実習は私が集めたシュモクザメとハナザメを使うという、なんとも贅沢な実習をしていた。ちなみに私は学科が異なる海洋学科だったので、散々集めたもののこの実習は受講できないことに後になって気付き、標本を大量にこさえるだけというなんとも残念なことになった。

漁港でサメがとれる。そんな驚くような「いらんもん」の日々も、実習用のサメを集めているうちに過ぎて行く。そうこうしてひと月ほど過ぎると、毎日あれほどたくさんとれていたサメがほとんど網にかからなくなる。おそらく網の存在を学習するか、その海域から移動するのだろう。そうすると標本集めは打ち切りとなり、漁港の「いらんもん」はまたいつものような面々に戻っていく。そして次の年のまた同じ頃になると、やっぱり「いらんもん」にサメがかかるようになり、標本作りを頼まれるのである。

その後も学部生の間くらいは、毎年この時期になるとサメを集めて標本にしていた。こんな感じで一つでも年間スケジュールに軸ができると、ある時突然、生き物の動きが見えてくるようになる。ついでに他の生き物の情報もそのスケジュールに組み込まれるようになる。ユダヤーガーラ（ヒイラギ類）が終わるとメアジがやってきて、その後サメがとれるようになり……といった具合だ。そういう年間スケジュールのようなものが見えてくると、こちらも予定を立てたり準備をしたりしやすくなる。

漁連や漁港に数年通して通っていると、当然、珍しい生き物との遭遇のチャンスも増えるのだが、私が何よりもうれしかったのはこの時間軸がはっきり意識できたことだ。頭の中のカレンダーに生き物の旬というか「ザラ種」の動向が入っていくと、色々なものが複雑に組み合わされて成立しているこの場所の生き物の動きが見えてくるようになる。

また、数年にわたって通い続けると、もう少し大きな変化も見えるようになる。シュモクガイが最初の年に山ほどとれていたのに、三年後にはどの漁港にいってもほとんど見かけなくなった。ゴホウラという大型の貝も、大学院に上がる頃には見かけなくなった。そういう、年による生き物の当たり外れ、中城湾の状況の大きな変化のようなものも見えてくる。これは、三次元の世界で生きている私たちにとって、時間軸という第四の次元を手に入れることなのだ。同じ場所での出来事でも、季節が異なれば当然見れる生き物が異なる、季節が一緒でも去年と今年、五年前で種組成に違いが出てくる。

いったんそのきっかけに気が付くと、いろんなものがリンクして見えてくる。人間の決めごとであるはずの旧暦だったり、一見関係のないような他の生き物の行動にも、類似性や相違点などがあり、様々な関係性が見えてくるようになる。当然これは海だけでなく、陸の生き物もその枠組みを持っているのだ。そんな感覚を手に入れると、この世の中にある人智を超えた大きな仕組みというか、理がわかってしまったかのような錯覚を覚える。頭の中に、これまでの生き物の記憶がよみがえり、時間軸という棚に急速に整理されて収まってくような感覚を覚えて、うれしくなってしまうのだ。

サメ狩りを見学する

琉球列島の海は、とにかくダイナミックというか、大味というか、その気にさえなれば色々経験できる。それは何も沖縄島に限ったことではない。サメの話が出たので、ついでにサメがらみで離島の漁港も紹介しておこう。

たくさんの生き物のいる場所に身をおくと、本当に色々な活きた情報に接することができる。あるとき、知り合いから石垣島でのサメ狩りの情報が舞い込んだ。島の近海では、定期的にサメ狩りをしないと延縄漁などの漁業に影響が出るので、この島にある漁港では毎年夏になると県の事業でイタチザメの一斉駆除を行っている。イタチザメは海獣類やウミガメなど大型の生き物をも捕食するわりと獰猛なサメとして知られていて、世界中の海で人を食う可能性のある種としても名前があげられている。サメ駆除の情報を聞き、すぐに装備を整え、石垣島に飛んだ。なにしろ石垣島でとられるサメは、普段、大学そばの漁港で揚がる子ザメではなく、大型の大人のサメが対象だ。漁港にそんな大きなサメがたくさん並ぶ。見るだけでもすごく楽しそうだが、なんでも現場交渉次第で色々手に入るかもしれないという未確認情報つきのネタなのだ。

空港についてレンタカーを借り、八重山漁協につくと、そこではすでに関係者が準備をすませ、船の到着を待っていた。急ぎこちらも準備を終えて缶コーヒーなどを飲んでいると、次々船が漁港に入ってきた。どの船も、前方のスペースには大きなサメの塊が折り重なるようにして積んである。それらは、港のウイ

図2・9　サメ狩りの様子（石垣島）

ンチで一つひとつ計量しながら陸に引き上げられていく。

水揚げされたものを見ると、オオセ、オオメジロザメ、ツマジロなどもとれていたが、ほとんどはイタチザメだった。それも三メートルを超すものも少なくない。大きさの基準がおかしくなりそうな大物ばかりである。ものを切断する能力が高いからだろう、仕掛けはかなり大がかりで、女性が髪を束ねる太めのゴム紐ほどの太さのワイヤーをハリスにし、その先に一〇センチメートルはあるこれまたなんとも大味な釣り針がついていた。針が顎を貫通してしまい、船上で抜けなくて、仕掛けが口についたままの個体もいて、そのすごさを雄弁に語っていた。これらのサメは、船に引き上げる際に銛で頭を砕かれて絶命しているものの、海で生きた状態で出会ったら小手先のことでは絶対に助からないであろうと絶望できる存在感にあふれていた。

駆除されたイタチザメは、港のクレーンで重さなどを計量し、種類や大きさを記録した後、地元の漁師さんなどによって見事なまでの流れ作業で解体されていった。サメには普通のサカナ（硬骨魚類）が浮力の調節に使うウキブクロがなく、代りに油分を含んだ大きな肝臓が内臓のほとんどのスペースを占めている。この油を肝油とよぶ。肝油はビタミンAやDといった各種脂溶性ビタミン類を多く含むので、昔は脚気の治療薬として利用されていた。近年では、スクワレンオイルという有用成分を取り出した健康食品に化けるのだ。サメの鰭を干して加工したものは有名な中華料理の食材であるフカヒレであるし、かまぼこなどの原料には、サメなどの脂肪の少ない肉が利用される。つまり、駆除されたサメの体は徹底的に利用されるのである。そのため、次々と切り分けられ、別々に箱詰めされていく。顎もお土産用に加工されたりするが、一部であれば分けてもらうことができた。もちろん道具持参で、おっちゃんたちの作業の邪魔にならず、なおかつ自分で解体するテクニックさえあれば、である。

海外の映像でサメが吊るした肉の塊にかじりつくシーンを見たことのある方は思い出してもらいたい。サメが肉にかじりつこうとした瞬間、入れ歯が外れたように顎だけが一瞬前方に飛び出すような動きを見せる。サメの顎は人間のように頭の骨（神経頭蓋）と癒合しているわけではないのだ。サメの顎と頭は、上顎の前方二カ所と第一鰓弓の付着部二カ所の計四カ所でのみ神経頭蓋と接続している。この部分を切断してしまえば、あとは皮膚や軟組織しかないので、顎は外れるはずである。〝はず〟というのは理屈の上でのお話で、生き物を解体・回収するのは口でいうほど簡単ではない。特に大型の生き物であればなおさらなのだ。生き物の体の構造がわからないと、刃物を入れる順序や場所さえわからない。

わざわざ沖縄島からきたからにはなるべく多くの顎を手に入れたい。しかし、皮膚は皮歯とよばれる細かい歯で覆われており、カッターの刃が削れるほど硬い。下顎は、顎と表皮が結合組織でくっついている部分もあるため、刃物を入れるタイミングと角度、そしてなにより〝なれ〟と経験が必要なのだ。もちろん鋭い歯で傷でも負えば戦力はかなり低下してしまうので、安全第一を心がけないといけない。加えて時間もかけられない。迅速に処理していかないと、他の人たちが処理してしまうので、自分の取り分が減っていくのだ。しかしここで、これまでの標本作りや漁港通いの経験と脊椎動物学などの専門知識が抜群に活きてきた。

顎を取り出す工程を、簡単に説明しよう。まず、頭を裏返し、口が上を向くように足で踏んで固定したら、ノンコを顎の中に入れて顎を引っぱり出す。次に上顎と頭部の間の隙間にカッターを差し込み、顎と皮膚を分離する。その後、神経頭蓋と接続している突起を切り離せば上顎部分は終了となる。次に、左右の口の付け根を鰓側に二〇センチメートルほど切開し、顎を体の外に飛び出させる。そして、顎の内側についている鰓弓を分離する。最後に、下顎と皮膚の間にカッターを入れ、口の中の皮膚も切り離す。これでサメの顎が取り出せる。書くとたいしたことないように思うが、これを正確に数多くこなすのは、結構大変なのだ。

早速、漁港の端にスペアのカッターホルダーと替刃を並べ、切れ味が落ちるたびに取り替えながら夢中で顎を回収し、漁港の端に確保した。そんな中、カメ屋としてとても興味のあるものにも出会うことがで

図2・10　取り出したイタチザメの歯

きた。イタチザメの三メートル超というと、迫力も桁違いで、その顎は大人でも簡単に入れるほど大きく開く。この大きなサメを解体していると、消化管が妙に角張っていた。何を食べているのか見てみたくて消化管を切り開いてみると、中から甲長三〇センチメートルほどのアオウミガメが、半ば消化されて甲羅だけになった状態で出てきた。頭や四肢、内蔵などはすでに消化されたのか、見当たらなかった。甲羅にはイタチザメ特有の歯形が残り、本当にウミガメを食べるんだなぁと感心した。このカメ殻は持ち帰って乾燥標本にして何度か友人たちに見せたが、これほど説得力のある証拠はないだろう。このサメは確かにウミガメを食べるのである。

沖縄島に持ち帰った顎はなるべくしっかりと除肉し、ホルマリンかアルコール、もしくは塩ミョウバンに漬け込んでしっかり固定させた。その後しっかりと水洗して固定液を除き、再度除肉、形を整えて、乾燥させるのだ。たいていのサメ類の顎は、これでしっかりとした標本になる。

しかし、形を整えて乾燥させて標本にしたものの、イタチザメの顎は他の大型のハナザメやオオメジロザメに比べて薄く、強度が低い。おそらく筋肉の付き方などが違うのだろう。大きさの割にかなり華奢な顎である。このためイタチザメの顎は乾燥標本にすると変形しやすく、形が悪く仕上がりがちとなる。こちらの技術も低かったのかもしれないが、かなりたくさん回収してきたにもかかわらず、きれいな標本になったのは少なかった。残念ではあったが、あまり変形してしまうと修正が難しいので、いくつかの顎は腐らせて歯だけを取り出すことにした。そもそも歯の多いサメであるが、それを腐らせて歯だけ取り出すと、一匹のサメからは上下合わせて結構な数の歯が回収されることになる。それが何個体分も腐らせたので、私は結構な数のイタチザメの歯を得ることになった。

標本にすると、しっかりじっくり観察できる機会に恵まれる。サメの顎は、私にいろんなことを教えてくれる。その一つが「歯」の由来だ。サメは次から次に歯が生えてくる生き物だ、と書かれた本がある。私たちを中心に考えれば、歯というものは一生のうち一回しか生え替わらない、大切にしないといけない咀嚼のための器官だ。しかし、そもそも歯は、鮫肌に見られる皮歯、つまり皮膚の構造の一部だったと考えられている。つまり、歯とは皮膚なのだ。

これが頭にあると、サメの歯というものがよく納得できる。サメの顎をよく見ると、サメが現在使用している歯の内側に、同じ形をした使われていない歯がたくさん並んで出番を待っている。最前列の歯が剝がれ落ちると、その次の歯がせり出してくるような構造になっている。歯が並んでいるとすごく特殊なように思うが、これが皮膚だと考えると、私たちでも納得できる。古い表皮が剝がれ落ちると、その下から新しい表皮がせり上がってくる。毎日私たちが風呂で体を洗うときに経験している現象だ。これと同じことが、サメの顎でも起こっているのだ。ただ、その皮膚には歯が備わっているので特殊に見えるのだ。顎を腐らせて取り出した「歯」からもそのことはうかがえた。実際に使用している歯の後ろで出番を待っている二、三枚よりも下部になると、エナメル質の外枠は完成しているものの、象牙質（歯の内側）の充填が十分ではない。最下部の歯に至っては、薄い膜状のエナメル質しかない。せり上がっていく過程で、歯が完成に向かう様子がよく理解できる。手元に顎の乾燥標本のある人は確認してみて欲しい。

さて、ものがたくさんあると、どうでもよいことでも試してみたくなる。得られた歯をよくよく観察すると、イタチザメの歯は特徴的なハート形（？）をしている。机の上の紙をこの歯で軽く擦れば簡単に切れるのだ。しかし、本当に歯だけでウミガメのような固い甲羅を持つものをかじれるのだろうか。

ここで、ある本の写真のことを思い出す。本自体は忘れてしまったが、現在、手元にあるサメガイドブック（Ferrari & Ferrari, 2001）という本の中に同様の写真を見ることができる。南太平洋のキリバスで作られたサメの刀の写真だ。木の棒に細い溝を彫り込み、その溝にイタチザメの歯を差し込み、糸で縛り上げた「刀」である。鉄や黒曜石といった道具のない地域で使われていた武器なのだ。はたして本当にサメの歯が刀身の代わりになるのだろうか？　材料がふんだんに目の前にある以上、いつものごとく試してみたくなる。

早速三〇センチメートルほどの細長い板っ切れに溝を掘って、うまいことはめ込んでみる。歯には超硬ドリルで穴を開けて縛り上げることにして、三つの歯が並んだ鍬というか、熊手のような刀ができ上がった。見た目はかなりしょぼかった。いまいちすごさがわからない。その実力を試すため、皮付きの三枚肉の塊を購入しにスーパーに向かう。沖縄料理に、「ラフテー」という皮のついた豚の三枚肉を煮込んで作るものがある。沖縄では、その材料としてそこいらのスーパーでも皮付きの三枚肉が手に入るのだ。皮膚というのは非常に丈夫な組織で、これを切開できないと刀の意味はない。塊なので結構値段がするのだが、納得するためには必要な出費だ。使用した後は、ラフテーにすればいい。

家に帰り、早速まな板の上に皮付き三枚肉を設置し、例の刀を振り下ろしてみた。私の刀はなんのストレスもなく、歯の部分が皮を通り抜けた。あっけないほどである。何度やってもおもしろいようにパスパスと皮を突き破る。これはすごいなぁ、確かに刀として成立するなぁ、と、その威力に素直に感心した。これなら十分実用に堪える威力があるといえるだろう。しかし数日後、なんでそんなことをしたのか今でもよくわからないのだが、さらにその実力を実感することになった。その刀をいじくっていた私は、なんの気なしに自分の指に向かってサメの歯の並んだ板っ切れを落としてみたのだ。

「っ⁉」

予想外（予想通り？）に、歯は指の中に突き刺さった。ほとんど力をかけていないのに。こういうとき焦って抜くと大出血するのはこれまでの経験上わかっていた。刺さった周辺をがっちり指で圧迫し、そのまま板きれを取り除くと、左手人差し指に五～六ミリメートルの切れ目が見えた。これは結構血が出るぞ、と思った私は、そこにティッシュを押し当て、その上から何重にもビニールテープを巻き、圧迫止血を試みた。案の定、少ししてからティッシュがみるみる赤くなっていったが、しばらくして落ち着いた。その後、数日はじんじん痛んだものの、化膿もせずそのうち完治してくれた。しかし、ほんの少しだけずれて再生した私の皮膚は、「ここにサメの歯が刺さりました」といわんばかりに目立っていた。こんな少しの力で皮膚に切れ目が入るのなら、そりゃウミガメだろうとなんだろうと食いちぎれるわ、と妙に納得した。今はほとんど目立たなくなったが、私の傷だらけの手の中に一つ新しい傷が増えて、何かを学んだ瞬間であった。

痛い思いをしたからか、この歯の入った袋や顎はこの後急に関心が薄れ、色々な拾いものの入った「いらんもん」の引き出しに無造作に放り込まれた。その後、存在をほぼ完全に忘れられるのだが、後に教材として再登場することになる。

コラム　生き物解体の装備

当然のことだが、漁港内などではおっちゃんたちの作業の邪魔にならないように注意して活動しよう。それ以外でも、山中や海岸などで生き物の死体に遭遇することも意外とたくさんある。そんな生き物の解体は時間との勝負だ。なるべく作業効率を高め、安全にことを行うための装備を紹介しておこう。

カッター（ダイヤル式）　カッターは、解体のメインの武器となる相棒だ。ホルダーはどこ製でもかまわないが、ダイヤル式を選び、複数本用意しておこう。崖下や砂地など、生き物のいた地形条件や脂まみれになる大型の生き物などの諸条件によっては、刃を出せる引っ込めるといった操作が確実にできることが重要に

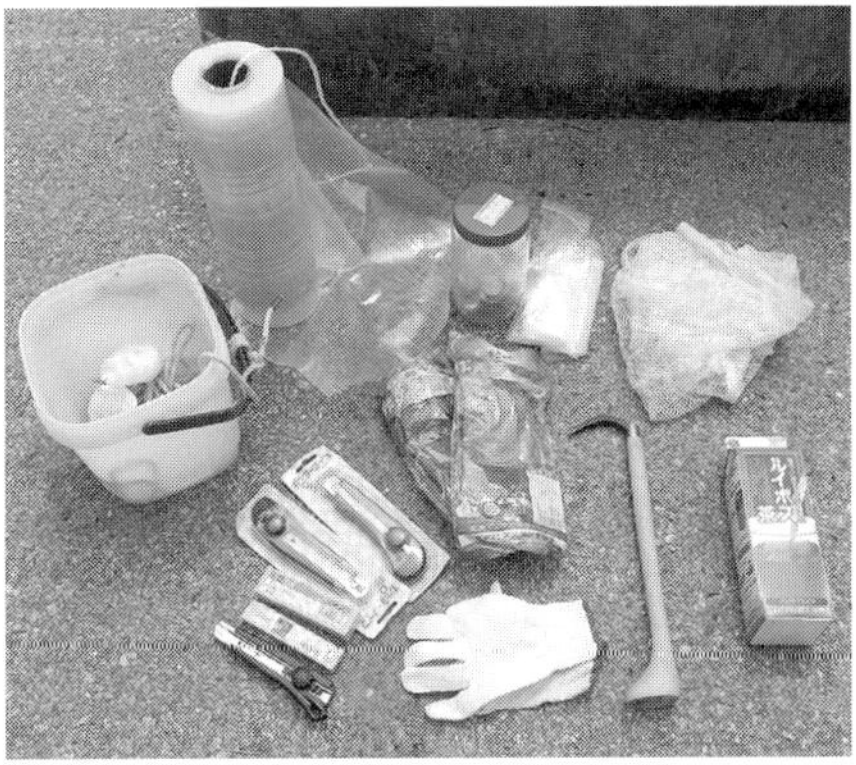

図2・11　生き物解体の装備

なってくる。そして、カッターの刃はけちらずに、切れ味が少しでも落ちたらすぐに取り替えるようにしよう。

替刃（枚数に余裕を持って用意する）　この際、替刃はオルファー択！　百均などで変なものを買うと、確実に作業効率が落ちて怪我の元になる。次々出る棄て刃を入れるため、コーヒーの空き缶も一つ用意しよう。

ゴム手袋（園芸用の厚手のもの）　思わぬけがや臭いなどから手を守るもので、多少動きにくくても土いじり用の厚手のものがよかった。滑り止めの軍手を使う場合は、この上から軍手をかます。対小物用には、ディスポーザブルの手術用手袋が向いている。目的に合わせて用意しておこう。

ノンコ、手かぎ　人間の手の筋肉は、瞬発力はあるが持久力はない。大物とよばれるウミガメやクジラなど大型の生き物の解体や数多くの生き物の解体では、作業完了時まで握力が維持できない。このため、それを補助する手かぎがあると非常に効果的である。手かぎには、手首に引っ掛けられる丈夫な紐の輪っかを必ずで取り付けておく。こうすると手かぎを手首で保持できるので、疲労が軽減できる。

ソデイカ袋　ソデイカ袋とは、沖縄の漁協で販売しているチューブ状の厚手のビニールロールのこと。片方を縛って中に回収物を入れ、反対側も縛ることで大きなキャンディのようなビニールの筒を作ることができる。こうすると運搬中に外部を汚さないし、何より形のないものの取り扱いが容易になる。

ユニパック　ジッパー付きのビニール袋。大きさを変えて数種類あると何かと便利だ。

耐水紙　耐水紙はちょっとした記録を残したいときに使う。水に濡れる場所では油性ペンは無力だ。鉛筆で書き込んで、一緒にソデイカ袋に放り込んだりする。

洗濯ネット　細かいパーツをなくさないようにするときや、骨を埋めて後で取り出すときなどに便利な小物。

バンドエイド、ビニールテープ、消毒用アルコール　手を切ったとき用のバンドエイトと、傷が大きいとき用のビニールテープ。

ルイボスティー　飲むのではない。これで手を洗うとかなり効率よく臭いが消える魔法のお茶だ。コンビニで1リットルの紙パックを購入してから現場に向かおう。

これらの装備をひとまとめにして車に積んでおくと、偶然そういう場所に遭遇したときに効果的かつ迅速に動くことができる。

第3章
毒モノ、キワモノ体験のススメ

オキナワアオガエルを捕食するアカマタ

琉球列島には、私が毒モノとよぶ有毒生物がたくさんいる。ここではその存在に気付くことさえできれば、海でも陸でもそこら中に私を魅了する毒モノがたくさん存在するのだ。毒モノと一口にいっても、重篤な後遺症を残すようなものや少量でも即死してしまうほど作用する強い毒を持つものも存在するため、それらすべてを自分で体験することは難しい。当然こちらも専門知識がないと、琉球列島のようなところでは大変だ。

幸いなことに、日本屈指の毒ヘビ、ハブが生息する琉球列島で生き物を追っかけて野山を這いずり回っている割に、私はいまだハブに咬まれたことはない。しかし、私の周りを見わたすと恩師や知人などがハブに咬まれているので、いつまでも他人事でいられるかはわからないが、今現在私自身、その咬傷例の一部始終を見届けたわけではないので、なかなか実感を伴った印象は残っていない。もちろん山を歩いていてかぶれる、刺されるなんていう小さなものは今でも私の身に頻繁に起こるが日常のこと過ぎて、私の基準ではそんな小さなものはもう毒モノに入れることはできない。そういう意味では……私にとって陸の毒モノは少し距離のある存在なのだ。

一方で海を見てみると話は変わってくる。陸なんかよりも遥かにえげつない有毒生物がたくさん存在する。さんざんいろんなところを動き回ったおかげで、私は海洋生物の毒モノにはそこそこ接触する機会を得ている。ここではそういった数多くいる毒モノのうち、実際に見たり体験したりしたものをいくつか紹介してみたい。生き物好きならきっとそのよさをわかってくれると思う。

ミノカサゴに刺されると

サカナには、毒を有するものがいる。アイゴやエイなどの背鰭や胸鰭、尾のトゲに備わっている、いわゆる咬刺毒が有名どころだろう。だが、毒を持っていることはわかっていても、実際に刺されるとどうなるか？　実は私もこの体験をするまではよくわからなかった。

夜、沖縄の那覇港や離島のフェリー岸壁などを覗き込むと、白い大きな塊がゆっくり動いているのを見ることができる。白いものの正体はミノカサゴ類だ。優雅というか挑発的というか、ゆったりとした泳ぎ方をしている。夜釣りなどでたまに釣れることもある、ここでは比較的簡単に見ることのできるサカナなのだ。カサゴやオコゼ類の背鰭には毒腺と刺棘があり、これを誤って踏んでしまったり、ふれてしまったりする事故が沖縄でも知られる。しかし、見た目はどう考えても凶暴そうには見えない、観賞魚にもされているサカナだ。はたして本当にこれが危ない生き物なのか？　そういう疑問がわいてくる。実はこいつはとても危ない生き物なのだ。私は漁港回りで初めてこのサカナのトゲにふれ、人の顔が青くなるのを目の前で見たことがある。

ある朝、仲のいい漁師さんの船でカラッパがたくさんかかっていた。その中にメガネカラッパ、トラフカラッパの他に、マルソデカラッパというちょっとレアな〝当たり〟がかかっていた。すぐさまその〝当たり〟の所有権を主張して船に乗り込み、網外しに取りかかる。おっちゃんは反対側で、その他の「いらんもん」を網から外しているところだった。網外しは、下を向いて手元を見ながら作業をするのだが、この頃になると私にもだいぶ余裕が出ており、世間話くらいであればすることができた。狭い船尾のスペースの両船縁に腰掛けながらそれぞれ背中を向け、下を向きながら会話をしている姿は端から見ればかなりシュールに写るかもしれないが、それが朝の日常の風景であった。「授業はちゃんと出ているか？」、「飯は食べているのか？」といった身の上話をしながら網を外していると、背中越しに「痛っ！」という声が聞こえた。振り返るとおっちゃんが人差し指をさすっていた。「刺さってしまったなぁ」というおっちゃんの手元には二〇センチメートルほどのミノカサゴがあり、これの背鰭棘を刺してしまったようであった。「あっ、おっちゃん、ヘマやったなぁ」と軽く笑いあった後、また再び下を向いて世間話を続けていた。そのうち、おっちゃんの返事がおかしいことに気が付いた。「おっちゃんどうしたぁ」と振り向いて顔を上げると、おっちゃんの顔から血の気が引いて明らかに緊急事態が起きていた。「救急車、よんでくれんかぁ」というおっちゃんに応じて、すぐさま港にいた他の漁師さんに救急車をよんでもらった。

この時点では、まさかサカナのトゲが刺さったくらいで人間のような大きな生き物が影響を受けるなど考えもしなかったので、あまりの事態の急変振りに、おっちゃんの身に何が起こったかよく理解できなかった。救急車が到着するまでの間、おっちゃんを船から陸に移して様子を見る。刺されたほうの指を含む手がはっきりわかるほど腫れていた。受け答えはでき、意識を失うほどではないが、顔から血の気が引き、息をするのも大変そうで、汗をかいて非常に気持ちわるそうだった。また、ほんのさっき刺されたにもかかわらず、刺された側の脇のリンパ節が腫れていた。体に入った異物に反応してるんだなぁ、と冷静に観察しながら待っていたが、ほどなくして救急車でおっちゃんは運ばれていった。一応自分の足で救急車に

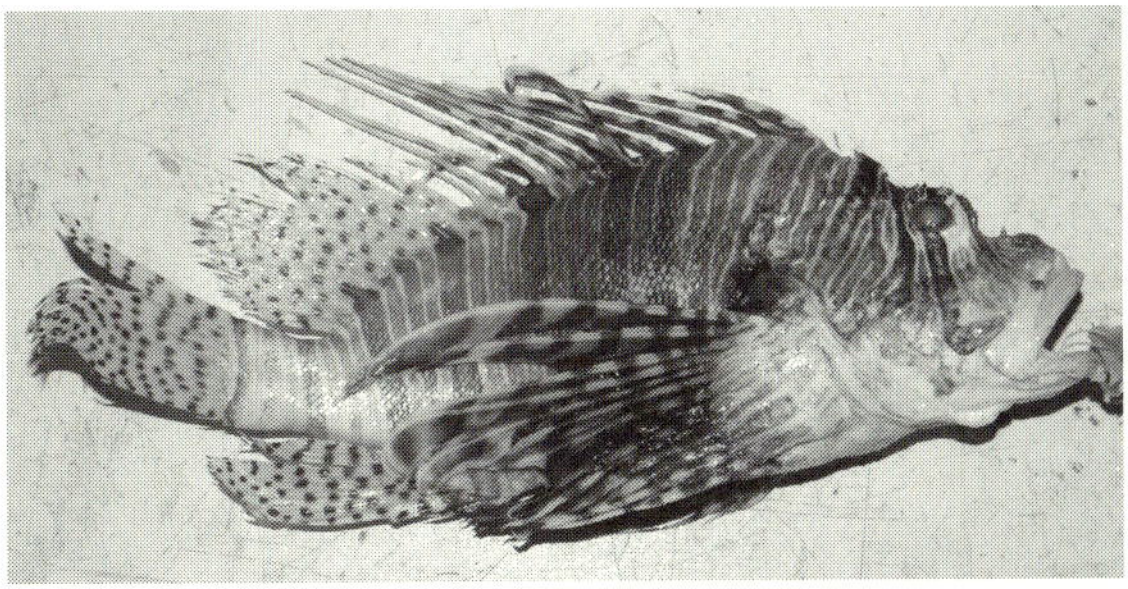

図3・1　ミノカサゴ
（美ら島財団所蔵）

向かっていったのでなんとかなるだろうと思ったものの、さっきまで普通にしゃべっていた相手の様子がこんなにも激変したことにかなり驚いた。私は外したサカナを競り場に持っていってから大学へ戻った。心配してもできることはないのだが、気がかりな数日を過ごすこととなった。

数日後、再び漁港に行くと、おっちゃんはいつものように元気に漁に出ており、ほっとした。後日談を色々聞くと、最後のほうは視界が暗くなるいわゆるブラックアウト状態だったそうで、本当は危ないところだったらしい。それでもその日のうちに退院したことなどをあっけらかんと話すおっちゃんもすげぇと思ったが、ほんのちょこっと刺さっただけなのにこんなことが起こるのか、これが海の中なら溺れていたのかな、などと自分に置き換えて少し怖くなり、ミノカサゴ類をかなり見直した。

その後、夜にタンクをしょって潜っていてミノカサゴ類に遭遇する機会が何度かあった。じっくり見てみると、泳いでいる個体に手で扇いで水流を送ると、ゆらゆら泳いでいるミノカサゴは反射的に背鰭棘を一斉に水流のほうに向ける動きをすることも観察できた。繰り返しやってみても、その動きを見せる。その機敏な動きは、ものすごく身近な例で背鰭棘の威力を知った後では、外敵への完璧な対応であることを納得するのに十分な動きだった。ミノカサゴ類はただ、だらだら泳いでいるわけではなく、何かあったときにはすばやく反応できる武器を備えており、そして、いつでもそれを繰り出せる余裕があるからこそのゆったりとした泳ぎだったのだ。それ以来、港の岸壁下を覗き込んでミノカサゴを見かけるたびに、これはすごい生き物なんだな、と思うのだ。

毒ガニのいる島

南方には毒ガニがいる。小学校くらいだったと思うが、毒の生き物の本やカニの図鑑などに必ずといっていいくらい載っていたスベスベマンジュウガニ、名前のインパクトもさることながらこのカニも南方(という地球のどこか遠いところ)に生息しており、猛毒を体内に有している、らしい。らしいというのはまぁ実際に出会わないとなかなか自信を持って断言することが難しいからだ。これも中途半端に知っていた南のほうのカニに対する知識だ。

ここ琉球列島ではスベスベマンジュウガニも磯干潟のようなところに出ると比較的簡単に見つかり、初めて見たときはそれはそれは感動したものだ。しかし、この地には南方の毒ガニの存在を一躍有名にした

図3・2　ウモレオウギガニ

もっとすごいカニも生息している。ウモレオウギガニというカニだ。かつて奄美大島でこのカニ一匹が入った鍋を食べた人間五人が中毒になり（うち二人死亡）、中毒を起こした人間の吐瀉物を食べた家畜（ニワトリ六羽、豚一頭）が全滅した事故の犯人（カニ）と考えられている。手元にある『魚介類の毒』（橋本、一九八三）という本の中でその事故の話が淡々と記述されている。詳しいことに興味のある方はそちらをあたって欲しい。

これら毒ガニはオウギガニ科のカニで、サキシトキシンという神経毒を高濃度で体内に蓄積しており、足の爪程度の量で致死量に達してしまう恐れがある。こんなおもしろい生き物も沖縄の磯のタイドプールには普通にいたりする。ただ、このへんのカニの持つ神経毒はさすがに簡単に「試してみよう」とはならない大変危険な毒なので、実際に経口摂取で試してみたことはないし、おそらくこれからもないと思う。これらの毒ガニはとにかく動きがゆったりとしてるというか余裕のある動きをしており、捕食者をあまり恐れていないかのように振る舞う。知識があるからそう見えるのか、あたかも「食べてもいいけど自分ヤバいっすよ」と主

図3・3　中城の毒ガニ，ヒラアシウロコオウギガニ

張しているかのように思える。そんな毒ガニとの数少ない体験を紹介しておこう。

私にとってとても印象深いカニがいる。その名もヒラアシウロコオウギガニ *Demania cultripes*（図3・3）という、握り拳よりも少し小さいくらいのピンク色をしたオウギガニ科のカニだ。といってもこの名前はこの本を書くに当たりあわてて調べ、知り合いのカニ屋さんに聞いたりして明らかになった名前である。当時持っていた図鑑に該当する既知種がなく、ヒロハオウギガニの仲間だろう、と私が勝手に「中城の毒ガニ」とよんでいたカニである。全国指名手配犯の通称のような呼称だが、これが実にしっくりくるような実力の持ち主である。

私が通い出して数年の間、漁港では度々このカニが網にかかっていた。そして漁師のおっちゃんらはこのカニを外すのをものすごく嫌っていた。「危ない」というのだ。そのため、せっかく海の底からかかってきたカニなのに、発見が遅れて、「欲しい！」という自己主張が遅れると、網ごと船縁から外に出され、角材で粉砕して小さな塊にして網から外すというなんとももったいないことをされてしまうのだ。

だいたい、毒ガニというのは咬刺毒とは違う食中毒系の毒で、どんなに強い毒であってもそれらを経口摂取しなければ問題ないはずだ。いくら私がバカだって、誤って口に運ぶなんて絶対にあり得ない。おっちゃんたちは、きっと臆病風に吹かれているに違いない。そう考えていた私は「今度かかっていたら自分が外すから粉砕しないで欲しい」とおっちゃんたちにお願いをしていた。出会いはすぐに訪れた。それからほどなくしていつもの漁港に足を運ぶと、例の「中城の毒ガニ」が二匹もかかっていた。網にかかったくだんのカニは、体を包むくらいに泡を吹きながら、ゆっくりとうごめいていた。このカニの標本が欲しかった私は、当然それを外す役をかって出て、早速船に乗り込んだ。おっちゃんらが「気をつけろよ」という中、早速品定めに入る。うれしいことに二匹とも足の足りない部分のない、いわゆる「完品」である。これならよい標本になるぞ、と外しにかかろうと網をつかんでカニの吹いた泡が手についた瞬間、「ピリッ」という薬品火傷のときのような刺激を感じた。傷のある手にホルマリンの原液がついたときのような強い刺激だった。この頃しょっちゅう網を外していた私の指先は海水でふやけ、網との摩擦で細かい傷がたくさん入っていた。「傷にしみるなぁ」と思いつつも念願の毒ガニだ。喜び勇んで外し続け一つ目を外し終わって二つ目に入る頃、なんか手に違和感を感じた。手が痺れている。毎日毎日さんざっぱら網を外して皮膚に傷がついたからといってこんなことはなかった。初めての経験である。しかしせっかくの完品二匹だ、とりあえず気の所為ということにして、二個目も外す。申し分ない二個体をゲットし、おっちゃんにお礼をし、カニをビニール袋に入れコマセバケツに仕舞い込んで一息つくと、先ほどの違和感はもう少し具体的になっていた。手をグーパーグーパーと開いたり閉じたりしても左手だけがなんか一呼吸遅い気がするし、見た目は変わらないのだが手が一回り大きくなっているかのような感覚が左手だけにあるのだ。少なくとも、長年それこそ意のままに操っていた左手と何か違う。これはもしかして毒の影響なのか？　そう思ったら急に怖くなってきた。

すぐさま頭の中で色々な事態を想定する。経口摂取ではないので、そんな急激には出ないのではないか。そもそも泡であるから濃度は高くないだろう。そんなことを考えながら競り場の水道で必死に手を洗い、縛って団子状にしたタオルを脇の下に挟み、止血点で血流を制限しながら、急ぎ車に乗って家に向かった。もちろんこんなときは講義どころではない。自主休講である。家に帰り、症状を改めて確認する。完全な麻痺ではない。左手がぼやけている状態のみで、今は意識レベルも問題ない。これが完全に麻痺したり、違和感の範囲が広がったり、意識レベルが低下するようなら救急車だな、と自分の中での起こりうる最悪の可能性に対し、いくつか対策を考えながら腕から下の血流を圧迫して制限しつつ、お風呂でとにかく手を洗浄し、マッサージなどをしながら経過を観察した。ほどなくして症状はなくなっていった、実際には半日も経たない短い時間だったと思う。

こういうときはとにかく精神の疲労が大きく、さすがに不安になった出来事だった。毒性分など詳しい分析はしたことがないが、かなり強い毒を有しているようだということは私でもよく理解できた。症状が消え、安心したとたん急に眠気に襲われ（もちろん症状ではない）、ほぼ一日眠りこけてしまった。ことが過ぎ去って改めて振り返ってみると、漁師のおっちゃんたちがこのカニを外すのを忌み嫌うのはこういうことなのか、と妙に納得しつつ、経皮でよかった、これが経口だったらと寒い思いがした。このカニだけは間違っても口に入れないようにしないといけないなと肝に命じた出来事だった。

しかし、それでも懲りないのが生き物屋でもある。私はその後も何度もこのカニが網にかかるたび、その都度この毒ガニをもらい受けることになった。もちろんそのときはおっちゃんに網を外すための「網外し」とよんでいる、千枚通しの先が小さなフック状に曲がったような専用の道具を借りて、カニにはバケツで十分な海水をかけ、泡などを除きなるべくさわらないようにして網から外した後、競り場の水道で「これでもか」というくらい手を洗うなど、一応の自衛策をとるようになった。

この毒ガニに限らないが、こういった変な甲殻類が中城湾にはそれこそたくさん生息している。私が遊びで集めていたこれらの標本たちにも変なカニが混じっていたりして、中城湾というところは本当に多様性に満ちた場所であるということを再確認することができた。惜しむべきは、こういった生き物のちゃんとした写真をほとんど撮っていないことだ。もう少しあのときしっかり記録しておけば、と悔やまれる。機会があればもう一度採集して、しっかり記録を取りたいものだと思っている。

シガテラ毒魚

南方系のサカナには食べることで食中毒を引き起こす「シガテラ毒魚」が存在する。中高生時分になんとなく目にした毒について書かれた科学読本のようなものにそんなようなことが書かれていたとおぼろげながら記憶している。現在、手元にあるいくつかの生物毒に関して書かれた書物にも、この毒については割と多くのページを割いてあることからもわかるように、比較的有名な南方系の毒といえるだろう。その中にある症状の記述に必ずこういう文句がある、「特有の症状としてドライアイス症という皮膚感覚の異常を引き起こす」。東京にいたときは「広い世界のどこかにはそういう毒を持つ生き物がいるんだ」くらいの認識だったと思う。しかし、何やらものすごく魅力的な名称の症状にすごく興味を持ち、一度試してみたいものだと思い、いつの間にか記憶の片隅に追いやっていた。

ここ琉球列島はこれまで「広い地球のどこかの出来事」と思っていた「広い地球のどこか」にあたる場所なのだ。そのため、体験してみたいと思っていた事象に実際に出会い、試すことができるのである。

シガテラ毒魚というのは分類群で分けられた魚種ではなく、シガトキシン（Ciguatoxin）という毒素を体内に有したサカナの総称だ。シガトキシン自体はサカナが産生するわけではなく、特定の海産藻類が産生する毒素で、この藻類を動物プランクトン、小型の魚類などの捕食者、さらに大型の捕食者……といった具合に捕食していく食物連鎖の過程で生物濃縮が起こり、比較的高濃度で蓄積した個体を食することで毒に暴露されると考えられている。であるから毒の強弱に地域性があったり、魚種も様々だったりする。毒の活性についての詳しいことはその専門の書物が複数出ているのでそちらに譲ろう。たいていは魚食性のサカナで観察され、沖縄県ではイッテンフエダイ、バラフエダイ、アカマダラハタなどが知られていて、流通にのらないよう競りにはのせられないようにされている。

ある日いつものように漁連に出かけ、くだんの柱の陰の棄てられている例の「いらんもん」のサカナの

図3・4　バラフエダイ（美ら島財団所蔵）

中に三〇センチメートルほどのバラフエダイを見かけることができた。だいぶここのサカナたちに目のなれてきた私には、それがシガテラ毒を有する可能性のある魚種であることは瞬時に理解できた。と同時に、あの魅惑的なキーワード「ドライアイス症」の単語が思い出されたのである。「これを食べるとドライアイス症にかかれるかもしれない」。その瞬間、私はどうしても試してみたくてしようがなくなっていた。

ちなみに言い訳になるが、私はただ無謀に試したわけではない。というのもシガトキシンは脳には届かず、末梢神経系に特異的に作用するもので、中枢神経に影響をおよぼす可能性は低いこと、致死量が大きいため少量の摂取では重篤にならないであろうということ、過去に食べたことのある人からの情報、そもそも当たり外れもあるということ、重篤な後遺症は知られていないことなど、様々なリスクを私なりに勘案して判断したのだ。

私は早速個体を研究室に持ち帰り、すぐに刺身にして食べてみることにした。個体としてはさほど大きくないバラフエダイである、シガテラ毒魚は生物濃縮の結果、毒を蓄積するのであって、小さい個体などに症状が現れるほどの蓄積があるかはわからない。つまり、必ずシガトキシンを有しているというわけではない。早速刺身にしてみると、当然のことながら見た目は普通のフエダイと変わらないキレイな白身の刺身でしかなかった。おそるおそる食べてみると、味も他のフエダイ科魚類と大差ないおいしさである。ピリっとくるとかを想像していた私は、何やら拍子抜けしてしまった。普通においしいのだ。そして刺身を次々食べていった。ところが、箸を進めてみたところで、いっこうにドライアイス症にならない。毒の知識といえば映画やドラマで出てくる即効性のものばかりを想像していた私は、すぐに症状が現れると思っていたのだ。食べ切ったところで何も異変が起こらなかったので「この個体ははずれだったんだ」と、すごくがっかりして、朝の授業までの時間、家に帰って寝ることにした。

家で一眠りしていると体の感覚がおかしいことに気付き、目を覚ました。これまで感じたことのない感覚に覆われている自分がいるのだ。症状としては、指先同士をくっつけ合せるとぴりぴりと変な刺激がある、とにかくものすごくだるい、全身から変な汗が噴き出すように出てくる、吐き気とも倦怠感ともいうべき気持ちわるさがある、体にふれているものすべてがすごく痛痒い、といった感じであった。熟睡していたためか、単にあんぽんたんなのか、私は一眠りして先ほど食べた刺身のことなどすっかり忘れていたため、何が起こっているのか理解するのにかなり時間がかかり、とりあえず食あたりのようではないな、とか、痺れの原因は血流がどこかで滞ったんだろうかとか、どこかに頭を強打したか？　などあさっての方向に原因を探していた。しかし落ち着いて状況を確認すると、寝る前に食べた「例の刺身」が原因として浮かび上がってきた。これまで感じたことのない症状なのは、これまでにかかったことのないシガテラ毒の症状だったからであれば何も不思議なことはない。そうなのだ。ついに私はあこがれのドライアイス症にかかっていたのだ。そうとわかると体の不調などというものは端によけられ、俄然おもしろくなってくる。この際に色々確認してみたいことが山のようにあるのだ。

なるほど、確かに末梢神経が過敏になっている。

ほう、指先以外も同じ症状なんだな。

そっかぁ、多少の気持ちわるさはそのせいか。

なるほど、なるほど、息を吹きかけても皮膚表面がピリピリするぞ。

水やお湯ではどうだろう。

倦怠感や関節が痛いように感じるのも気のせいではなく本当にそうなのか……。

と、三〇分くらいかけて私は色々なもので皮膚を刺激してみたり水をかけてみたりと、存分にドライアイス症の症状を堪能したのである。本の記述ではわからない本当に感覚的な理解をすることができたのだった。ドライアイス症とはよくいったもので、私の体は末梢神経系が過敏になり、普段の閾値よりも小さな刺激でも感知できる状態になっているため、全身ふれるものすべてが「痛痒い」というか「痛熱い」という状態になっていた。確かにドライアイスをさわったときと形容している人のいいたいことがよくわかる症状だった。かくして私は念願だったシガテラ毒を体験し、ドライアイス症にかかることができたのだった。

しかし、ここからが大誤算だった。症状を楽しめるのは興奮している最初のせいぜい一時間ほどであり、決して快適な症状ではないことには変わりはない。一通り試してしまうと新たな発見はもうないのだ。しかも、もう十分と思っても治す方法がなく、そこからはひたすらしんどい時間が続く。起きようと体を動かそうとすればシャツやズボンが皮膚と擦れることになる。普段まったく気にしていないことなのだが、皮膚表面が過敏になると、わずかでも皮膚が擦れるとたまらなく痛い、というか痒いというか、感覚はあるが鈍いというか、とにかくキモチワルイ。トイレに行くためにも十分な気合いを入れて意を決して立ち上がり、シャツと皮膚が擦れないように細心の注意を払ってトイレまでたどり着き、用を足し、部屋に戻ってても今度は横になるのが大変になる。当然、大学の授業どころではない。いつ治るとも知れない症状に対して、とにかく精神の疲労が大きかったのを覚えている。脱水症状を避けるため、水分を取り安静にしながら、とにかく症状が治まるのを待つしかなかった。

私のシガテラ初体験は幸いその後二日か三日で症状は治まることとなった。摂取したシガトキシン量自体が少なかったからかもしれないし、そもそもそういう症状なのかはわからないが、痛かった感覚が徐々に痒いという感覚になり、しばらくは指先の痒みなどがあったが、皮膚感覚が徐々に鈍感（通常）になっていったときは本当にうれしかった。

症状が一通り治まってから当時を振り返ると、百聞は一見にしかずとはよくいったもので、本に書いてあることでは表しきれない様々なものがそこにはあることを知ることとなった。毒は正常な体のバランスを崩す外的・内的要因であり、体の根本にある仕組みが崩れると重篤な事態にもなりうるという、もはや小学生でもわかるような当たり前のことであるが、非常によく納得できた出来事だった。人体というのがいかに繊細でいかに複雑に、そしてうまく機能しているのかということを実感した。

ちなみに今、私は大学の非常勤の講義の中で毒について話をするときに楽しい笑い話としてこのお話をするのだが、相変わらず変な先生がまた、変なことを話している、という顔をされてしまう。しかし、「話がリアルだ」(体験談なのでそりゃそうなのだが)と評判で、こういう経験も何かの役に立つんだなぁと感じるのだ。賢明な読者の方は真似しないと思うが、知識のないまま真似るのは危険であるから控えたほうがいい。私はこういう経験を通して、さらに琉球列島の生き物の多様性とそのすごさとおもしろさの深みにはまっていき、懲りることなく自分の体で試していくことになる。

やっと出会えたインガンダルミ

私は知りたいこと、確認したいことをなるべく自分の体で試してきたが、毎回それがうまくいくわけではない。試せる機会に恵まれても当初の目的をはたせなかった心残りなものも存在する。毒モノの中でもうまく症状を得られなかったその一つを紹介しておこう。

沖縄でインガンダルミとよばれる魚がいる。インガン(胃腸)がダルミ(弛む、下る)という、そのまんまの名前を持つこの魚は、和名をアブラソコムツといい、沖縄近海の深海域に生息している。生物毒について書かれた本には、アブラソコムツは人間が消化・吸収できない高分子の脂肪、いわゆるワックス類を体に豊富に有するため、食すると下痢などの症状を引き起こす、とある。沖縄でもこのサカナは流通にのせることはできないので競りにあげられることはなく、一般の人の目にふれることは限定的である。こういう記述を目にした賢明な皆さんであれば、そもそも「そんなサカナには近づきたくないし、なんだか怖いわ」となるだろうか。しかし、沖縄の漁師おっちゃんたちの意見は少し違う。

沖縄では毎年夏から秋にかけ何度か台風が近づいてくる。こうなると海上は大荒れとなり、台風が通り過ぎ、波が治まるまで前後数日は絶対漁に出られないことが確定する。そんなとき、おっちゃんらは冷凍してあるインガンダルミを出して来て、刺身にして食べるというのだ。明日台風のときなら絶対に漁は休みだから食べてもいい、とはなぜなのか？　それは下痢になってもいいくらい「おいしい」からである。毎朝、サカナやカニを網から外しながらそういう話をたくさん聞く。そうすると私は例のごとく「ああ、これは試してみなければ……」そして実際に「ダルミ」になってみたい、といつもの調子になるのだ。あいにく話をした漁師さんの冷凍ストックはすでになかったらしく、実際に食べる機会はそれからかなり後になってからになる。

アブラソコムツは水深五〇〇メートルよりも深いところに漁具を入れると時たま混獲される大型魚で、沖縄県では大東島周辺では割ととれる他、本島各地でもソデイカ漁の混獲物としてたまに出会うことがある。このサカナを食べて下痢になる仕組みは、アブラソコムツが持つ脂質にあると考えられる。アブラソコムツなどの深海性の魚類には、浮力調節などのために体内に高分子の脂質を多く持つものが少なくない。この体内にたくさん含まれている脂質（ワックス類）が非常においしいという一方で、このワックス類を

図3・5　アブラソコムツ
（美ら島財団所蔵）

私たちが腸壁で吸収できないため、一定量以上のワックスが腸に入ると腸壁を塞いでしまい、水分の吸収がうまくできなくなり、そのまま下流（外部）へ流れ出てしまう。結果、お腹は痛くないのに下痢となる、というものらしい。それ以外にも脂溶性の物質の過剰摂取とか色々ありそうだが、ポイントとしては下痢になるまでの閾値は腸の内壁に付着するワックスがどれだけあるかという点にかかっている。つまり腸壁を覆いつくすことができないような少量ではおいしいだけで終わってしまうのだ。

お腹の痛くない下痢、当時の私にとってこれは是非とも経験してみたい魅力的な感覚に思えた。しかしながら、どうも私はこのサカナから避けられているらしく、少量の塩漬けの肉片にありつく機会が訪れたものの、味を堪能したり、ましてや「ダルミ」になれるほど新鮮なものを大量に食べる機会には、なかなか遭遇できなかった。あるときなどは、漁港の海底から延々油滴が上がり海面で油膜になりぱぁっと広がり続けていて、よくよく海底に目をこらしてみると大きなアブラソコムツの頭と中骨が沈んでいたこともあった。あわてて漁師のおっちゃんに確認したところ、二日前にとれてもう食べてしまったとのことで、とても残念に思った。

しかし、願っていればかなうもので、大量に食べる機会は大学院時代に突然訪れた。ある日後輩の一人が知り合いの漁師さんから分けてもらったというマグロほどの大きなサカナの塊が研究室に転がっていた。塊には分厚く、イボのようなのような突起物が均等に入るなんともごつい独特の質感の皮膚がついており、間違いなくあのアブラソコムツだった。「インガンダルミですよ」とこともなげにいう後輩にこのときは本当に感謝した。

これで長年の懸案事項を確かめることができる。早速、肉の塊に包丁を入れて冊取りすると、切った感触は確かに相当の脂を含んでいる感じがした。できあがった刺身は非常にきれいな透明感のある黄色味がかった白身だった。しかし、特徴ある表皮を剝いだ後では、なんのサカナに似ているかといわれると、ちょっと思い浮かばない奇妙な刺身である。一切れ箸で取り、醬油皿につけた瞬間に醬油の表面に油膜が〝ぱっ〟と広がり、すごい油を含んでいることがわかる。そのまま口に入れると「コレはうまい」。脂の旨味が口の中いっぱいに広がってくる。脂ののりは養殖のブリなどに似ているかも知れないが、旨味が全然違う、本当においしい脂だ。そしてしつこくなく、いくらでも食べられそうな気がする。確かにこれなら下痢になってもよいかな、と思えるに十分な食感、そして味をしていた。自然と次々箸が進む。味は堪能した。あとは「ダルミ」である。今回はあえて腹が痛くない下痢とはどういうものなのかというのが知りたかったわけなので、貴重な刺身の大きめの一冊を食べ切って、だめ押しで小さめの一冊分を食べきってみた。さすがに最後のほうは少し単調な味で飽きてきたが「ダルミ」になるために頑張って食べた。おっちゃんたちの話では一冊くらいでも「ダルミ」になるときはなるという話だったので、それより多めに食べたのだから私の腸壁はこれからワックスに覆われて大変なことになるはずである。さぁ仕込みは終わった、後は待つのみ。なんとなく不安であり、またわくわくとした楽しみでもある感覚のまま家に戻り、トイレットペーパーの残量を確認したりしながら便意がくるのを待った。

が、結論からいうと私のお腹は変化を起こさなかった。どうも下すには個人差があるらしく、私が結構食べたと思っていた量ではワックスが腸壁を覆いつくすことはなかったようなのである。そのときのがっかり感はとても大きく、やはりこのサカナに避けられているのではないかと寂しい気持ちになった。その後も大量ではないものの数切れほどを何度か食べる機会に恵まれているが、次の日安全に休める環境がなかなかないこともあり、腹を下すまで、という挑戦はなかなかできないで今に至っている。どんな下痢になるのか、という部分は私の中では未消化のまま、「このサカナはおいしい」ということと、(私は)どうやら二冊程度では「ダルミ」になれないということがわかっただけの残念な体験だった。いつか機会があれば是非ともリベンジして、今度こそ「ダルミ」になってみたいと考えている。

この他にも私はオニヒトデをかじってみたり、ゴンズイやアイゴのトゲを指に刺してみたりと、色々な毒モノを直に体験してきている。しかし、やはり大学などで学んだ知識という裏付けやリスク管理がないと、危険であるし、何より多くの方々に迷惑をかけてしまう。おもしろ半分では死んでしまうこともあるのだ。専門知識を得るということは、私にとって楽しく物事を経験するためには必須の条件であり、くれぐれも中途半端な真似だけはしないで欲しいとお願いする。が、一方で私は経験するとしないとの間には無限に近い差が生じると思っている。字面で記される「危ない」という言葉の裏に存在するニュアンスのようなもの、そういう普通あまり重要視されない部分が私にとってはすごく重要な部分である。

海に関しての話は、ここに記した漁港などの話以外にも友人と大潮の度に夜磯に出かけたり、潜りにいったりとまだまだそれこそ無数に存在する。それまでに蓄積してきた海の生き物に関する知識が本当に少なかったこともあり、学生時代に私が感動できる海モノのお話はどれも本当に初心者向きな出来事ばかりであったが、その一つひとつが東京や日本本土では味わえないものばかりだった。多くの人がイメージで持つ沖縄といえば海、確かにそれだけの価値があり、そういう一面はあるのだと十二分に納得できる。しかし、この場所の魅力は何も海ばかりではない。海に関することだけでページが埋まってしまうのでこぼれた話はまたの機会にして、そろそろ私の本分である陸上に舞台を移したいと思う。随分長くなってしまったが、次からいよいよ陸の生き物の話をしていこう。

第4章
陸モノのススメ

ケナガネズミ

海のところでもふれたが、琉球列島の陸の生き物のおもしろさはなんといってもその種類が多いことである。種数もさることながら生息密度も高い。そんな環境に身を置いて多感な学生時代を過ごせたことは何をおいても私の大きな財産である。しかし、私は当初ただ単純に種数が多い、生息密度が高い、（もちろんこれは全生き物屋にとって非常に重要なことなのだが、）ということでこの地を目指してきたわけであるが、それら生き物について詳しく知れば知るほど、この地の生き物の魅力がどんどんあふれ出て止まらなくなってくる。一つひとつがものすごく魅力的だ、ということでそのすべてを書き記すことは到底できないのだが、なるべくたくさん、そしてなるべく正確にそのおもしろさを伝えることができれば、と考えている。海での話に比べて少しばかり御託を並べることが多くなるが、一応専門分野に近いところなのでどうしても理屈っぽくなってしまうことはご容赦願いたい。ここでは一年を通して見られる両生爬虫類を中心としていくつか厳選した生き物の姿を、季節を軸に紹介しつつ、その魅力やおもしろさについて話しを進めていきたい。まずは私の活動のベースとなったサークルや趣味から紹介していこう。

琉球列島の生き物たちと出会う　琉球大学生物クラブ

琉球大学には、今も「生物クラブ」という生き物好きが集まるサークルが存在する。私の学生生活の大きな軸の一つとなるのがこのサークルである。日本各地からやってきた私のような生き物好きばかりが集まるとても奇妙な集団である。そのためか沖縄出身の人間よりも県外出身者の割合が高く、同期には後に

図4・1　山原の風景

サメ屋、コウモリ屋、虫屋となるヤツや、先輩にもサカナ屋、ホタル屋、ウミヘビ屋など、とにかくバラエティに富んだメンツが揃っていた。

ここに所属する生き物屋にとって、生き物を見に行くことに理由なんかいらない、見に行くこと、それこそがサークルの目的なのである。そのため誰に気兼ねすることなく、いくらでも生き物のことを考えられる。このサークルでは暇さえあれば海といわず山といわず野外に出かけ、実際に生き物に出会うためにはてしないコストを払い続けるのだ。よき理解者というか、同類というか、同じような感性、考え方を持った生き物好きがたくさん集まっていることもこの地の大きな魅力であろう。さて、高校の頃から両生類爬虫類好きだった私には、沖縄に住むに当たり出会ってみたくてしょうがなかった両爬が、この琉球列島にはとてもたくさん生息している。学生時代を通してその多くに実際に出会うこととなるのだが、その多くが生物クラブというの課外活動の場だった。というか、両爬に限らず学生時代の生き物に関する体験の多くは、このサークルの仲間と味わうこととなるのだ。また、私が研究対象とする生き物に出会うのも、このサークルの場なのである。

そんなサークルの普段の活動は週末の山原《やんばる》行きにあった。大学のある西原町からは距離にして一五〇キロメートルほど。車で約三時間、往復六時間の道のりだ。私たちはほぼ週末ごと、車に乗り合って移動し、山原の沢に入って生き物を見て、そして帰るということを繰り返していた。もちろん時には海に潜ったり、大潮の干潮にあわせて磯歩きをしたりと、それぞれの旬に合わせて内容は変化するものの、外に繰り出すことには変わりがなかった。そんな中、私には忘れられない出会いがある。

それはサークルに入って何回目かの山原に出かけたときのこと、当時車のなかった私は車を持っていた同期に乗せてもらい林道を車で走っていた。当時、まだ沖縄の地図も頭に入っていないし、土地勘もない、どこもかしこも同じに見えるような風景の中、ちょっと車をとめると近くの木や草むらにキノボリトカゲやアオカナヘビなどが逃げていくのが見え、沢沿いの道にはリュウキュウハグロトンボが縄張りを主張していたり、私たちの背丈よりも遥かに大きなシダ、ヒカゲヘゴが生えていたりと、見るものすべてがそれまでの世界と違う構成でできている場所を見て回り、やはり違うところにきたんだなぁと、その地にきていることを確認するだけでお腹いっぱいになっていた。色々見て回り、そろそろ帰るかという話になり、林道を走っていたときだった。突然それは視界の中に入ってきた。小さな塊が道路脇を動いていたのである。

図4・2　リュウキュウヤマガメ

「あっ、ヤマガメ！」

いうが早いか運転手はブレーキを踏み、みんな一斉に車を飛び出して後方に走り寄ると、その道の端で動いている塊を確保に向かう。「っくしゅー」と音をたてて首や四肢を引っ込めたその塊は紛れもないオスのリュウキュウヤマガメだ。カメ好きだった高校生のときに穴が空くほど図鑑で見ていたあのカメである。これが私の初めてのリュウキュウヤマガメとの出会いであった。

沖縄にこようと思った大きな目的の一つがこのリュウキュウヤマガメを見ることだった。私はついにあこがれの存在に出会えてとても感動した……といいたいところなのだが、ん、なんだろう？　何か違和感がある。出会いがあっけなかったためか、あこがれていたため勝手に頭の中で美化しすぎていたのか、図鑑の写真の個体がきれいすぎたのか、目の前にいる個体にはすごい生き物が放つ特有のオーラのようなものがまったくなく、なんだかすごく汚らしい。顔や甲羅は薄汚く、足の付け根や甲板の継ぎ目にカメキララマダニがこれでもかというくらいたくさんついていて、健康なのかも疑わしく、総排泄口からウンコと小便を撒き散らし、しかもなんか吐く息がすごく臭い。お世辞にもきれいとはいえず、むしろとても貧相で貧乏臭いカメ、というのが初めて見たときの第一印象となってしまった。

しかし、いくら貧相に見えても、間違いなくこのカメは日本でここ琉球列島にしかいないカメであり、ここにこないと出会えないカメなのだ。轢かれないように道路脇の草むらにカメを放して周りを見わたすと、このカメがいたのは本当にただの道路上である。当たり前だが、ここにしかいない固有のカメが普通の道にしれっといるのが山原なのだということ、ここは自分の住んでいた東京とはまったく違うのだということをはっきりと意識することができる体験であった。そうなのだ、ここ琉球列島ではとにかく生き物そのものとの距離が近いのである。

ちなみに、その後、私は何度もリュウキュウヤマガメと遭遇することになるが、やはり最初に出会ったこの個体は健康状態の悪い個体だったようで、その後に出会う多くの個体はきれいな赤ら顔をして、周りの風景によく溶け込んだ、私の中のイメージどおりのカメだった。いつしか私の中のリュウキュウヤマガメのイメージも貧相な汚らしいカメを脱し、琉球列島固有の欠くことのできない大切な生き物という評価に変わっていった。

ともあれ、こんな生き物が普通に生息しているという事実、やはり琉球列島の奥深さを噛み締めることになったのだ。とりあえず一度は見てみたい、という生き物に一つひとつ出会っていく、というのがこの先しばらく続くのである。

コラム　琉球列島とは

琉球列島は日本の南西、九州と台湾に挟まれた地域に位置する、北は種子島・屋久島などの大隅諸島から、南は八重山諸島の波照間島、与那国島まで、大小二〇〇近い有人・無人島からなる南北に非常に長く広がる弧状列島である。面積的には日本の一パーセントほどの小さな地域だ、ここには日本で見られる両生類のおよそ三分の一、爬虫類の半分以上が生息する。日本で両生爬虫類の種数がいちばん多く見られる地域である。その琉球列島は生息する生き物の特徴から、三つに大別することができる。それぞれのパートで生物相の特徴と生物の例を簡潔に表すと、

・北琉球　種子島、屋久島などを含む薩摩・大隅諸島、（宝島、子宝島を除く）吐噶喇列島
　日本本土と同種、もしくは近縁種が多い。
　ニホンイシガメ、シマヘビなど

・中琉球　宝島、子宝島、奄美諸島、沖縄諸島
　他の地域では絶滅してしまった、遺存種が多い。
　リュウキュウヤマガメ、クロイワトカゲモドキなど

・南琉球　宮古諸島、八重山諸島
　中国大陸、台湾などと同種、もしくは近縁種が多い。
　セマルハコガメ、ミナミイシガメなど

という特徴が認められる。（区分の中の島嶼の一部に関しては、今後の研究の進展いかんでは、変更となる

図4・3　琉球列島の位置関係（著者作製）

こともあるかもしれない）

　こういった特徴は、琉球列島という地域が成立する過程で起こった島嶼化、陸橋化に伴う、隆起・沈降・分断などの地史的なイベントが、そこに棲んでいた生き物たちに強く作用した結果と解釈されている。すなわち、北琉球と南琉球はそれぞれが日本本土、ならびに中国大陸、台湾と最後まで陸続きであり、現在生息する生き物の多くはそのときに生息していた生き物の子孫と考えられている。中琉球は、それよりさらに古い時期に南北琉球や大陸から分断され、その後他地域と陸続きになることなく現在に至ったと考えられている。

固有種　その地域にだけ生息している生物種を指す言葉である。例えば、「ニホンイシガメは日本固有の淡水ガメである」といった場合、日本にのみ生息しているという意味になる。分布域がさらに狭い場合、地域などとともに併記して表すことになる。例えば、本文中に出てくるリュウキュウヤマガメは、現在、琉球列島の中琉球にある沖縄島、久米島、渡嘉敷島の三島のみに生息していることが知られているので、中琉球固有種。さらに生息域の狭い、例えば山原にしかいないナミエガエルなどは、山原固有種という。

遺存種　近接する地域に同種や近縁種が分布しない生き残りの生物種。生きた化石と表すこともある。琉球列島の遺存種に関しては、大陸と陸続きであった時代にこの地域一帯に生息していたと考えられ、その多くは環境の変化や捕食者の侵入など、なんらかの原因で絶滅してしまったものと解釈されている。中琉球は、その中でたまたま島となって外部から物理的に隔離されていたため、そこに生息していた集団が生き残った結果、現在隣接する地域に近縁種のいない、遺存種が多い地域となったと考えられている。

大学周辺にもいる奇妙な生き物　遺存種クロイワトカゲモドキ

両生爬虫類好きな人の「いい天気」と普通の人たちの「いい天気」は、必ずしも同じではない。沖縄では春から夏にかけて湿度が高く、蒸し暑く、みんなが不快に思う日がしばしばやってくる。しかし、私を含め生き物屋のうちの一部にとって、こんな日は朝からその日の夜にどこに行こうか浮き浮きした気分になる、格好の「いい天気の日」なのである。なぜなら、そんな湿度の高い日はかなりの高確率で両生爬虫類のおもしろい姿が見られるからだ。そのため、どんなに疲れていようと、次の日朝から講義があったとしても、動かないで家にいることは苦痛となる。

しかし、山原に行くには移動だけで往復三〇〇キロメートル、六時間を要してしまうし、ガソリン代も

図4・4
クロイワトカゲモドキ

図4・5
ハイナントカゲモドキ

かかる。学生の身分で山原は少し遠かった。そんなときには大学周辺にあるフィールドに出かけることで安価にかつ、なるべく長い時間野外に身を置くことを目指す。山原ではないといってもそのフィールドが劣っているわけでは決してなく、むしろ超一級品のフィールドである、そんな好適な場所が幸いなことに大学周辺にはあふれていた。

学科の同期には、よくこう聞かれた。「しょっちゅう、しょっちゅう夜にそんなところへ何しにいくの?」。愚問である。当然のこととして、生き物の姿を見るためにはその生き物の都合に合わせなければならない。見たい生き物が昼間に活動するなら昼間、夜行性なら夜、というだけの単純な行動原理なのだ。そして、私が見たいと思う両生爬虫類を中心とする琉球列島を特徴づける生き物の多くは、夜行性なのだ。そして色々なものに出会えるようにするためには数多く、なるべく長い時間を現場で過ごすことが欠かせない。こればかりは一度いったからよい、ではなく、ひょっとして？　もしかしたら？　という気持ちで、夢遊病者のように夜な夜なフィールドを徘徊することになるのだ。

ちなみに、夜のフィールドというのはものすごく魅力的だ。そこには、夜の生き物たちが主役の別世界があり、昼間と同じ場所とは思えないほど雰囲気が変わる。日が暮れる頃になると、鳥がひとしきりさえずるのをやめ、ねぐらに移動しだす。こうなると、昼の世界はだいたい終わりを迎え、夜の始まりを意識することができる。日没後、完全に暗くなるまでの微妙な明かりのある薄暮期に、昼間の暑さがなくなり、地面が冷え、夜の生き物が出てくる舞台準備が整うようになると、冷えた地面にはカタツムリなどの貝類が姿を現すようになり、空中ではオキナワスジボタルが暗くなりたての林内を、光の軌跡を描いて飛び交い、なんとも幻想的な時間を演出してくれる。ホタルの飛翔も最初の一、二時間でピークは過ぎ、林は次第に暗い闇に覆われていく。暗さに目がなれてくると、カエルや直翅類の声がはっきり聞こえるようになり、そこから徐々にオカヤドカリやオオゲジ、ザトウムシのような、昼間の間に死んだ生き物の死骸などを餌とする「夜の掃除屋さん」が出勤して、昼間の名残を消し去っていく。この頃になるとヘビやヤモリといった夜行性の生き物が活動し始め、夜の生き物の時間が過ぎていく。そんなフィールドに分け入ると、魅惑の夜の世界のピースの一部となり、自分の体が消えてなくなってしまうかのような変な一体感を感じることができる。

平日のちょっとした天気のよい日の夜に向かう目的地は、大学から車で二〇分ほどの沖縄島の南部が多かった。沖縄島の南部は、クチャとよばれる島尻泥岩の上に琉球石灰岩がのっかった地質構造をしている。この地面の成立も琉球列島の成立史とからんでとてもおもしろい。生き物の話からかなりそれてしまうので、ここでは必要最低限の解説に留めるとしよう。

琉球石灰岩の卓越している地形には生き物にとって天然のシェルターとなりうる小さな凹みや割れ目が無数にあり、多くの生き物にすみかや隠れ場所を提供している。また、その下に存在する基盤岩であるクチャは密度の高い泥岩で、水を通しにくく、不透水層の役割をしている。この構造のため、降った雨水は上部の琉球石灰岩に浸み込み、クチャとの境界線付近で岩中留まることとなり、石灰岩の割れ目付近などで浸み出すといった湧水環境を所々に発達させる。水の浸み出す場所は、規模の大きいものはカー（井戸）などとよばれ、人々の生活に使われていた。御嶽や洞穴など、私たちの利用が制限されてきた場所もあり、そのような場所の周辺は比較的良好な林環境が残されていることが多かった。沖縄島の南部にはこのような小規模ながらも生き物にとって良好な環境が残されていたため、場所をうまく選択すれば様々な生き物の姿を見ることができるのだ。

そんな南部での私の目的はたいてい「クロイワトカゲモドキを見ること」であった。「日本にはトカゲモドキという生き物がいる」。インターネットなどで画像をすぐに手に入れられ、チョコエッグをはじめ、色々なフィギュアが出回っている昨今であれば、どんな生き物かすぐに調べられ、画像や動画をとおしてイメージを持つことも簡単であろう。しかし、私の学生時代にはそういった情報は乏しく、図鑑に載っている画や写真からすべてを連想するしか手はなかったのである。しかし、どんなに想像力を巡らせても、このような生き物が実際に野外で地面を歩いている姿など、東京にいたときは想像できなかったという、あこがれの生き物である。そんな生き物がここでは普通に、大学の帰りにちょっと出かけるだけで見られるのである。

南部のフィールドに着き、ライトの明かりで足下を照らしながら進んでいくとすぐに「ササササササッ」「ササササッ」と短く刻むような小さな足跡が聞こえる。「いたっ！」とその音のするほうを見ると、尻尾を立てる独特のポーズをしたトカゲモドキが視界に入ってくる。ここではとても多くの個体が生息しているので、ほぼ確実にこいつに出会うことができる。私などはこういう生き物が見られるというだけで舞い上がってしまって「生きててよかった、この場所にきて本当によかった」と思える安上がりな人間なのだが、私がこの場所でこの生き物に出会うためには本当にいくつもの幸運がその背景にある。とにかく大きい要因としては、この生き物が現在まで絶滅の危機をくぐり抜けて生き延びてきたということであろう。なぜなら彼らは遺存種という、生き残りの生き物なのだ。聞きなれない言葉かもしれないが遺存種は琉球列島の、特に中琉球の生き物を考えるうえで欠くことのできない大切な要素である。

トカゲモドキ類（*Goniurosaurus* 属）は、沖縄県や鹿児島県の天然記念物にも指定されている原始的なヤモリの仲間だ。この生き物は中琉球の遺存固有種であり、日本では中琉球の沖縄・奄美諸島周辺以外には生息していない。この中琉球のクロイワトカゲモドキ類のいちばんの近縁種は、中国とベトナムの国境に近い海南島に生息するハイナントカゲモドキと考えられている。この二種の分布域の間にある地域、中国大陸沿海部や台湾、南琉球には本種はもちろん近縁種も生息していない、分布の空白地帯が存在する。通常、陸上で生活史を完結させている生き物は、陸伝いに分布を広げて行くので、このような分布の空白地帯を挟んで近縁種がいるというのは、少しおかしな話なのだ。しかもこの中琉球には先に紹介したリュウキュウヤマガメなど、複数の分類群が同じような分布パターンで存在している。

このように距離的に離れたところにのみ近縁種がいるといった生き物がトカゲモドキ以外のこの地域に生息する生き物でも見られるということは、そこに棲む生き物が共通して経験した大きなイベントを想定しないと説明がつかなくなる。コラムでも述べたが、ここの地域では、身近に、そして当たり前に見ている多くの生き物がこうした背景を有する遺存種なのだ。

地史や生き物の遺伝的変異のデータなどから分布が飛び地になっているこれらの生き物に共通したシナリオを考えると、以下のような隔離と絶滅のストーリーが推測される。少しばかり地学の知識が必要だが、あらましを述べると、彼らの祖先が今の琉球列島を含む東アジア一帯の地域に生息していたとき、おそらく琉球列島は今のような島ではなく、中国大陸の縁辺部だったと考えられている。その後、沖縄トラフという海底構造が発達したことで、中国大陸と琉球列島は分断され、海により生き物の移動が大幅に制限されることとなった。中琉球はこの際に今の宝島・子宝島の北側にあるトカラギャップと、沖縄島・久米島の南側にある慶良間海裂とよばれる海底構造によって、それぞれ北・南琉球からも分断され、今の奄美・沖縄諸島が一つの大きな塊の島となっていたのではないかと解釈されている。このとき中琉球に閉じ込められた生き物が、現在の中琉球で見られる遺存種たちのご先祖様にあたるのである。その後も琉球列島は時代によって海水面が上下したり、地質変動による陸橋化や分断といった地史的なイベントを経て、ようやく現在の形に落ち着くことになる。その中でも中琉球という地域はその後一度も他地域と陸続きになることなく現在まで至ったと考えられているのだ。取り残されたご先祖様は、その中で世代を重ねて現在まで生き残ることができた一方で、他の地域にも生息していたであろう祖先種は、その後に出現した生物に取って代わられたか、環境の変化などで生息域を減じ、絶滅していったと考えられている。もちろん、島に取り残された集団は、それで最後まで安泰、生き残れるわけではない。当然、残された生き物同士の競合関係や、島によっては生息適地の多少といった、大小様々な環境ストレスにより個体群の増減を経験していく。長い歴史の中で、一度でも個体数が集団を維持する限界を割り込んでしまえば、その集団は完全に滅んでしまうのだ。琉球列島の島々に生息する遺存種とは、そういった歴史の中で経験する数々のドラスティックな出来事をくぐり抜けて現在に至っている。つまり、中琉球の遺存種たちは、その存在自体が、琉球列島の成り立ちを反映した歴史を示す生きた履歴書のような存在なのである。こうした琉球列島の成立史との関係が頭に入ってくると、益々彼らに対しての興味が沸き起こり、夜な夜なフィールドに赴いてしまうのだ。

かくして私は、現在に至るまで遺存種が多く、たくさんの生き物が身近な場所に生息しているという、この恵まれた中琉球の環境に感謝しつつ、一つずつ経験を積んで知識をため込んでいくことになる。

図4・6　フィールドでの著者

生き物の姿を記録する

生き物の種類が豊富でかつ、その生息密度が高い。琉球列島に身を置いていると、次第にみんなあることがしたくなるらしい。注意力散漫なうえに飽きやすい性格である私の趣味の中で、高校生の頃から続いている数少ないものに、自然写真の撮影がある。東京でも季節の花や都市部の昆虫類など、そこそこの被写体を対象として自然写真を撮ることはできたのだが、ここ琉球列島はそんなものとは比較にならないほどのたくさんの被写体、シーンにあふれている。いかに私の腕がわるかろうと、それを感じさせないほどの素材のよさに助けられ、写真を撮るには絶好の条件の揃った場所だ。その環境にどっぷり魅了された私は、現在に至るまで沖縄の色々な生き物の写真を撮りためている。

私が大学に入った頃はまだデジカメなんて便利なものはなく、こういった写真は三六枚撮りリバーサルフィルムを使い、一眼レフカメラで撮影した。今では考えられないが、枚数制限とは厄介なもので、何も考えずにシャッターを切りまくれば、肝心なときにフィルムがなくなり、ちょうどいい場面にフィルム交換となり、シャッターチャンスを逃すこともしばしばあった。加えて、写真を撮ってもすぐには結果を確認できない。フィルムをカメラ屋に持ち込んで、現像してもらって初めて写真の出来不出来が確認できるのだ。フィルム一本当たり一〇〇〇円弱の現像代も厳しい。枚数制限のないデジカメのようになんでも写真に収められるわけではなく、よく考えてシャッターを切らなければならない現実と闘いながらの撮影となる。学生にとってはまさに写真の一枚は血の一滴！　という想いで被写体と向かい合わなければならなかった。そんな条件下でいい写真を撮るためにはどうしたらいいか？　答えは簡単で、とことん粘っていい場面に出会えるようにすればよい。いいシーンに出会えるまで帰ってこなければいいのである。こうして私は撮れるまで帰らない、撮れるまで通い続けるという、ごり押しのような撮影スタンスで琉球列島の生き物と向き合っていくことになる。こんな贅沢が可能になったのは、好きなことに思いっきり時間を割ける大学生という立場、そして生活の場所が琉球列島いう生き物のたくさん見られる場所という組み合わせが存在していたからに他ならない。今までも、そして、これからもモデルの価値に依存した写真を色々撮り続けるだろう。撮った写真は下手の横好きレベルであるが、この本の中でもできるだけ紹介させてもらいたいと思っている。

一〇種もいるカエル　目の活きた写真を目指す

琉球列島に数限りなくいる被写体や、狙うべき撮影シーンの中にあって、カエルという存在は特にすばらしい被写体であった。どう撮っても画になるし、仕草もかわいい。そして何より種類が多い。

琉球列島は日本の中でも特にカエルがたくさん生息している場所である。私のようなカエル好きにはたまらない環境なのだ。私の住む沖縄島の山原だけを見てもオキナワイシカワガエル、ホルストガエル、ナミエガエル、ハナサキガエル、リュウキュウアカガエル、オキナワアオガエル、ハロウェルアマガエル、リュウキュウカジカガエル、ヌマガエル、ヒメアマガエルと、なんと一〇種もの在来ガエルが生息している。言葉でいうのは簡単だけれども、ニホンアマガエルとトウキョウダルマガエルくらい、それも後者は、郊外に探しにいかないと見られないような都会育ちの私には、この事実だけでも大変な驚きだった。沖縄にきたからにはまずは一通り写真が撮りたいと考えるのは生き物屋、特に両爬屋であれば当然のこととなる。沖縄にきたての私は、フィールドに出るたびに夢中でシャッターを切った。見るもの見るものが、初めて見るものばかりだったからだ。

じっくり観察し、好きなだけ写真を撮れる環境に身を置いていると、同じ動物の写真もたくさん貯まってくる。そして折りにふれ、それらを一同に並べて見るという贅沢な時間がやってくるのだ。そのうち現像から上がってきた写真の一部がなんか気に入らない、ということに気が付く。これは周りにたくさんの生き物がいる場所にいないと気が付かないのかもしれない。当然ピントもしっかり合って構図もちゃんとして写っているにもかかわらず、一部の写真に写っているカエルはきれいでない、かわいくないし、かっこよくないのだ。見劣りする原因はなんなのか？　原因を探るのは簡単で、よいと思う写真と比べてみればよいのだ。まず気が付くのは姿勢である。野外で生き物を見つけ、カメラを準備し、ピントを合わせ、無駄な時間をかけてしまうと、被写体となる生き物が緊張していく様子がよくわかる。カエルは見ているとその変化がとてもはっきりしている。私たちがいないところではカエルは凛として立ち、威厳ある立ち振る舞いをしているが、緊張したり、危険を感じるとすぐに地面に伏せてしまうのだ。しっかりと伏せてしまうと腰の辺りの骨が出っぱって明らかに「緊張しているポーズ」「やる気のないポーズ」になってしまう。さらにそれ以上にストレスを与えられると、それに合わせて体色も全体的に黒ずんだり模様が浮き出てきたりもする。例えばオキナワイシカワガエルは暗闇の中では真っ白なきれいなお腹をしているが、ストレスを感じるとあっという間に黒いまだら模様が無地のお腹に浮き出てくる。世に出回っているイシカワガエルの写真の多くにはこの模様が写っており、そのためか昔チョコエッグか何かのイシカワガエルの造形のできがすごくよかったのに、お腹にこの模様がくっきり彩色されていてがっかりしたことがある（あまりに惜しいので塗料でお腹の模様を消したりもした）。他のカエルも全体的に黒ずんだり色褪せたりするので、白いお腹で凛と立つ姿、こういう写真が撮れるとうれしいのだ。

さらに写真の印象を大きく左右する大きな違いは「目」だ。多くの夜行性の生き物は暗闇で視界を確保させるため瞳孔が開いた状態で活動している。そのときカエルは本当に真ん丸のつぶらな瞳で過ごしている。私たちは生き物を見つけるためにライトを照らし、見つけるとストロボを焚いて撮影することになるのだが、この暗闇で突如降り注いだ強烈な光のため、対象の生き物は瞳孔を閉じる反応を見せる。もちろん発見に手間取ったり、ピントを合わせるのをもたついて懐中電灯で照らし続けると、それだけでもカエルの種類によっては瞳孔を閉じてしまう。こうなってしまうと、カエルではあるのだが私が撮りたいカエ

図4・7　カエルの瞳孔の状態の違い．暗闇で撮ったもの（上）とライトを当てて撮ったもの（下）

ルではなくなってしまうのである。

この本のために写真を二枚用意してみた。ハナサキガエルの同じ個体の写真だ。暗闇でピントを合わせたもの（上）、ライトを当てて少したってから写した（下）写真である。瞳孔が閉じてくると「目」に力がなくなってくるのがわかるだろうか。こうなると目が空ろな気持ちのわるいカエルになってしまい、ただただ生き物が写っている写真になってしまうのだ。

世の中にはカエルを気持ちわるいという人たちが一定数存在している。カエルは嫌われ者の側にいるのである。図鑑に掲載されているカエルの多くはストレスを感じて姿勢が悪かったり、色が変色してしまった個体の写真が採用されてしまっていることが多い。もちろん図鑑の写真に必要な要素は正確性であろう。学術的な話をすれば、その生き物の分類学的識別点がしっかり写ってさえいれば「よい写真」になるのかもしれない。しかし、私たちが写真を見てその生き物を好きになるかという点においては「かわいく撮れているか」がとても重要になると思う。この視点で撮られた写真がこと図鑑というジャンルにおいては少ないように思うのである。かっこいい、かわいい姿を写せている写真は意外に少なく、そのことが世のカエル嫌いの人の再生産に少なからず寄与しているようにも思うのだ。

偉そうなことを書いている私も、そんなにしょっちゅうよい写真が撮れるわけではないが、目指すべき目標としてはなるべく「自然な状態でいるカエルの姿を写す」ということである。そのためなるべくすばやく相手を発見し、構図を決めて写真を撮るために現場についたら懐中電灯を消し、ボリュームをつけた赤いLEDライトに切り替えて弱光下でカエルを探し、ピントを合わせて撮影する。暗闇で最小限の光でピントを合わせて写真を撮ると、最初の一枚は瞳孔がキレイに開いており、とてもかわいらしく写る。また、カエルの鳴いている瞬間などを撮る際にはレリーズなどを使い、遠隔操作で写真を撮ると目の真ん丸に開いたカッコかわいい写真になるのである。そのようにして撮った一枚一枚は活き活きした私が見ている姿に近いカエルの姿が写っている。この目があれば構図などは二の次でも構わないと思うくらい瞳孔の状態はもっと関心を持って欲しいポイントなのだ。

ただ、こだわりが過ぎたり、仕込みが過ぎると思わぬよいシーンを撮り逃すこともある、という話を最後に紹介しておきたい。その後二度と見ることができず、今でも悔しい思い出となっている出来事が私には一つ存在する。それはワザに溺れたゆえの大ポカなのだ。

ナミエガエルというカエルがいる。山原の固有種で沖縄県の天然記念物でもある大型のカエルだ。ナミエガエルについて、図鑑などでは菱形の目をしているカエルという記述が見られるが、これは瞳孔が菱形をしているので瞳孔の閉じた写真を見るとそう思えるのだ。当然、暗闇では真ん丸のかわいい目をしている。繁殖期には夜の沢の中から「ぐぉ、ごっ、ごっ、ごっ、ごっ、ごっ、ご……」と、カエルとは思えないとても不思議な声で夜な夜なメスをよんでいるのが聞こえる。初夏に繁殖期のピークを迎えるこのカエルは、山原の源流部、渓流沿いの水深が浅く、流速はほとんどないがわずかに水が交換する、そんな半止水のような水環境を好んで繁殖する。体サイズは、平均してみるとオスがメスよりも若干大きく、オスは夜な夜な沢沿いの目立つところに出てきては繁殖場所を確保し、鳴きながらメスを待つ、そんな姿を見ることができる。概してオスのほうが大きい生き物では、オスが何がしかの方法で順位をつけメスを獲得する事例がたくさん知られているが、このカエルもその例に漏れず繁殖期にはオス同士がかなり激しく争うことがあるようで、オスの口の中にはその際に用いられると思われる牙状の骨の突起があり、繁殖期に時折オスがこれによると思われる大きな裂傷を負っている姿も見られる。実は私も一度だけ、ナミエガエルのオス同士が激しく喧嘩をしているのを見たことがある、しかしその写真を撮り逃してしまったのだ。

沖縄にきて数年たっていた私はこの頃、山原に棲むカエルの鳴いている写真を撮り集めていた。よっぽどカエルが盛り上がっているとき以外では目の前に人間がいる状態で鳴いてくれる個体はいないものだ。そこで小さな三脚にカメラをつけてレリーズというケーブルを伸ばせるだけ伸ばして遠くから写真を撮る

図4・8　ナミエガエルの抱接

システムを使っていた。コレを使うとその場から人間が離れられるのでカエルをリラックスさせることができ、カエルが鳴いた瞬間にスイッチを押せばカエルの目の前のカメラのシャッターが切られ、目の真ん丸の、鳴いているカエルの写真が撮れるという、単純だが効果的な方法だったのだ。

このときも日没前から沢に入り、よく鳴いている大きなオスにターゲットを決め、ピントを合わせてすばやくその場を離れて、気配を消しながら暗闇に目をならしていた。ケーブルを伸ばして、離れたところでレリーズスイッチを握りしめながら月明かりのみの暗闇でじっとしていると、近くでただならぬ緊張感を感じた。変ないい方なのだが毎日のようにフィールドにこもっていると、生き物の気配を感じられるようになる。ふと見ると、私の真横にカメラの個体とは別の、明らかに意識し合っているナミエガエルのオス同士が二匹、向かい合っており、さながら果たし合いのような雰囲気で対峙していた。二匹の姿勢は驚くほどよく、背筋のピンと伸びた姿勢で本当の大きさよりも大きく感じるほど威厳に満ちていた。辺りに漂う緊張感から、直感的に何かすごいシーンが見られる予感がした。体を動かさずに首から上だけを静かにそちらに向け、どうなるのだろう？　という期待を持って見守っていると、二尾のナミエガエルは時折鳴きながら少しずつ距離を縮めていった。実際にはたいした時間ではなかったのかもしれないが、息をするのも控えてしまうほどにすごい緊張感が漂っていた。二匹のカエルは一方が少しずつ間合いをつめるような形で一五センチメートルくらいの距離まで詰め寄った。と、次の瞬間、突然二匹が相撲の取り組みのように互いが後ろ足で立って組み合い、大口を開け、取っ組み合いの喧嘩を始めたのだ。

「今だ！」私は夢中でレリーズスイッチを連打した。その瞬間、思いもしない方向からストロボが数度焚かれた。一瞬なんのことだかわからなかった。が状況を整理してみるとなんのことはない、当たり前の話なのだが、私が設置したカメラは目の前のシーンを撮るようにはセッティングしていなかったのだ。なんとも間の抜けた話であるが、私のカメラは忠実に最初にピントを合わせていたオスの写真を撮影しており、目の真ん丸の大きなナミエガエルが写っている写真を数枚撮っただけだった。まったくもって役立たずのカメラである。目の前で繰り広げられている本当に貴重なシーンを撮影したいがカメラを取りに行くには離れすぎている。おそらく私が少しでも動けばこの大一番は瞬く間に終了してしまうだろう、当然カメラを複数なんて持っていない。何か方法はないものか、手の中で握りしめているレリーズスイッチは何もしてくれなかった。どうしようかと考えているうちにカエルの取っ組み合いは勝敗がついてしまった。どう勝敗がつくのか見ていてもさっぱりわからなかったが当人同士の間では白黒きっちりついたと思われ、負けた片一方の個体が「ぼてん、ぼてん」と重たい音を立てながらその場から離れていってしまった。勝ったと思われる個体は誇らしげに（私にはそう見えた）背筋を伸ばし、その場に留まっていた。

私はこのときほどカメラが手元になかったのを悔やんだことはない。ちょっと色気を出して鳴いているシーンを撮りたいなどといってカメラを手から離したばっかりにこんなミラクル級のポカをやったのだ。この悔しさは相当なもので、あきらめきれなかった私はそれから一、二週間は大学の講義が終わると連夜山原に通い、二匹目のドジョウを探し回るほどだった。結局そううまくいくはずもなく、今でも目に鮮明に焼き付いているものの、みんなに見せられるような写真にはなっていない残念な思い出となってしまったのであった。その後、しばらくはこの時期になると山にこもり一途の望みを持って今度こそ、という気持ちで喧嘩を撮影したいと思って挑戦しているが、なかなか果たせずに今に至っている。

第5章

琉球列島の春夏秋冬

ハロウェルアマガエル

琉球列島の陸上は、とにかく生き物屋を魅了するようなおもしろいものにあふれている。ということを伝えたいのだが、これまであまり文章を書いてこなかった怠慢からか私の能力ではあまりうまく伝えられる自信がない。ここでは生き物の数以上におもしろい現象や生き物同士の関係などが書き表せないほどにあふれているのだ。そこで何がしかの軸に沿って話を進めたほうが読む側にもよいだろうと考えた。ここからは季節を軸に各時期の生き物とそのおもしろさについての一例を紹介していきたいと思う。季節ごとに目的のイベントが存在し、それらがうまく組み合わされて、私の生き物屋としての一年ができあがっているのである。琉球列島での春夏秋冬を紹介しよう。

毎年同じ穴に戻ってくるカエル　オキナワイシカワガエル

前にもふれたが、山原には在来のカエルが一〇種もいる。このすごさは環境の利用の仕方から考えると、かなりおもしろいことになる。例えば、生き物が種として存続するには、一個体では当然続かない。その個体が死ねば終わりだからだ。種として存続するには、ある程度の繁殖集団（個体群）が必要だ。それぞれの個体が普段生活する場所、隠れ家、餌、繁殖場所、幼生の生活場所、幼生の餌、亜成体の生活場所……と、考え出すときりがないほど一種の生き物が生息し続けられるために確保されなければいけない条件は膨大に思える。一種でも大変なのに、同じような環境を必要とする別の種が同じ場所に一〇種も生息しているのである。当然、環境を利用する様々な場面で互いに競合してしまうだろう。目の前には、今で

図5・1　オキナワイシカワガエル

も一〇種のカエルが確かに同じ地域に生息している。明らかにうまく生息しているのだが、その仕組みを頭で考え始めるとすぐに限界がきてしまう。自然はよくできているのだ。こういったことは研究ベースで取り組むには雑音が多すぎてなかなか成立しないテーマであるが、琉球列島はこうした素朴な「なぜ？　なに？」が、いまだにたくさんあふれている場所なのだ。

私たちは「カエルは水の生き物だ」と思いがちだが、正確には少し違う。繁殖期以外の時期を水場で過ごすカエルもいることはいるが、たいていのカエルは繁殖期にのみ水場に集まる。繁殖のため水場に集まったカエルは、繁殖相手を求め、大きな声で鳴き交わす。このカエルの自己主張が、カエルに興味関心のない人にもその存在を強力に知らせ、認識させる。多くのカエルは、繁殖を終えると水場から離れた場所に移動して、残りの大部分をそこでひっそりと過ごすのだ。

カエルを含む両生類は、進化の過程で水中から陸上生活へ活動の場所を移した最初の脊椎動物だ。しかし、完全な陸上生活ができるかといえばなかなかそうはならず、生活史を完全に陸上で完結できるのは爬虫類以降のこととなる。特に生殖や初期生活に関して、彼らの卵や幼生は乾燥に対してきわめて脆弱であり、少なくとも一生のうち、卵から幼生の間は水中で過ごさないと生きてゆけない体の構造をしている。いかにこの時期を過ごすかということは、カエルにとってとても重要で、時期が重なれば当然限りある資源を巡って競合する。ところが話し合ったわけではないだろうが、一〇種のカエルは狭い地域の中で、人間の持つ疑問をうまいこと回避している。

山原在来のカエル一〇種の繁殖場所について見てみよう。源流部の上流の沢沿いを繁殖場所とするのが、オキナワイシカワガエル、ナミエガエル、ホルストガエル、リュウキュウアカガエル、ハナサキガエル。中下流域にかけて繁殖するのがハロウェルアマガエル、ヌマガエル、ヒメアマガエル。残りのリュウキュウカジカガエルとオキナワアオガエルは下流域を中心としながらも上流域から下流域までの広い範囲を繁殖場所に利用している。さらに、それぞれのカエルが好む水条件も異なっている。流速のある滝のようなところを好むハナサキガエルから、ほぼ完全な止水に産卵するハロウェルアマガエルやオキナワアオガエル、といったように、流速の速いところから止水までそれぞれのカエルの好む水環境が微妙に異なっているのだ。さらに一〇種のカエルの繁殖期は、春先〜初夏と秋〜冬にかけての二つに大別できる。

それぞれの種が微妙に異なる水環境を繁殖場所に選んでいるだけでなく、繁殖期がずれていることで卵から幼生の時期での競合を避け、うまくやりくりできている。何がきっかけでそうなったかはわからないが、ただただ感心してしまう巧妙な山原のカエル繁殖事情なのだ。しかし、カエルによって繁殖期がずれているので、通常であればこれらすべてのカエルに一度に出会うというのは簡単ではない。

三～四月というのは大変すばらしい時期である。沖縄でうりずんとよばれるこの時期はそれまで琉球列島の上空に居座っていた冷たく乾燥した揚子江気団（冬の空気）を、暖かく湿った小笠原気団（夏の空気）が本格的に追い出し始める。この二つの気団が琉球列島の上空付近で接触すると、この地に多くの雨をもたらし、小笠原気団が上空を覆うと寒かった空気から一転し、夏のような暖かい空気を琉球列島にもたらす。冬が終わりかけ夏が始まる。これを敏感に察知してイタジイをはじめとした主要な樹種は一斉に個性的な色や形の新芽を芽吹き、一年でいちばん森があざやかになる。植物を見るにはこの時期がいちばんおすすめだが、もちろんそれだけではない。この時期、山原は、さながらカエルフィーバーの様相を呈するのだ。

この時期、先ほどのナミエガエルをはじめ、ヌマガエル、ハロウェルアマガエル、リュウキュウカジカガエル、ヒメアマガエルと、多くのカエルの産卵イベントが重なる。このため、カエルの当たり日には何カ所もフィールドをはしごしながら姿を追うことになり、気が付くと夜が明けてしまう。この時期のいいところは、冬のカエル何種かがまだ水場に残っており、春先から初夏に繁殖期を迎えるカエルが水場に出現し始め、すべてのカエルと出会える可能性が高いのだ。

夜間、ライトを片手に源流部の沢に分け入っていく。この沢は生物クラブ御用達の場所で、私が入学する遥か以前、まだ琉球大学が首里にあった時代の先輩方から、連綿と受け継がれてきた生き物屋さんのフィールドだ。沢に入り、場所を決めたらライトを消し、暗闇でじっとしていると自分の姿がなくなっていくような錯覚にとらわれる。これがなんとも気持ちよい。目がなれて辺りを見わたすと木々の隙間から星空が見え、足下にある落ち葉は発光バクテリアによってうっすらと光り、そこが地面であることを主張する。オキナワマドボタルをはじめ数種のホタルの幼虫が、強く光る点として微妙にうごめいている。コンディションがよく、盛り上がっている日であれば、気配を消して林の中で寝そべっていると私がきたことで中断した営みは一〇分もしないうちに再開され、元の状態に戻っていく。一時間もじっとしていれば、私の存在はすっかり無視され、林の中はいつもの賑わいを取り戻す。そうこうしていると、沢のあるほうの暗闇から奇妙な声が聞こえてくる。「ふぉ、ひょーぅ」という、活字にするとまったく雰囲気が伝わらないが、初めて聞いた人は「サルが叫んでいる」とか「大きな鳥がいる」などとこの声を表現することがある、とても奇妙な声だ。この声の主は、オキナワイシカワガエルという沖縄県の天然記念物にも指定されている山原固有種の大型のカエルである。日本一きれいなカエルと形容されることもある。繁殖期は冬だが、この時期にはまだまだ沢の中の苔むした岩の上などに出てメスをよんでいるのだ。

「この鳴きっぷりからするとあそこのヤツだな」。不思議な言い方だが、同じ沢に長期間入っているとこんな当たりがつくようになる。オキナワイシカワガエルの繁殖場所は、沢の斜面際にオキナワオオサワガニが開けた巣穴や、自然にできた岩の割れ目など、沢からは直接見えない奥まったところの止水を利用している。産卵に適した巣穴はどこにでもあるというわけではないらしいが、足繁く通っていると同じ沢ではよく見かける個体がいることに気が付く。本当に毎年同じ場所に同じ個体がいるのだ。オキナワイシカワガエルは、体の後ろ側に古傷の痕があるとか、白内障にかかって目が濁っているとか、模様がずれている箇所があるといった特徴で、個体を識別することができる。こういった身体的特徴を元に知人がある個

図5・2　ヒメハブに喰われるオキナワイシカワガエル

体についての観察を地元の雑誌に報告している（小原、二〇一三）。おもしろいことに、次の繁殖期もその次の繁殖期も、まったく同じ場所に同じ個体がきているのである。私が長く見て確認できている例では、七年以上も同じ穴を同じ個体が利用していた。毎年本当に同じところにやってきては繁殖し、また山に戻っていることになる。しかし、一体どのようにして間違えることなく同じ穴に戻ってこられるのか？　最初はどうやって産卵場所を見つけたのか？　考え出すと頭の中に「？」がたくさんあふれてきてしまうのだ。そんな「？」の一つに空き家問題がある。

この沢の一部に、私が勝手にイシカワアパートとよんでいるポイントがある。ここには狭い範囲に複数のオキナワオオサワガニの巣穴があり、毎年四〜五個体のオキナワイシカワガエルが繁殖に利用している。穴の中に入ってしまうため、毎年全部の個体を確認できているわけではないのだが、どうも隣接している穴を間違えることなく、同じ穴には同じ個体がきて利用しているように見える。そんな中、私が追いかけていた個体のうちの一匹が、二〇一〇年一月に死亡した。その日、沢に入ると偶然アパートの巣穴の前で、ヒメハブにかじられているところに出くわした。観察していると、ヒメハブは大きすぎたこのカエルをついに飲み込むことができず、明け方になったところであきらめ、その場を離れていってしまった。アパートの前には放置された個体が残されたが、毒が回りすでに死んでしまっていた。長年観察していた個体なので寂しい限りだが、彼が入居していた巣穴は次の個体が入ることなく、空き家状態となったのである。それから四シーズン目の今年、いまだにその穴は空き家のままなのだ。いったいいつどんな新たな入居者が現れるのだろうか、毎年シーズン初めに見回るのが楽しみの一つとなっている。

春先は、オキナワイシカワガエルの繁殖期がほぼ終了している時期に当たり、しばらくすると沢を離れるようになる。夜の沢でその声を聞かなくなる頃、山原は新緑も少し落ち着く五月に入る。沖縄は本格的な梅雨になる。それに合わせて、山原の水溜りでは春に産み落とされたイボイモリの卵が孵化し、まだら柄をした外鰓の出たままの幼生が目につき、夜の森には、今度はホルストガエルやナミエガエルの奇妙な鳴き声がこだまする。私はカメラが濡れないように気を使いつつ、本格的な梅雨の間もせっせと山原に通い、色々なカエルのおもしろい姿を見続けることになるのだ。

コラム　夜の生き物観察装備

両生爬虫類のような生き物を観察するならとにかく夜がおすすめだ。夜に出歩くために必要な装備を簡単

図5・3　夜の観察の装備

にまとめておこう。

・必須アイテム

ライト　昔は単一電池四～六本の懐中電灯を多用していたが、最近は高性能なLEDの懐中電灯が小型で光量も多いのでおすすめ。予備のライトと電池込みで、数本はカバンに入れて持ち歩くようにしている。

長靴　夜の装備の話であるが沖縄は昼間とにかく熱いので白い長靴がよい。水際で生き物を見る機会も多いのでなるべく丈の長いヒザ下くらいまでの長靴をチョイスしたい。私は、食品工場とかの映像で出てくるあの飾り気のない白い長靴で、側面にでっかく「耐油」の文字の見える長靴をここしばらくは愛用している。こいつがいちばんコストパフォーマンスがいい。

カメラ一式　デジタル一眼にマクロレンズをつけて使用し、替えの広角レンズ一本くらいを持ち歩くようにしている。

・その他に夜間に撮影するのでストロボやデフューザーなどの照明系の機材

赤ライト　懐中電灯に赤下敷きを丸く切り抜いて貼り付けるか、赤色LEDに乾電池をつないだものを、カメラの横にマジックテープなどで取り付けられるようにする。波長の長い赤系の光は生き物を観察するうえで便利であるだけでなく、瞳孔が閉じるまでの時間が稼げるので、一本用意しておくといいだろう。

・あるとうれしい装備

折り畳み傘　沖縄は夜でも突然のスコールにしばしば襲われる。傘の一本でも持ち歩いておくとそういうときにカメラなどが濡れずにすむ。

雨ガッパ　冬場など、雨が多い時期には前もってカッパなどを着用してしまったほうが早い。この際、雨ガッパはゴアテックスに限る。変な安物でエネルギーをロスすることを考えれば、少々値がはるがちゃんとしたものを揃えることをおすすめする。

録音機　最近は小型で高性能のものが出ている。カエルや虫の声などをちょっとした時間で録音できるのだ。

一口羊羹　たまたま入った先で大当たりに出くわすことがある。一斉産卵など滅多に見れない生態に出くわしたときは、当然、朝までその場にいることになる。カロリーが高くて携帯に便利な食料が少しあるだけで心の余裕が違うのだ。たまにカメラバックの中で破れて惨事を引き起こすので扱いには注意。

梅雨明けはクロイワゼミの羽化を見て

沖縄島は日本本土に比べて約ひと月早く、ゴールデンウィークには梅雨入りし、六月の頭には日本でいちばん早く梅雨明けを迎える。日本本土が梅雨入りしてみんなが不快な思いをし始めるとき、すでに沖縄

図5・4　クロイワゼミ

は夏となっている。この梅雨明けを待って琉球列島では色々な生き物が一斉に活動を始める、本格的な夏の始まりである。私はこの梅雨明けを実感するために毎年欠かさず見に行く生き物のイベントがある。それは、クロイワゼミ（図5・4）という小さなセミの羽化である。クロイワゼミは沖縄島と久米島にだけ生息する中琉球の固有種だ。大きさ二センチメートルほどの小型のセミで全身が透き通るようなきれいな緑色をしている。図鑑で見たことのある方はわかると思うが、こんな目立つ色をしたセミはいないだろう、と思うくらいの色彩をしている。にもかかわらず、このセミを見つけることはなかなか難しい。

私が初めてこのセミに出会ったのは梅雨明けの時期である。先輩に連れていってもらった沖縄島南部の某所はすでに梅雨明け前から羽化しているリュウキュウアブラゼミなどの大型のセミの鳴き声であふれていた。日没が近づいてくるとリュウキュウアブラゼミは次第に鳴くのをやめ、林の中に一瞬静寂が訪れる。セミは精密機械のようなところがあって、ある明るさを下回ると一気に鳴きやみ、ある明るさに達すると一斉に鳴き始める律儀な生き物なのである。大型のセミが鳴きやむのと時を同じくして、林の中の上のほうから「ちゅちゅちゅちゅちゅっ」「ちゅちゅちゅっ」「ちゅちゅちゅちゅちゅっ」という小さな、しかし、特徴のある鳴き声が聞こえるようになる。これがクロイワゼミの鳴き声だ。

ちょうど日没のぎりぎりの時間帯がこのセミが最も活動する時間に当たり、完全に日が沈む午後九時頃にはまったく鳴くのをやめてしまう。そんなはかなさすら感じる生き物だ。このセミは樹冠とよばれる木のてっぺん付近を生活場所にしているため頭の上のほうから鳴き声が聞こえてくる。このため、普段このセミの姿を見ることはなかなか難しいのだ。崖の上から下を見下ろしてみたり、樹冠部が見えるような地形をうまく利用して探したりするのだが、全身緑色の小さなセミは木々の緑の中に入られると本当に発見するのが大変で、かなり近くで鳴かれても、姿を見つけるのは難しく、とても悔しい思いをする。しかし、唯一しっかり観察できる瞬間がある。それが羽化のときなのだ。

地面から出てきたセミの幼虫は、地上数センチメートルから数十センチメートル以下の高さのところで羽化をする。成体がどんなに高いところで生活しようとも、このへんは変えようがない。基本的な生態だ。このセミを見るには、このときを狙って観察にいくのがいい。梅雨明けのこの時期、私たちサークルの面々は、日没近くになると地面から這い出てくるセミの幼虫を探し出す。最近はともかく、私の学生の頃は中南部でも本当にたくさんの個体を確認することができた。数人でクワズイモの茎やイネ科の草本の間、樹木の幹などライト片手に探し回ると、たいてい数個体の幼虫や羽化し始めている個体を見つけることができた。

なぜ、毎年毎年このセミの羽化を見にいくのか。答えは簡単でこのセミは「きれい」なのである。通常どんな種類のセミでも羽化直後は白っぽいきれいな色をして、その後体の硬化に合わせるように徐々に模様が出てくる。しかし、このセミは殻から出てきた直後からからすでに緑色をしていて、硬化してもあまり色彩の変化を伴わない。終始透き通るようなきれいな緑色をしている。日本の中でこんな色をしているセミは他にいない。そんなセミが沖縄にいるのだから見ない手はない。しかも梅雨明けのこの時期に羽化のタイミングが揃うこともあり、いちばん見やすい瞬間なのだ。

二センチメートル弱の黒茶色の幼虫は、羽化場所を決めると、体を揺らしてしっかり固定できたかを確かめる。しばらくじっとした後、背中が割れ、中から透きとおるような緑色をしたセミがえび反りになって姿を現してくる。お腹を殻に残したまま足をしっかり乾かし硬化させる。足がしっかり硬化したところで一気に起き上がり、足で殻につかまりながら腹部を殻から引き抜く、羽化の中の見せ場の一つである。その後、腹部が伸びていくのと同時に萎れていた翅が伸張し、徐々に成虫の姿になっていく。白かった羽根が透明になりしっかり乾くと、水平だった翅が体に沿う形でハの字に収納され、羽化は終了する。このまましばらくは、その状態でとまっているが、しばらくすると樹冠めがけて飛び去っていく。足下で見ているときはすごく目立つ色彩なのに、樹冠に飛んでいくと、とたんに周囲の闇に溶け込んでその姿が見えなくなっていく。なんともあっけないが、成虫が無事羽化に成功したところを見届けられたという満足感の高い瞬間だ。この羽化を確認すると、「今年も夏がやってくるのだな」と気合いを入れ直すことになる。

ちなみに学生時代には、クロイワゼミを見届けた後にもう一カ所出向くところがあった。少し移動した

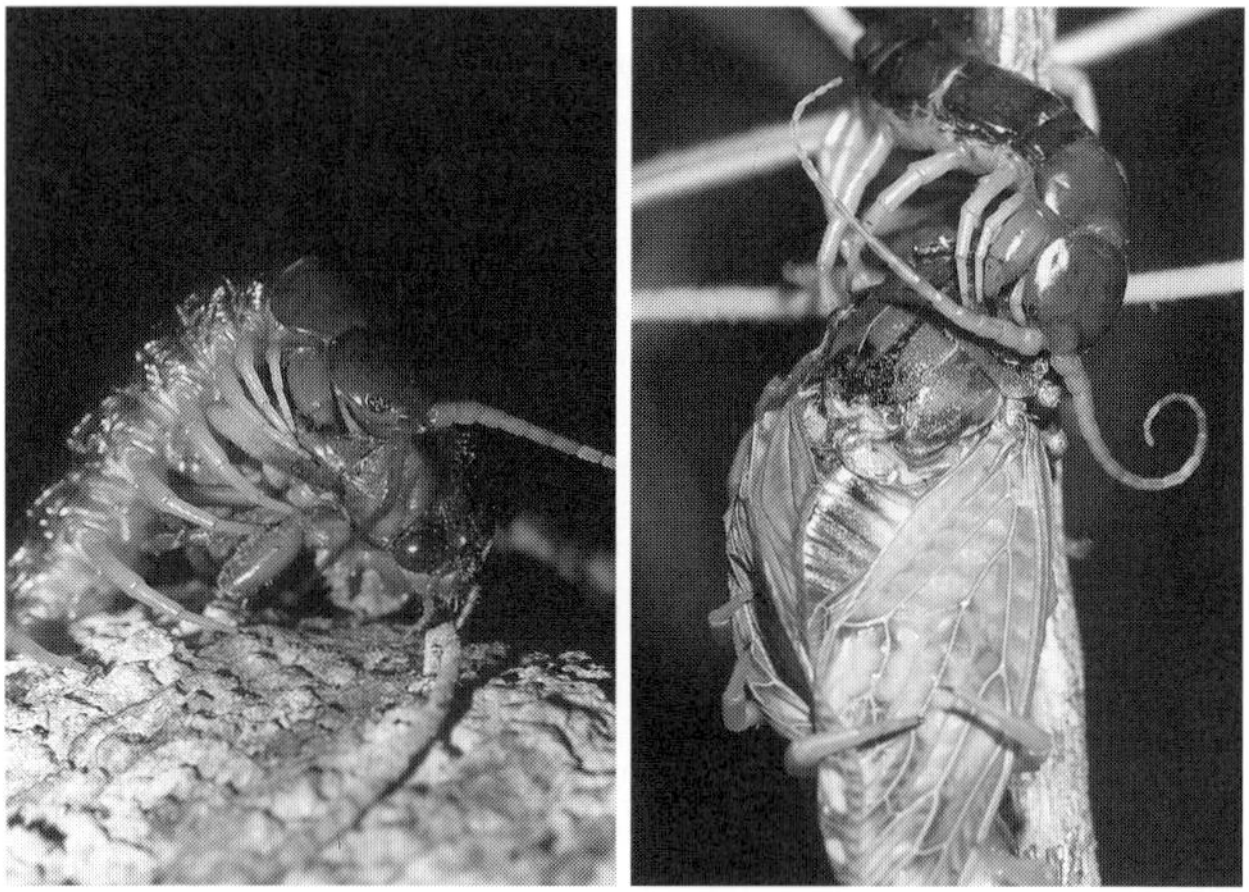

図5・5　オオムカデによるセミの捕食

別のフィールドに出向くと、この梅雨明けの時期をうまい事利用している別の生き物の姿を見られる可能性が高かった。この時期は、リュウキュウアブラゼミやクマゼミなど、他のセミも一斉に羽化を行う。捕食者の視点から見れば、地面から一斉に食べ物が湧いてくるというものすごい季節に他ならない。オカヤドカリやアリ、クモなど様々な生き物がセミの幼虫や羽化したてのセミに襲いかかるのを見ることができる。静かにその場所をうろつきながらカメラを構えていれば、生き物の捕食写真がたくさん撮れるのだ。

そんな中、私の狙いは三〇センチメートル以上あるオオムカデ類がセミをとらえる瞬間（図5・5）だった。オオムカデも、近年の分類学の進展で琉球列島産の種の名称などが変更したので正確な種名がフォローできていないが、当時はタイワンオオムカデかアオズムカデだろうとよんでいたムカデで、大きく、すばやく動き、なんでも食べる、生き物屋を魅了する要素をたくさん持ち合わせた生き物だ。この南部にあるポイントでは、毎年この時期にオオムカデが頭を下にして木にとまっている姿をしばしば目撃できた。おそらく、これから羽化しようと木に登ってくるセミの幼虫を待ち構えていると思われる。運がいいと、地中から上がってきた幼虫をつかまえていたり、羽化直後のセミをかじっていたりする。そんな捕食写真を山ほど撮影していると、こういうおもしろい写真が撮れることを幸せに思うと同時に、こういう生き物は毎年のセミの羽化が行われることをどうやって知り、先回りして待っていられるのだろうという「？」が、また次から次へと湧いてくるのである。

毎年、毎年、梅雨が明け、セミの羽化を見にいくことで自分の中の夏が始まると、他の生き物のほうも夏を迎えて繁殖のシーズンが始まる。生き物屋の私もそれに合わせて海、山へと活動の幅を広げていくことになる。

同じカニでも異なる戦略

琉球列島に生息している生き物は色々な意味で多様である。種類が多様なだけでなく、同じ分類群の中でのそれぞれの持っている特徴や戦略が多様である、それを実際のフィールドで隣同士に見て納得することができるのだ。

生き物の生きる目的とは子孫を残すこと、つまり繁殖である。多くの生き物は、そのためだけに生きているようにさえ見える。たいていの生き物は生活史の初期、人間の人生でいうと赤ちゃんとか胎児とかの辺りになるのだろうか、卵から幼生の間での死亡率がとても大きい。多くの生き物にとって重要なこの時期をどうやって過ごすか。そういう視点で見てみると、また違ったおもしろさが見えてくる。梅雨の明けた琉球列島ではそんなことを考えるのに打って付けの分類群が陸上で目につくようになる。

梅雨が明けた琉球列島では、気温も高くなり、生き物の活性が高くなる。海では水温も高くなっており、夏の大潮にかけてサンゴの産卵や様々な種類の魚類、ゴカイなどの無脊椎動物も一斉に産卵の時期を迎える。私も学部の学生の頃はミーハーなもので、物見遊山でよくサンゴの産卵を見に行ったりした。しかし、実際の産卵はサンゴから何やらカプセル状のものがポコポコ漏れ出しているようで、私的には大して感動するものでもなく、むしろゴカイやクラゲなどがまとわりついてウエットスーツをしていない顔の周りが痒くなったり、放出されたサンゴの卵や精子まみれになり、家に戻るとウエットや機材、体中が独特な生臭さとともに風呂場が大変なことになったりしたということのほうが印象に残っている。海の生き物が分類群を越えてこの時期に一斉に産卵を迎えるには理由がある。水温が高いこと以外にも、この時期の潮汐とよばれる海水の動向（潮の満ち引きの差が一年でいちばん大きくなる）がその繁殖戦略において非常に重要で、海の生き物はこの地球規模の水塊の移動に合わせて海水中に卵を放出し、水塊の移動にのせて次世代を効率よく拡散させるべく活動しているのだ。この時期、陸と海の境目に視点を移してみると海岸には普段見かけない生き物がたくさんやってきて騒がしくなっている。

この時期に日暮れに海沿いの道を走行すると、道路上を海に向かって横断する生き物の姿をよく見かける。夏の大潮に向けたイベントとしてオカヤドカリ類やオカガニ類などの陸棲の甲殻類の放卵（放幼生）が行われるのだ。道路上を移動しているのはすべて繁殖のために海を目指す生き物だ。海にいる生き物が

図5・6　ミナミオカガニ　小さな卵をたくさんかかえている

生活を海に依存するのはある意味当たり前であるが、この道路上を海に向かって移動している生き物は明らかに陸上にその生活場所を持っているのにもかかわらず、海に産卵に向かう。沖縄本島南部の海岸などでは日没後の薄暮期の頃から「カチャ、カチャ、カチャ、カチャ」と貝殻が何かとぶつかる音がそこらから聞こえてくる。音を出しているのは主に手の平にのるような小さなオカヤドカリ類で、どこにこれだけの数が湧いたんだと思うほどたくさんの数の個体が海岸に出てくるのが観察できる。ちなみにオカヤドカリ類というのは実はオカヤドカリ一種ではない。ムラサキオカヤドカリ、ナキオカヤドカリ、オカヤドカリと、陸に棲むヤドカリ一つにしたって種類が多い。当然、普段の生活場所や生態なども異なっているが、たまたま同じ場所で放幼生するために普段の生活場所から海岸に移動してきているのだ。それぞれが背負っている貝殻の内側には、発生が進んで黒い目が目立つ小さな卵をいっぱいに抱えている。日没前後の満潮時刻が近づいてくると集まってきたオカヤドカリがどんどん波打ち際に入っていく。波打ち際のオカヤドカリは、波をかぶると同時に盛んに貝殻から体を出し入れするように細かく揺さぶり、貝殻に海水を出し入れして、幼生を海水中に放出する。オカヤドカリ類の場合、この瞬間に卵が孵化するのだ。このとき波打ち際の海水をコップですくうと黒っぽいつぶつぶがたくさん混ざっていてうっすら濁って見える。よく見るとその小さな粒一つひとつが微妙にうごめいていて生き物であることを教えてくれる。

孵化した幼生はゾエア幼生とよばれ、エビとミジンコとカニとあと何か数種の生き物を足して作ったような、親とは似ても似つかない形をしている。遊泳力がほとんどないため海水中を漂って生活する浮遊生活者（プランクトン）ともよばれる。この小さな一つひとつが成長し、脱皮を数回繰り返し、稚ヤドカリになるときにどこかの陸地に上陸し、次世代となっていく。全部が大人になると、おそらく陸上はオカヤドカリだらけになるだろうというくらいの数が、コップいっぱいの中でひしめいているのだが、物事はそう甘くない。波打ち際のすぐそば、少し水深のあるところに目をやると、オキナワフグやオオクチユゴイ、フエダイ類などが興奮気味にすばやく泳ぎ回っている。おそらく、今放出されたばかりのゾエア幼生をさかんに捕食していると思われるのだ。親から解き放たれた瞬間に、結構な数の一生が終わっていくのである。

沖縄島北部の海岸でも大きなオカガニ類やカクレイワガニなどが目につくようになる。数千から数万のオーダーの卵をこぼれんばかりにたくさん抱えたまま道路を横断し、堤防を越え、海岸へと移動し、やはり波打ち際で波をかぶると同時に、全身を使ってお腹を揺さぶり、幼生を海に放出している。沖縄島ではこの時期の海岸はどこに行ってもこうした光景を目にすることができるのだ。産卵を終えたオカヤドカリやオカガニ類は、再び元きた道を戻って陸上の生活場所に移動していく。

ヤシガニ、オカヤドカリ、ミナミオカガニなどのオカガニ類など、琉球列島で普通に見られるこれらの陸棲甲殻類は、幼生の期間をプランクトンとして海で過ごさなければならない。それ以外にも、モクズガニや、コンジンテナガエビやトゲナシヌマエビのような淡水エビ類の多くも、直接海に降りるか幼生を川に流す形で、幼生が海で浮遊生活する。親はたまたま陸上や淡水域で生活しているが、元は海で生活していた甲殻類から競争相手の少ない陸地や淡水域に生活場所を求めた生き物なのだ。これらはすべて海と密接に関係した生き物といえる。

海に幼生を放出する繁殖戦略には、メリットとデメリットの色々なトレードオフがついて回る。メリットは、潮の満ち引きや海流など、海水の移動に伴って広範囲に幼生を分散させることが容易にできること。幼生が広い海の先のどこかにある類似の生息好適地に辿り着くことができれば、その戦略は大成功といえる。一方で、放幼生直後に魚が横を通れば、それだけで多くの個体がいなくなってしまう。個体の死亡リスクは高い。何が起こるかわからない不確定要素の多い海洋環境で生き残りを出すため、死亡率を上回る大量の個体を世に送り出す必要がある。メスの体のサイズは変えようがないので、数のためには一個当たりの卵の大きさを小さくし、卵一個にかかる親のエネルギー投資を小さくするしかない。つまり、「おまえらほとんど死んじゃうけど、もし生き残ったらラッキーだからがんばれよ!」という博打性の高い方法である。彼らの選択した繁殖戦略は、例え九九・九パーセントが死滅して無駄になったとしても、繁殖に参加できる成熟個体が十分な数生き残るよう、とにかく大量の卵を産む小卵多産戦略とよばれる。

一方、視点を海岸から山の中に移すと、同じ甲殻類でもまったく違う理屈で繁殖が成り立っている世界がある。琉球列島のサワガニ類も、今まさに繁殖のときを迎えている。同じ陸に棲む甲殻類だからといって先ほど見てきたオカガニやオカヤドカリと同じように括ることのできない生活史の違いを見ることができるのだ。

ここにはオカヤドカリやオカガニのような、一斉に海岸に集まるはなやかさや賑やかさはない。きわめてひっそりと、そして確実に繁殖期を迎えていく。サワガニ類も、近年の研究の進展で遺伝情報を解析することが簡単になり、琉球列島にはそれこそたくさんの種が生息していることが明らかとなった。今後ももう少し増えるかもしれない。沖縄島だけでも、オキナワオオサワガニ、サカモトサワガニ、アラモトサワガニ、ヒメユリサワガニがいる。サワガニ類はそのすべてが琉球列島の固有種なのだ。沖縄島だけを見ても、これだけのサワガニが同所的に暮らせるというのも不思議でならない。サワガニは完全に陸水のみで生活史を完結させている陸棲甲殻類なので、先ほどのカエルと同様、いや、それ以上に生活場所が淡水域に限定されている生き物なのでサワガニ間での棲み分けの妙は知れば知るほどおもしろい。

サカモトサワガニは水辺から少し離れた林床で活動しているのをよく見かける。さて、この時期見かけるメスは普段よりも体高が高いような気がして、遠くから見ても少し違和感を覚えることが多い。その理由は簡単で、実際にメスが普段よりも足を伸ばして腹部を浮かせて歩いているからである。そういう個体を見かけたらしめたもので、早速カメラを片手にカニの前に回り込んでじっくり観察させてもらう。そういった個体のお腹に注目すると、その腹部にはたくさんの卵か、小さな稚ガニを

図5・7　お腹に稚ガニを抱くサカモトサワガニ

びっしりと抱いている（図5・7）。卵は先ほどのオカガニ類などに比べて極端に大きく、粒の一つひとつがはっきりわかるほど大きな卵であり、稚ガニはメスの腹部からこぼれそうなほど互いが折り重なってしがみついている。メス親はこの後もしばらくは稚ガニという大荷物を抱えたまま生活を続け、稚ガニが成長するのをケアする。残念ながら私は稚ガニが親ガニから離れていく瞬間を見たことはないが、やがて稚ガニは十分に動き回れるほどに成長した段階で親の腹部から離れていく。この後、夏が終わる頃には、稚ガニを抱えている親を見かけなくなるのと同時に、水の浸み出しや水溜まりなどで小さな子サワガニの姿を目にするようになるのである。

さて、サワガニの繁殖の一場面を簡単に紹介したわけであるが、先ほどのオカヤドカリやオカガニなどを含む一般の甲殻類との大きな違いは何かというと、サワガニ類の初期生活史の中にはゾエアとよばれる浮遊幼生期がないのだ。卵から直接稚ガニが生まれてくる、直達発生（もしくは直接発生）という初期発生様式をとっている。そのため卵から孵化した時点で親と同じ形をした稚ガニの形で生まれてくるのでそのまま野外に放せばいい。サワガニの繁殖は生活場所を出ることなく、交尾をし、産卵し、野外に稚ガニを放出するのだ。

何が起こるかわからない不確定要素の多い海洋に依存している生き物と異なり、気候も穏やかで湿潤という、生存に関して不確定な要素の少ない安定した環境下で生活史を完結しているサワガニのような生き物にとっては、個体の死ぬ要因や死亡率というものは、おおよそ安定していると考えられる。そういった条件下で最大限に繁栄するためには、むやみに個体数を多く放出するよりも、生残率を見越した最低限の数の個体を産み、その分、各個体に十分なエネルギーの投資を行い生残率を高めたほうがいい、という解釈なのである。実際、サワガニ類は産んだ卵が孵化した後もしばらく、稚ガニが各自で十分に活動できるようになるまでの間、腹部に抱いてケアする。この方法だと、親が一緒に死んでしまえばそれまでではあるが、少なくとも、卵や幼生が動くことができないまま、みすみす外敵に捕食されてしまうようなリスクは、大幅に軽減されていると考えられるのである。無駄打ちをせず、確実に次世代を残す、これがサワガニの目指すところなのだ。

いいことばかりのようだが、この戦略にもメリットがあれば、当然デメリットも存在する。まず、浮遊生活の期間がない分、次世代の分散能力は低い。せいぜい自分の足で移動できる範囲に限られることとな

図5・8　抱卵中のヤエヤマヤマガニ　大きな卵がよくわかる

る。どこか近接するところに生息適地があったとしても辿り着く可能性は少なく、海などで隔てられた場合は、ほぼ確実に辿り着けないことになるのである。仮に、なんらかの要因で現在の生息適地が消失したり、劣化した場合はその影響をもろに受けてしまうことにもなる。

この写真（図5・8）は、ヤエヤマヤマガニという八重山諸島にいるサワガニの仲間がちょうどお腹に卵を抱えているところのものだが、体に対してかなり大型の卵を抱いているのがわかると思うのだ。卵の数もせいぜいが数十のオーダーで先ほど紹介したオカガニなどの数千から数万のオーダーで産卵するカニに比べ、格段に少ない産卵数だ。このため仮にこの卵すべてが成体になったとしてもサワガニが爆発的に大発生するといったことは期待しようがないのである。つまりサワガニのとる繁殖戦略では、大きな卵を産み、さらにその初期生活史の部分を親がケアすることで初期減耗率を低いまま保ち、大人になる個体の生残率を上げることには成功している。大発生するようなこともない代わりに無駄打ちすることなく、親の生活圏の周辺に分散して行く「無理して変なところに出て行かなくていい、面倒見てあげるから着実に近所で暮らしていきなさい」。こういう地元志向というか博打性のない堅実な方法である大卵少産戦略をとっているのである。

近年の琉球列島のように、開発などで生息地がなくなるという事例が多々存在するだけでなく、せっかく残された生息地でも固有性の高いことが逆に希少性を生んでしまい、一部の心ないマニアや業者によって採集され、個体数を激減させるという事例が少なからず存在している現在は、生息地に縛られる大卵少産戦略のサワガニ類にとっていささか住みにくい世の中になっているように見える。

同じように陸上に棲んでいる甲殻類であるが、かたや広い海洋の中にあるわずかな陸地にある好適地を狙ってバクチを打つ、三振しても構わないからホームランねらいの大振りバッタータイプ、かたや少数でも確実に自分の周辺に次世代を残す、バントで着実に出塁するいぶし銀な職人バッタータイプといったように普段の生活の場所を陸上にしているという共通点だけで、その繁殖戦略や生活史といったものはまったく異なっていることを現物で確認することができるのだ。どちらが優れているとかではなく、同所的に存在している同じ分類群の生き物の間で、戦略に多様性があるということがおもしろいのである。

カニが卵を持つ時期はしばらく続き、海に出るもの、陸に稚ガニを放すもの、それぞれの夏が過ぎていく。梅雨の明けた琉球列島は、それからしばらくの間は小笠原気団の勢力下におかれ、気候が安定し、気温も高い状態が続く。生き物のほうも繁殖といったイベントも一通り終了すると、徐々に出現数が減ってくる。こうなると森には短い夏休みのような静かな時間がやってくる。私は森が静かになるこの短い間をうまく利用して、別の場所に生き物の姿を求めて出掛けていくことになる。

夏枯れ　砂浜でウミガメを待つ

梅雨が明けると琉球列島は雨が降らず快晴の日が続く。ここからしばらくの期間を生き物屋的には「夏枯れ」とよび、年によっては深刻な雨不足により、沢の水が干上がったり、植物の生長も低下し、秋のドングリ類の実に影響したりと、動植物にとっても活動しづらい時期となる。乾燥し、気温も高くなり、生き物の出現も鈍ってくるので、秋の入りに再びやってくる雨がちな空模様になるまで、生き物屋的にも根を詰めて通わないといけないような生き物の姿は、いったんお休みになる。春から初夏のイベントが大体終了するこの時期は、一息つくか普段なかなかいけない離島を巡ったりするとか、海に出かけるとか、わりとゆったり過ごす生き物屋さんが多い。しかし、私はここからが本番である。毎年この時期に私の下半身は強化される。私はこの時期、ある生き物のおもしろい行動を観察するため海岸の崖沿いを一晩に何往復もすることになるのだ。なぜなら、この地の自然の不思議を「ぎゅっ」と濃縮したような生き物同士の関係がそこに存在しており、通わずにはいられなくなるほどの魅力に満ちているからだ。

私は沖縄にカメを研究したくてきた。当然カメと名のつくものは何にでも興味がある。実は沖縄では四月に入ると早速遠く離れた海の向こうからカメがやってくる。そのカメとは海産の爬虫類であるウミガメ類で、主にアカウミガメ、アオウミガメの二種に加え、稀にタイマイ、クロウミガメといった迷いガメのようなものも見ることができる。しかし、紹介したいのはカメの産卵についてではない。その産み落とされた卵のその先の話だ。

ともあれ、まずは産卵の様子から見ていこう。琉球列島の各地では夜な夜な海のほうから大きな塊が上陸するようになる。産卵の先陣を切るのはほとんどアカウミガメだ。この場所は私が学部生の頃に開拓し、学生時代から毎年この時期になると通い続けているのだが、それ目当ての人でも、なかなかこないような少し不便なところにあるため、幹線道路に面した砂浜に比べて人為的な攪乱要因が少ない。数百メートルの砂浜が数カ所、それぞれが崖地形で隔てられており、砂浜を巡るために崖沿いに移動することになるので、一回出掛けると結構体力を消耗する。学生時代などは重たいカメラ機材やらすべてを身体中に括り付けて多いときで四往復ほどしていたが、太陽の出ていない夜間であるにもかかわらず、毎回タオルはたやすく絞れるほどに汗を吸い、三〜四リットルの水と高カロリーな甘い菓子パン数個を消費することになるのだ。人間的には様々な面で不便ゆえに、ここはウミガメの産卵数が多く、観察にはとても適したフィールドとなっている。そのため毎年なんだかんだで通い詰めることとなり、足場の悪い岩場を飛んだり跳ねたりし続けた私の体はシーズン後半にはできあがってきて動きが身軽になっていくのである。

産卵のピークは梅雨が明けた六、七月頃、産卵はまず親ガメの上陸から始まる。日没後の砂浜に目を凝らすと建設重機のクローラ痕のような独特のウミガメの這い跡の紋様を見つけることができる。運がいいときにはその紋様が真新しく、エッジが効いており、すぐ隣の他の砂と色の異なる湿った砂によってできている。そんなときはその先にカメがいる可能性がすごく高くなる。

静かにライトを点けずに波打ち際から始まっているその紋様を辿って行くと、たいてい砂浜の奥のほうで黒い大きな塊が目に入ってくる。これがさっき産卵のために上陸したウミガメだ。やはりこのサイズの生き物は飛んだり跳ねたり、走ったりというわけにはいかないのだろう、前肢を投げ出すように前方に置き、それを軸にして体を引き寄せ、時折、肩で息をしながらゆっくりと一歩一歩砂浜を進んで産卵場所を探している。這っている姿を見ているだけで自然と手に力が入ってしまうほど、はたから見ても大仕事のように見える。毎回のことながらこんな大きいものが生きていられる「海」という存在にも改めて感心する瞬間だ。ちなみに甲長一メートルをゆうに超える大きさのウミガメであるが意外と迅速に、かつ静かに上陸してくる。ライトを点けずに行動しているので、ウミガメ側も私に気が付きにくいのかもしれないが、少し気を抜いてよそ見をしていると、いきなり近くに大きなカメがきていて驚くことがしばしばある。また、運わるく（よく？）日没後砂浜で寝っころがり仮眠をとっていて、上陸してきたウミガメが横を通って、大量の砂を浴びせかけられたことがこれまでに三回ほどある。そのうち一度は私の足の上をウミガメに通過されそうになり、突然湿った何かが足に乗り上げたことで飛び起きることとなり、大変びっくりした。いずれのときもあんな大きな図体をしている生き物が近づいてきていても本当に直前でなければ気が付かないほど、波の音などに紛れ静かに移動することのできる、ウミガメとはまったくすごい生き物だと感心することになる。まぁ誰も真似しないとは思うが、この時期の夜にこの砂浜で熟睡するのは明らかにおすすめできない。

上陸し、産卵場所を決めたと思われる親ガメは、地団駄を踏むようにして体を揺らして平坦な場所を作り上げる。そしてその強力な前足で自分の周りの砂を掻き分け産卵巣を作る準備を始める。砂中に大きな障害物があったりすると産卵行動を中止することもあるが、こうなるとたいてい産卵までいく。しかし、

図5・9　アカウミガメの産卵

実際に産卵するまでにはまだ結構な時間がかかるので、たいていはいったんこの場を離れ、カメには作業に集中してもらい、私のほうもこの時間に残りの砂浜を回って他の上陸個体がいないか確認しておくのだ。

三〇分から一時間ほどかけて他の砂浜なども一通り見回って戻ってくると、ウミガメはボディピットとよばれる体が入るくらいの穴を掘り終わり、産卵巣を掘る作業に移行している。今度は後肢の真ん中を凹ませてスコップのようにしながら右足を使うときは体を左に寄せ、左足を使うときは体を右に寄せて、大きな体を器用に左右に振りつつリズムよく穴を掘って行く。さらに小一時間ほどかかるので、少し離れた場所で仮眠などをとってから戻ってみると産卵巣は完成し、産卵が始まっている。いったん産み始めるとよほどのことがない限り中断はしないので、お尻側から産卵の様子を見ることができる。砂と甲羅の間から見えるわずかな隙間から見えるメスの総排泄口から一度に数個ずつ、眩ゆいばかりの白い卵が無造作に穴の中に産み落とされていく。これを百数十個分繰り返すのである（図5・9）。

イメージとしてはTVで見かける「ピンポン球ができるまで」といった類のVTRのように、無骨な機械の中から場違いにきれいなピンポン球がポコポコとたくさんできあがっていくような、どこか奇妙な感じがして、じぃっと見入ってしまう、そんな魅力的な場面だ。人間など自分以外には存在せず、それすら月明かりの中で周囲の石と区別がつかなくなるような夜の闇の中で、産卵のたびに肩で息をするようなウミガメの息づかいだけが波の音とともに聞こえている。なんとも不思議な時間を堪能できるのだ。一通り産み終わると小休止ののち、ウミガメはまた後肢を使って今度は掻き分けた砂を穴に投入していく。しっかりと、そして丁寧に砂をかけ穴を埋め戻すのだ。穴に砂が詰め終わっても作業は終わらず、さらに念入りに何度も何度も砂を上からかけて大きな図体で踏み固め、やがて満足がいったのか少し前進し、前肢を使ってさらに砂を後方に飛ばし、砂をかけていく。その後ウミガメは少しずつ向きを海のほうに向けながら前進し、今度は、波打ち際に向けて上陸時と同じように前肢を使って、一歩一歩刻むように重たそうな体を一直線に進めていく。波打ち際まで辿り着いたウミガメは水を得た魚のように、驚くほどスムーズにその姿を夜の海の中に溶け込ませていってしまう。後には重機のクローラのわだちのような紋様と掘り返されて濡れた色をした砂の山が残され、再び砂浜に静寂が訪れる。これでやっと一回の産卵行動が終了となるのである。このような光景がこの砂浜では夜な夜な八月過ぎまで続き、シーズンの終わりのほうでは砂浜はたくさんのウミガメの産卵巣と無数の這い跡であふれかえるのだ。

産み落とされた卵に目を移してみると、シーズンの最初、四月頃に産み落とされた卵は七月に入るとぼちぼち孵化し始める。この時期はちょうど琉球列島が夏枯れに入り、森の生き物の出現が減ってくる頃と時を同じくしている。その頃から私も本格的にこの浜に通い、産卵、ハッチアウトとおもしろい場面をまとめて観察する。

さて、通常ウミガメの幼体は卵から孵化してもすぐに海に向かうわけではない。なにせ数十日前に親ガメがわざわざ深い穴を掘ってその中に産んでいった卵なのだ。上に数十センチメートルと厚く乗っかった砂を掻き分けないと、地上に出ることなどできないのである。たかが数十センチメートルと私たちは思うかもしれないが、甲長五センチメートルほどの子ガメにとっては、蒸し暑く真っ暗闇で空気も少ない中、体の何十倍もの高さを登り切らないといけないのであるから、大変な作業といえる。孵化した子ガメは卵の大きさよりも若干小さい。そのため多くのカメが孵化した穴の中には、おそらくわずかな空間ができると思われる。そのため同時に孵った一〇〇匹ほどのカメが穴の中でもがくと、その刺激で産卵巣の天井の砂が崩れることとなる。子ガメがその砂の上に這い出てさらにもがくとまた天井が崩れていく、またその砂の上に這い上がる、この繰り返しを地上に出るまで続けるらしいのだ。そのため、二足歩行の私たちは普段そのことになかなか気付けないのだが、地上に出てくる少し前から地面の下では、子ガメの脱出に向けた土木工事で、非常に騒がしくなっている。地面の下のことがわからない私たちが、それを知るための武器が聴診器だ。聴診器を耳に当てて産卵巣の真上で音を聞いてみると砂の中から動いている生き物の音が聞こえてくる。誰もいない場所とはいえ、砂浜につっぷして聴診器を当てて砂の音を聞いている人間がいる、はたから見るとかなりおかしな光景であろうが、こうするとかなりはっきりと砂の中の情報が得られる。こちらが地上で砂を叩いたりして音を出すと、それに呼応するように砂中からくぐもった声や砂を掻き分ける音、砂が崩れる音などが聴診器を通して耳に返ってくる。この音が地上のかなり近いところで（大きな音で）聞こえるようだと「そろそろハッチアウト（砂中から出てきて海に向かう）だな」という目安になる。

実際のハッチアウトにドンピシャで出くわすことは、とても大変なことであるが、気合を入れて何度も何度も通い詰めていると、いいタイミングで遭遇することもある。しかし、そのためにもシーズンの初めの頃から少しずつ情報を集め、そろそろだな、という目星をつけつつ、それぞれの巣の表面や、聴診器の音の情報などから「その日」を当てることが必要となる。

地上で見られる変化としては、ハッチアウトの数日前くらいから、這い出てくるであろう部分の砂がわずかではあるがすり鉢状に凹んでくる。これが子ガメが浅いところまで上がってきている兆候である（もっともすべての穴でこれが確認できるわけではないのだが）。まずこれを見つけ、ついで聴診器越しにも大きな音が返ってくるようになっていたらしめたもので、ハッチアウトを拝める可能性がかなり高くなる。可能性のありそうなところ数カ所を回りながら、少し離れたところから、それを遠巻きに視界に入るようにして砂浜を巡回し続けると、忘れた頃に砂の中から砂まみれの数匹のアカウミガメの幼体が這い出てきているのを確認できるのだ。

図5・10　アカウミガメ孵化幼体

地上に顔を出した子ガメ（図5・10）は、体力を温存するようにしばらく動きをとめたまま砂に埋れており、やっと地上に出たことで一安心しているように見える。なんのタイミングかはわからないが、そうこうしていると突然子ガメが一斉に行動を開始する。機械のようでおもしろい瞬間である。いったん砂から這い出た子ガメはほとんど休みを入れずに、風呂に浮かべて遊ぶおもちゃのように四肢をバタつかせながら一目散に波打ち際を目指し進んで行く。やがて波打ち際に達すると、波が彼らをさらって行くのである。さすがはウミガメといったところだろうか。初めて海に入るにもかかわらず海水に入った彼らは大変すみやかに視界から消えて海の中へと進んでいく。これでこのウミガメの最初の試練は終わったのである。これから先、この子ガメが成熟するまでにはさらに厳しい試練が続くことになると思うのだが、まずはおめでとう、といった感じになる。ものすごい低い確率ながら、またどこかの砂浜で出会うかもしれないと思うと感慨もひとしおである。ウミガメの一陣が去った砂浜には独特の小さな直線的な這い跡が産卵巣から波打ち際の間に何本も刻まれる。ともあれ無事に海に辿り着いた一陣がいる一方で、産卵巣から波打ち際までのわずかな間で他の生き物と関わり合いを持ってしまい、そこで一生が終了してしまう個体もいる。この浜に私を通わせることになるのは、実はこの関わり合いを持つ生き物に興味があるからなのである。この砂浜で関わり合いを持つ生き物の代表格がアカマタというヘビだ。

魅力的なヘビ　アカマタ

琉球列島にはアカマタというヘビがいる。この砂浜ではウミガメであふれるこの時期になると、このヘビが数多く確認されるようになる。私が毎年足繁く通うのは、実はこのヘビの行動を観察するためなのである。私はこのヘビがいろんな面で大好きで、これまでに他のヘビよりも明らかに多くシャッターを切っている被写体でもある。ここでまず最初に少しアカマタというヘビについて紹介したい。

アカマタ（図5・11）は、ナミヘビ科のヘビで、中琉球の固有種であり、奄美沖縄諸島ではきわめて普通種といっていい、割と簡単に出会うことのできるヘビである。胴部には赤地に黒い輪っか模様が連続する特有の模様があり、他のヘビとは明確に区別ができる外見をしている。大型で力も強く、毒はないものの結構気が強く、気性が荒い個体などをつかまえ損ねると手などをカプカプ咬まれて痛い思いをするだけでなく、あっという間に腕などに巻きつき、総排泄口から糞や尿を出しながらそれらを腕に擦りつけてくる。これをやられると洗っても取れない臭いが体のあちこちに染み付き、たちまちこちらの戦意が喪失し

図5・11　アカマタ

てしまうという、なかなかけったいなヘビである。大きさはオスで頭胴長二メートルを超えるサイズになる個体が出る一方、メスはそれよりもかなり小型で最大でも一メートル程度と、オスがメスよりも大きい典型的な生き物だ。そしてこのヘビはなんでも食べるヘビとして知られている。私がこのヘビの好きなところはまさにこの点なのだ。

手足のないヘビという生き物は餌動物を口だけでハンドリングしなければならない。このため多くのヘビは、捕食対象となる餌動物を絞ってそれに特化しているものが少なくないのである。琉球列島にいるヘビでも、例えばハブのように恒温動物に特化したり、ヒメハブのようにカエル食い、アマミタカチホヘビのミミズ食いといった具合に、ヘビはその餌の選択において対象を特化した（もちろんそれしか食べないというわけではないが）スペシャリストとよばれるものが多い。それに伴って例えばハブなどでは、毒牙を相手にぶつけるようにして当てて、毒を注入し、抵抗できなくなった獲物を飲み込むため、相手を力で押さえつけることができないような非常に華奢な下顎をしているなど、骨格や筋肉、

図5・12　アカマタのあくび　上顎の歯列がよく見える

毒、生態を進化、適応させているので、それぞれのヘビにしてもそういう視点から体の構造などを見るのは、とてもおもしろいことになる。

さて、アカマタはどういう餌を好むのかというとこれが幅広く、鳥類やネズミなどの恒温動物からヘビ、トカゲ、カエルなどの両生爬虫類まで大きさや生態の異なる多くのものを捕食することが知られており、時には爬虫類の卵なども餌としているのである（Mori and Moriguchi, 1988）。こういう餌の嗜好性が広い生き物のことをスペシャリストに対してゼネラリストとよぶ。ゼネラリストであるアカマタは体の仕組みや生態もそれに対応した特徴も有している。例えば彼らの歯は、いろんな餌動物を食べることに対応できる三角形のナイフのような歯をしており、咬みついて獲物を抑えつけるのと同時に、その歯を前後に動かすことで、ある程度獲物を裂くことができる形状をしている。他のヘビに咬まれるよりもアカマタに咬まれると面倒臭いと思うのは実はこの歯の存在で（図5・12）、手に咬みついたアカマタはすぐに口をモゴモゴと、しごくような動きを見せる。このとき、上顎に四列並んでいる歯列を前後に動かすので、手には四本の筋状の細かい傷が刻まれ、結構痛い思いをする。ちなみにハブやヒメハブなどの毒を使い、無抵抗の餌を飲み込む毒牙以外の歯は獲物を切り裂くナイフとしての機能はほとんどなく、一本一本が細い針状をしており、上顎の各歯列にはそんな細かい歯が一列に並んでおり、全体としてフォークのように機能し、獲物をしっかり保持して喉の奥に運ぶようにできている。

また、餌の探し方においてもアカマタはバラエティに富んでいる。野外で見ていると、ひとところにじっとして獲物を待つ待ち伏せ型でもあり、ガンガン獲物を探して動き回ってつかまえる探索型でもある。食べ方も力で押さえ込んで食べるときや、あまり上手ではないが本土のほうにいるアオダイショウのように餌動物に巻きつき、絞め殺してから食べる食べ方もするのだ。中琉球には少なくともこういう餌を絞め殺すことのできるヘビはアカマタぐらいしかいない。体が大きいこともあるのだろうが、他のヘビではある程度以上の大きさの生き物をアカマタのように力で押さえ込むようなことはできないであろうと思われる。どの機能もそれに特化したスペシャリストのヘビから見れば中途半端なスペックかもしれないが、幸いにもそういうなんでも屋的なニッチを利用しているヘビは中琉球には他にいないのでうまくいろんな環境に出て行けていると思うのだ。まとめると、このアカマタというヘビは、体が大きくて、いろんなフィールドに現れて、非常に幅広い餌の嗜好を持つ、なんでもできて、なんでも食べるというおもしろさの要素のたっぷり詰まったヘビなのである。

このように基本的なこと以外にも、このヘビにはおもしろいところがたくさんある。そしてそのおもしろい部分のいくつかが毎年、この時期に、この砂浜で見られる。まず最初のおもしろいことは、この砂浜に現れる個体すべてはオスなのだ。オスに比べ、体の小さなメスをこの砂浜で見かけたという記憶はない。しかもどれも大型の個体ばかりで、一・五メートルを下回るような個体はほとんどいない、二メートル近い個体も珍しくない大型のオスばかりがやってくる。夏になり、夜の砂浜に出て見ると四月頃にはほとんど見かけなかった小さな痕跡がウミガメやオカヤドカリの這い跡に混じって目につくようになる。アカマタがつけた這い跡だ。ウミガメが大量に上陸してくるようになると、どこからともなく大型のアカマタがこの砂浜に姿を見せるようになるのだ。その跡を辿って行くと運がよければ徘徊しているアカマタに出会うことができるのである。

驚かさないように遠巻きに見ていると、アカマタは明らかにただ移動しているのではなく、盛んに舌出しをしながら、餌を探す探餌モードで何かを探しながら徘徊している。徘徊している個体以外にこの浜でよく見かけるのは、私が勝手に「砂から生えたアカマタの尻尾」とよんでいる状態の個体で、体の大部分、最大で頭から三分の二ほどを砂に突っ込んで胴部の終わりと尻尾だけを砂の上に出している。実はその場所は少し前、ウミガメが苦労して穴を掘り、卵を産み落とした産卵巣のまさにその真上に当たる場所なのだ。いつも思うがピンポイントで巣穴を探り当てているヘビの凄さに感心してしまうのである。

じっくりとそばに座ってその尻尾を観察していると、時折全身に緊張が走ったり、残った地上部分で体を保持するように踏ん張ったり、また弛緩したりというのを繰り返し、尻尾や地上に残されている胴部の状態が砂中一メートル近く下方にある頭部のおかれている緊迫感を地上に伝えている。しばらくすると突然穴からするすると胴体が伸びるように後退し、アカマタが地面に出てくる。地上に出てきた個体はたいていは何事もなかったように舌出しをして地上の様子を確かめたのち、口の辺りを何度も砂に擦りつけたり、何度も何度もあくびをしてアゴを収まりのいい位置に調整したりという、餌をとった後のヘビがよく行う行動をとる。おそらく何か獲物を飲み込んだのであろう。そういった行為が一段落すると、大きく体を膨らまして呼吸を整え、また、しばらくすると再び探餌モードとなり、舌出しをしながら先ほど出てきた穴に再び首を突っ込んでいく。こんなことを夜な夜な続けているのである。

この「砂から生えたアカマタの尻尾」はシーズンを通してよく見ることができる。彼らがここで砂に体を埋めて何をしているかというと、どうやら砂中のウミガメの産卵巣を狙っているようなのだ。しかもシーズンの初めのほうではどうも卵そのものを捕食しているようなのだ。これまでに数回、実際に掘り返して確認したことがあるのだが、まだ孵化しておらず卵の状態である産卵巣にもやってきていた。そして、ごく稀ではあるが穴から出てきた個体が実際にペチャンコになった卵の殻を吐き出すこともある。どうやって音を立てることもしない砂の下に眠る卵をピンポイントで見つけるのか？　そして、どうやってあの大きな卵を捕食するのか？　といった、色々な不思議が次から次へと湧いてくる。孵化していない産卵巣は静かなもので、真上で聴診器を当てても地面からは子ガメの出す音など、私にはまったく聞こえず、アカマタが首を突っ込んでいるということ以外に、この下にたくさんの卵があることを示すような地上の変化は認められない。にもかかわらず、アカマタは、まだウミガメが孵化していないうちからこの広大な砂浜の中から産卵巣をピンポイントで捜し当て、活動を始めているのである。

そしてシーズン中頃以降では、産卵巣を這い上がってくる子ガメをやはり砂の中でとらえているようで、地上の胴体と尻尾の動きが、卵のときとは比べ物にならないくらいに激しくビクついたように動き、砂の下の興奮を地上の私に伝えてくれる。相当深い場所まで砂を掘れること、大きな卵や子ガメを食べられる頭の大きさをしていること、子ガメを押さえつけられる力があることなどが、ここの砂浜に出てきてメリットを享受できる条件なのであろう。この浜には、それができるサイズのアカマタばかりが集まった結果、メスはおらず、オスでも大型のオスしかいないということになっていると思われるのである。

ここで、もう一つおもしろいものが見られるチャンスがある。もちろん、めったに見られるものではないし、私にしたってこれまで四〜五回しかお目にかかっていないのだが、この砂浜でアカマタが奇妙な踊りを踊るのだ。ハッチアウトのシーズンの最初の頃、雨風で表面の砂がならされ、うっすら残る凹みがなんとなくウミガメの産卵巣がありそうなことを伝えているが、私たち人間にはそれ以上の情報はない場所というのが砂浜に点在するようになる。しかし地面を這う彼らアカマタは臭いなのか音なのか、とにかく強い確信を持って、そういった場所のいくつかがピンポイントでウミガメの卵が埋まっている重要な場所だということを知っている。その証拠に、根を詰めて通うと毎回きっちり同じ場所にアカマタ（同じ個体のときもあるし、違う個体のときもある）が陣取っていて、そこが彼らにとってとても魅力的な場所であることを示しているのである。

そんなアカマタをじっくり見ていると、視界に別の個体が入ってくることがしばしばある。この砂浜には局所的にそれくらい密度が高い場所が存在するのだ。そうこうしていると、そのうちの一個体が陣取っている個体のほうに向かってくることがある。明らかに意識している一方の個体が陣取っているヘビの真横まできて、盛んに舌出しを繰り返しながら慎重に近づき、胴体に沿って移動していく。ものすごい緊張感がみなぎる瞬間だ。この後、何が起こるかわかっている私であってもこういう場面に出くわすと緊張し、息を殺して見入ってしまう。距離を縮めていった二匹のアカマタの頭同士が、向き合うようになったところで突如その踊りは始まる。次の瞬間、二匹は突然すごい勢いで絡み合い、しめ縄のようにねじれていく。ねじれたままぐるぐると回りながら辺りを転げ回り、互いに鎌首をもたげるようにゆっくりと頭を持ち上げる動きをする。互いの頭を意識するように高く持ち上げながら、その場で膠着したり、また少しねじれたりと奇妙な動きをしたかと思うと、次の瞬間、あんなに編み上げたようにしっかりねじれていた二匹が瞬時にすっと離れ、一方が真っ直ぐ山のほうに戻っていってしまうのだ。残されたもう一方は凹みの真ん中に陣取ることとなるのである。

この間、早いときでだいたい十数秒くらいだろうか、気付くのが遅れてカメラを出しそこなうと写真すら撮れないこともある早業の踊りだ。このようなおもしろい生態を間近で見られるのもこの場所のかけがえのない魅力の一つであり、やはりこの浜には苦労して通うだけのおもしろさがある。さて、実はこれは踊りではなく、やはりオスのほうがメスより大きい生き物ではしばしば観察される、「コンバット」とよばれる儀式的な闘争行動の一つなのだ（図5・13）。これは人間の行う果し合いや決闘のように相手に致命傷を負わせたり、殺してしまうような争いではなく、互いの順位を確認、もしくは決定するための「力比べ」のようなものと解釈されている。これにより個体間での優劣がつくのである。おもしろいのはこのコンバットが何のために行われるか？ ということだ。通常ヘビは社会性を持たない生き物とされている。

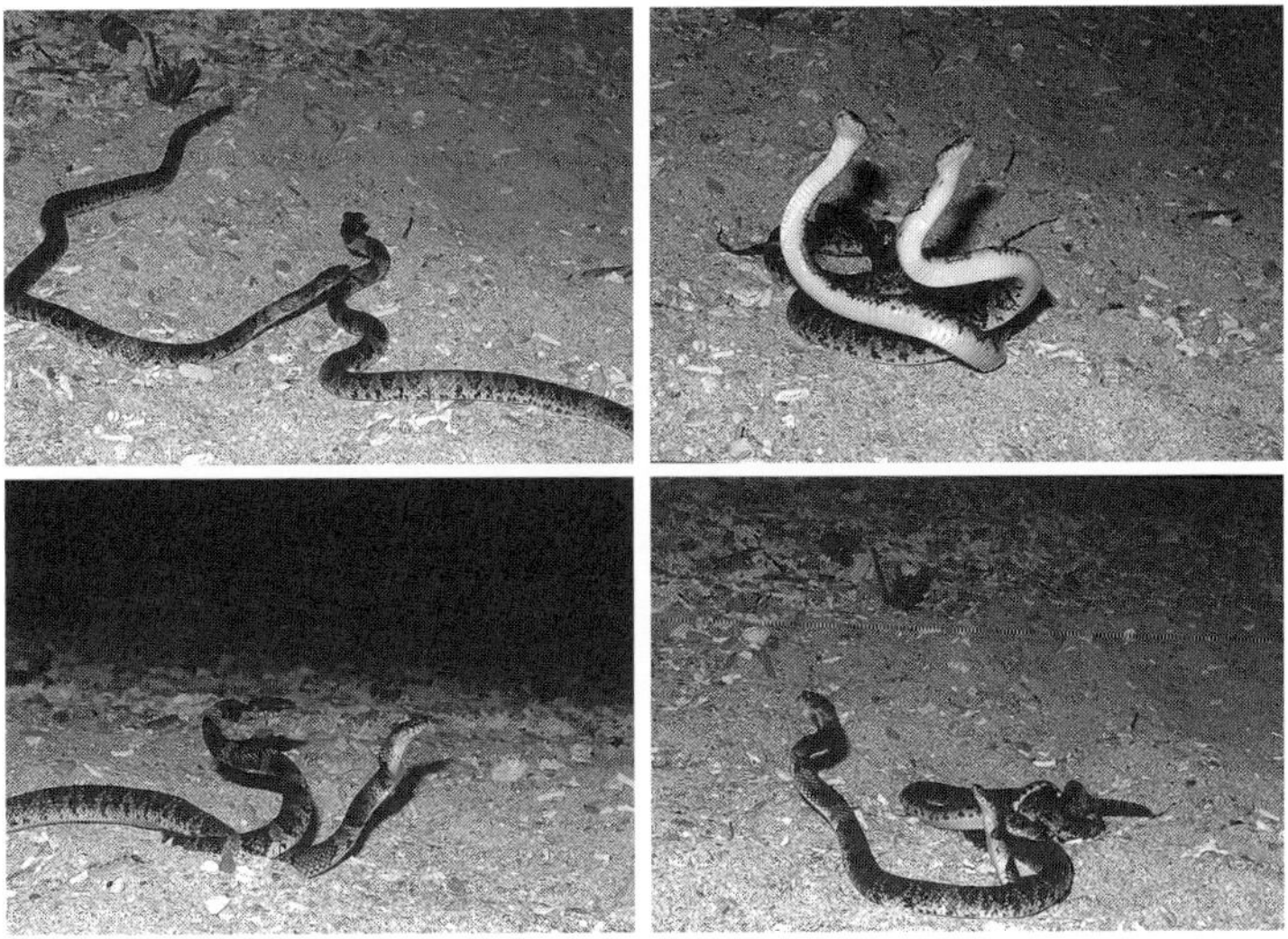

図5・13　アカマタのコンバット

それぞれが単独で行動し生活しているため決して協力しあって何かを成し遂げたり、群れを作って行動したりする生き物ではないと考えられている。そんなヘビがわざわざ他個体と干渉し合うのはたいてい繁殖相手をめぐる生殖活動の一環と考えられるのだが、先ほども述べた通り、この砂浜にはメスの姿はない。実はこの浜でアカマタは餌を巡って争いをしているらしいのだ。そしてその餌とは、先ほど紹介したあのウミガメの産んでいった卵と孵化した子ガメなのである。地面からカメの湧く産卵巣の真上付近が人気のスポットであるらしく、その場所を巡って争っているようだ。ちなみにシーズンの中頃から後半にかけてはコンバットのような争いごとを見る機会は減っていく。もちろんオス同士の接触がなくなるわけではない、むしろこれから先、接触の機会は増えていくのにもかかわらずである。順位が決まったからなのか、そのへんの事情はよくわからないが、シーズンも中頃を過ぎるときわめて整然とアカマタ間での譲り合いのようなものが見られるようになる。見ていると大きさや先にいたかどうかが問題ではないようで、ウミガメの産卵巣の真上で陣取っていた大きな個体が後からきた小さめの個体にふれられた瞬間、その場を逃げるように離れて行ったり、その逆に近づいてきた個体が別の陣取っていた個体にふれた瞬間に逃げるようにその場を離れて行ったりと、社会性がないはずのヘビの世界に何やら目に見えない厳格なルールができあがっているようで見ていてもおもしろい。

話を砂浜のウミガメがらみのほうに戻そう。七月を過ぎた頃からシーズン初めに産み落とされた卵が順次孵化するようになってくる。先ほども述べたがなかなかいちばん最初に巣穴から出てくるウミガメを見つけることは難しい。距離のある長い砂浜を歩いて回る際に偶然その瞬間に出会う確率はものすごく低いのだ。しかし、実はハッチアウトは一回ですべての個体が巣穴から出て行ってしまうわけではない。本当の初日の第一陣を当てるのこそ難しいのだが、その後の二陣以降は砂浜におびただしい情報や痕跡を残していった初陣のおかげで比較的たやすく当たりをつけることができる。痕跡などというと難しく聞こえるが、要は足跡、砂浜に残る生き物の移動の足跡を手がかりにして生き物そのものを見つければいい。ハッチアウトした子ガメの痕跡は産卵にきた親のウミガメとは比べ物にならないほど目立たないものの、海に対しておおよそ直線的に延びているので、なれればはっきりと認識することができる。

見つけやすいのは足跡が無数に延びているような場合で、そういうときは、産卵巣を見つけ出したとしても、すでにあらかたの子ガメが出て行ったあとであることが多く、その後の観察を楽しむには不向きである。探したいのはハッチアウトの最初のほう、痕跡自体が少なく、発見するのが大変ではあるのだが、まだまだたくさん子ガメが出てくる、観察向きな穴なのである。ハッチアウトがたくさん観察できる時期に入ると、日没前からフィールドに入り、足跡の少ない巣穴を探しておく。昨晩の間につけられたと思われる子ガメの足跡を波打ち際で探し、辿っていくとすぐに足跡の始まりに辿り着く、その場所をよく見ると、砂に混じって白いプラスチック片のような卵殻も散乱しているのが見て取れる。ここがまさに産卵巣の場所、ウミガメが地面から出てくる地点なのだ。確認のために砂に聴診器をあてて砂中の様子をうかがうと、地面にかなり近いところから多くの反応が返ってくるようなら、今晩も子ガメが穴から出てくる可能性が高い。あとは日没を待ってこの場所にやってくるアカマタを観察すればいい。

観察できそうな地点をあらかじめ数カ所探しておき、アカマタが砂浜から帰ってしまう朝方まで夜通し何往復も回り続ける。こういう場所には日没後すぐ、日没を待ち構えていたかのようにアカマタがどこからともなく砂浜に姿を見せる。本当に「今日、これからだ！」といえる、いいときに当たると巣穴の上の個体に強い緊張感がみなぎっているのを感じることができる。いよいよお目当ての行動が見られる可能性が高いのだ。

アカマタが陣取っている穴の周辺で不思議な光景が見られることがある。それは複数のアカマタが行儀よく直線的に砂浜に並んでいるのだ。巣穴の真上に一個体、そこから少し海側に移動したところで一個体、さらに海側に離れたところにもう一個体、さらに海側にもう一個体、といったように、多いときには四個体ものアカマタが巣穴から波打ち際まで、直線上に待機して這い出てくる子ガメを待っているのである。

子ガメにしてみればなるべく最短距離を移動し、海を目指したいところであるが、その導線上に複数のアカマタが待ち構えるという、絶望的とも思えるシフトを組んでいるのである。日本人はついつい動物の振る舞いを擬人化してみなしてしまう癖があるのだが、我先に、と巣穴に駆け寄るのではなく、適度に間隔を空けて待っているアカマタのこういう姿を見ると、何度見ても行儀よくという言葉が頭をかすめ、なんとも人間臭くて「かわいいな」と思ってしまう。当のアカマタのほうはこちらなど眼中にないようで、つかまえたり、こちらが急な動きをしない限りは、逃げたり、行動を中止したりすることはない。

ハッチアウトに遭遇した巣穴の真上にいる個体はいつもとてもいい動きを見せる。私はたいていカメラを構えて巣穴の真上の個体を観察するのだが、じっくり見ていると地上に近づいてきた子ガメの音か臭いを感じ取ったアカマタは痙攣したように身体を何度もビクつかせ、子ガメが這い出てくる穴の周囲を囲うように自分の胴体で輪っかを作る。さらに頭部を砂の中に突っ込み子ガメをつかまえようと砂中を探すのである。しばらくしていきなり砂から頭を引っこ抜いたかと思うとその口に子ガメをくわえていたりするのだ。この光景は何もない砂からウミガメを取り出す魔法を見ているようで何度見ても見入ってしまう瞬間である。

子ガメほどの大きさの餌はいくら大型のアカマタであっても飲み込むまでには数分を必要とする。一個体が捕食されている隙に他の子ガメ数匹も地上に這い出て移動を始める。しかしまずはアカマタの胴体で作られた輪っかを回ることとなる。アカマタはそのうちの一、二尾の子ガメを胴体と胴体で挟んで動きを封じたりしながら次の獲物を確保するのだ。何匹も確保したとしても一度に一匹ずつ、それもそこそこ時

図5・14　アカマタによるウミガメ孵化幼体の捕食

間がかかる捕食である、そのうちアカマタの胴体を越えていく個体が現れ、海を目指して移動する。が、そこには待ってましたといわんばかりに二匹目のアカマタが待機しており、それをかいくぐっても、もう一匹がさらに待ち構えているといった感じで、それぞれのヘビが興奮気味に地面から湧いてくる恵みを堪能するのである。

食われるほうの子ガメも一気に複数匹が這い出てくるので、他の個体が捕食されている間に海に辿り着く運のいい個体が出てくる。食うほうも食われるほうも本当に見事としかいいようのない技の数々を披露しながら、夏の夜の砂浜での真剣勝負は静かに過ぎていく。

一シーズンに頭胴長で二メートルほどのアカマタ一個体が、どれだけのウミガメを捕食するのかよくわからないが、おそらく一〇やそこらの数の卵や子ガメを食べていると考えていいだろう。丸々太った重そうなアカマタがシーズン終盤には砂浜で見られる。アカマタにしてみれば、おそらくこの後やってくる冬の間のエネルギーを十分に確保できたということなのだろう。ちなみにこのようなアカマタの行動は実はこの砂浜だけで見られるものではなく、アカマタというヘビが広く行う行動のようなのだ。沖縄本島や周辺離島でも人の少ない海岸などでは、アカマタの這い跡や産卵巣の上で身をよじった跡などがくっきりと砂に残っているのを見ることができる。さらに人のくることのない慶良間諸島の阿嘉島という無人島でもアカマタのこのような行動は確認されていて、詳しい調査が行われている（Mori *et al.*, 1999）。

さて、産卵のために上陸してくるウミガメの数や、産卵巣の卵やハッチアウトしてくる子ガメを狙っていると思われるアカマタの数も、九月も後半になるとその出現個体数が少なくなってくる。九月に入り産卵巣から這い出てくる子ガメの中にもアオウミガメが混ざるようになると、夜の暑さも峠を越え、涼しさを感じられるようになってくる。こうして長かった夏枯れの時期が終わりに近づくことになる。と、同時に涼しさが出てくる頃になると、山のほうが騒がしくなってくるので、それに合わせ今度は冬の生き物を見るための準備に取りかかるのである。

秋から冬へ

夏から秋へ天気の変わり目は例年、琉大祭という一〇月にある大学の学園祭の前後に訪れ、それまで晴天続きだった天気がぐずつくことが多くなる。空の上では、揚子江気団が今度は小笠原気団を押し出して再び乾燥した冷たい空気が琉球列島を支配する日が増えてくるようになる。このせめぎ合いの時期が秋である。冬の空気（揚子江気団）が徐々に張り出してきて、夏の空気を追い出しにかかる。二つの気団の接触面である秋雨前線が琉球列島の上空まで南下してくると、長かった乾燥した夏枯れの時期が終了し、再び湿った時期が訪れる。この気候の変化を敏感に察知した琉球列島の生き物は、一斉に活動を始めるようになる。一気に森が騒がしくなるのだ。

また、秋の実りもこの時期に一斉に訪れる。どんぐりなどの堅果が森にあふれ、多くの生き物に冬期の食料を供給していくようになる。私が好きな両生爬虫類も例外ではない。この寒くなる前のわずかな時期にヘビ類の出現が多くなったり、冬のカエルの繁殖シーズンがスタートする。やがて、夏の空気（小笠原気団）が完全に琉球列島の上から追い出されると、琉球列島は本格的な冬に入る。

これまで何でもかんでも「おもしろい」と書き続けているが、冬のカエルは本当におもしろい。なにしろ一年でいちばん寒い時期にわざわざ繁殖期を持ってくるという、本土ではあまり考えられないような生態をしているのだ。冬の真っ只中に繁殖期を迎えるのはオキナワイシカワガエル、リュウキュウアカガエル、ハナサキガエル、そして冬の終わりから春先にかけてが繁殖シーズンのオキナワアオガエルの四種がいわゆる山原でいう冬のカエルたちである。前述したが、これらのカエルたちは同時期に繁殖期を迎えても、それぞれ繁殖に用いる水環境が異なっているため、あまり強い競合関係にはないように私には見える。

では、何がおもしろいのか？　そのうちの何種かの繁殖様式が劇的なのだ。ハナサキガエルとリュウキュウアカガエルという二種類のカエルがいる。両種は沖縄が一年でいちばん寒くなる冬場が繁殖期である。

この両種は、少なくとも山原では一斉産卵という繁殖形式をとる集団が知られており、その劇的なふるまいが私たち生き物屋を毎年魅了している。山原の春夏秋冬の締めくくりとしては非常にエキサイティングなイベントなのだ。このカエルの産卵とそれを目当てにしている多くの生き物たちについて簡単に紹介しておきたい。まずは、繁殖時期が少し早いリュウキュウアカガエルから紹介してみよう。

一斉産卵するカエル　リュウキュウアカガエル

山原にリュウキュウアカガエルというアカガエル科の小型のカエルがいる。メスで頭胴長五〜六センチメートル、オスはそれより一回り小さい三〜四センチメートルの大きさで、普段は枯れ草のような体色に目の辺りにある暗色の直線的なラインがよく目立つきれいなカエルである。このカエルは琉球列島の沖縄諸島の沖縄島（北部）、久米島に分布している。

最近まで、奄美諸島に生息する個体群もリュウキュウアカガエルであったのだが、分類学の進展で主に遺伝的な差異を基に奄美諸島にいる集団はアマミアカガエルと分類学的位置の変更がなされたので、奄美・沖縄諸島の固有種から晴れて沖縄諸島の固有種となったカエルである。

山原の冬の大きなイベントの一つがこのカエルの産卵を見ることである。「見ることである」と、言葉でいうのは簡単なことのように思われるかもしれないが、なかなか簡単には見ることができない生き物屋泣かせなカエルなのだ。なぜなら、このカエルの繁殖の日を正確に当てるのが難しい。そのうえ、繁殖場

図5・15　リュウキュウアカガエル

所一カ所につき一年でたった一回しか産卵を見るチャンスがないのである。

このカエルは水深のあまりない、山の中の伏流水の浸み出しでできた水場や、流速のきわめて小さな沢の源流部などを繁殖場所にしている。道路沿いに設置されている雨水用の集水枡や林道上のわだちに水が浸み出しているようなちょっとした止水、半止水環境が出現していると小規模でも産卵することがあるので生息域である源流部の割と広い範囲にちょぼちょぼと繁殖地が点在している。一一月に入り寒さが山原に訪れるようになるとこのカエルの繁殖期が本格的にスタートすることになる。

繁殖期の初期にまず気が付くようになる変化は、それまで何もいなかった繁殖場所付近に夜な夜なリュウキュウアカガエルのオスが出現し、「ぴっぴっ、ぴっぴっぴっ、ぴっ」と鳥のさえずりのような声で鳴き交わすようになることである。この声を聞くようになると私たち生き物屋サイドも今シーズンの産卵を見るための気合を入れ直すことになるのだ。一匹一匹の声はそんなに大きなものではないものの、繁殖期には、それこそ繁殖場所の水場周辺に本当にたくさんのカエルが集まり鳴き交わすため、それまで静かだった水場周辺がとても賑やかになる。ライトを消して適当なところに腰掛けていると自分の周囲に本当にたくさんのカエルがいて、一匹一匹が必死に自己主張しているのが耳に心地よい。初期の頃は鳴いているオスはどれも繁殖場所に隣接した山の斜面地などで自分の存在をアピールしているものの、肝心の繁殖場所である水場にはほとんどその姿を見せることはない。そして散々鳴き交わして盛り上がっているように思えるリュウキュウアカガエルであるが、この時点ではどんなに探してもメスを見かけることはほとんどない。もちろん、近くにいるのであろうが、その姿をなかなか見せないのだ。オスだけが大盛り上がりを見せ続ける時間がしばらく続くのである。

ちなみに、カエルも限られた時間で繁殖を行うので無駄なことをする余裕もゆとりもないはずで、この時期、このカエルが鳴いているということは確実に、そばに繁殖場所が存在するということになる。学部学生時代の私はこの時期を、観察しやすくて大規模な、新たな繁殖場所を見つける時間にあてていた。繁殖期に入ってすぐは絶対に産卵することはないので、観察しやすい場所を早めに見つけて目星をつけるためだ。このオスの鳴き声を頼りにランダムに山に分け入り、新しい繁殖場所を探したり、それまで山に入って見つけていた「可能性のありそうな水場環境」を駆け足で巡って、それぞれの場所でリュウキュウアカガエルが産卵しようとしているか？　耳を頼りに夜な夜な山中をさまよったりするのである。こうして苦労の末、見つけ出した新たなフィールドと、これまで見続けてきたフィールドを一晩で多いときには四～五カ所巡りながら、それぞれの場所での盛り上がり方をチェックし、産卵の日を当てるために努力し続けるのだ。毎回朝方近くまでほっつき歩いては、講義のために大学のある本島中部まで車で戻り、また少しすると北部に移動し、と慌ただしい時間を過ごしていく。

何度か強い寒さや雨がちなときを経ていよいよ産卵が近い、という日になると今までとは少し違ったものが見られるようになる。早まった個体なのだろうか、斜面上で抱接（おんぶガエル）した個体が、ちょぼちょぼ見つかったりするようになる。鳴き声も個体数が増えるのか、鳴き方がうまくなるのか、いくぶん力強くなり、気が早い私などは見逃すのではないかと不安で不安でしょうがなくなり、毎日でも、ここに通いつめたい衝動にかられる。が、まだ水場にはカエルがきていないし当然、卵塊は見当たらない、まだ産卵には至らないのだ。

そしてついに、例年だと大体一二月の頭くらいにその日はやってくる。回覧板も掲示板もなく鳴き交わすこともしないメスが、なぜかこの日一斉に動き出す。毎年、見てても本当に何をどう打ち合わせたのかと不思議に思うのだが、示し合わせたようにその日のことは彼ら全員に伝わっているのだ。きっと彼ら同士ではしっかりわかるシグナルがそこにはあるのだろう。

そんなシグナルのわかるわけもない人間である生き物屋にとって、その日にたまたま出会わせたときは本当に幸せである。まず、繁殖場所に近づくと、ものすごい大きな鳴き声が聞こえてくる。それまでと違い、厚みがあるというか、多くの個体が必死で鳴いている感じがするのである。水場につくと斜面で鳴いていたオスは水中や水際に移動しており、今晩がそれまでの日と明らかに違うことを感じさせている。さらには数日前までほとんど姿を見せることのなかったメスが、産卵場所周辺に大量に現れており、その多くが、すでに背中にオスを乗せた抱接ペアとなってまさに産卵に向おうとしているのだ。肝心の水場はすでに多くのペアであふれていて気の早い個体がすでに産卵を開始している。

本当に大当たりの年に出くわすと、こうした水辺には文字どおり足の踏み場もないほどのリュウキュウアカガエルの抱接ペアで埋めつくされる。字面で書いてもそんなに伝わらないかもしれないが、その光景はすばらしい。水場で目に入る動くものすべてが、繁殖に参加しようとしているリュウキュウアカガエルである、というのはなかなか圧巻で一度でもこのような大当たりを目にしてしまうと、このシーンを見るために毎年山原に通うことになる。

抱接ペア同士は一〇センチメートルから二〇センチメートルほど離れて浅い水辺から顔を出し、それぞれのタイミングで産卵を行う。メスはタイミングを見計らい背中をえび反りにして、絞り出すように数個の卵を水中の木の枝や石などに産み付ける。と同時に阿吽の呼吸で背中のオスが足を縮めて小刻みに震え、メスの総排泄口から産み落とされた卵に精子をかけて受精させていく。まったく見事なチームプレーである。

ちなみに、この機会に指摘しておきたいのだがよく「おんぶガエル」を見て「カエルの交尾」ということがあるが、これは正確ではない。カエルなどの両生類は硬骨魚類と同様、交尾器がない。産み落とされた卵に精子をふりかけることで受精させる、体外受精を行う生き物だ。交尾とは、生殖器を用いて確実に相手に配偶子を受けわたす体内受精を行う生き物に用いられる用語なので、カエルの場合は「抱接」という用語があり、これを使うのが正しい表現となる。

図5・16　リュウキュウアカガエルの産卵

こうして数個ずつ体をのけ反らせながら産み落とされた卵は、最初は非常に目立つきれいな見た目をしている。これはまさに産卵の日に出くわさないと見ることができないのだが、動物極と植物極の向きが揃っていないので白や黒の混ざった卵を見ることができるのだ。産み落とされて数時間ほど経つと卵の向きが全部揃うようになり、黒い動物極がきれいに並んだ卵塊になっていく。さらに数時間が経過すると卵の周りについているゼリー状の物質が水を吸って膨らみ、その際に、水中に浮遊している細かなゴミや泥のようなものを表面に吸着させるので、卵塊は砂まみれのゼリーの塊のような外観になる。

一晩ほどかけて、大体一匹のメスが握

図5・17　リュウキュウアカガエルのオタマジャクシ

り拳よりも一回り小さいくらいの卵塊を産み付けると、その個体の産卵は終了する。このような光景が一晩で同時に水場全体で繰り広げられる。朝方になるとカエルの数は減っていくようになる。

一つの場所での産卵はほぼ一日、長くても二日で終了し、それを過ぎると産卵場所には数日前の喧騒など、うそのような静寂が訪れる。鳴き声はおろか、あんなにいたはずのリュウキュウアカガエルがぱったりと姿を消してしまうのである。その代わりに水場一面に卵塊だけが存在し、この場所での繁殖が終了したことを告げる。こうなると、どんなにあがいてもこの場所での繁殖はまた来年、ということになる。うっかり見逃した場合など悔やんでも悔やみきれないのではあるが、どうすることもできない。そこで、そんなときはまだ産卵していない他の繁殖場所を見に行くことになる。繁殖期の初期に複数の産卵場所を見つけておくのは、シーズンを通して少なくとも一回はドンピシャの日に出会えるようにと、複数箇所に保険をかけていたからなのである。

産み落とされた卵は発生が進み、一週間ほどで孵化し、胴体の尾の付け根部分に一対の黒い斑紋が目立つ、ずんぐりむっくりした二センチメートルほどの小さなオタマジャクシとなって泳ぎ始める。卵であふれ一瞬の静寂を示していた水場は、今度はそれこそおびただしい数のリュウキュウアカガエルのオタマジャクシが折り重なるように生息する場所に姿を変える。この頃にはもうアカガエルの成熟個体はまったくといっていいくらい姿を見かけなくなる。もう普段の生活場所へ移動をしてしまっているからだ。

カエルに群がる生き物たち

こんな劇的な繁殖イベントを周りの生き物が放っておくはずがない。この一斉産卵の前後で多くの生き物がこのカエル資源を目当てに活動している。そして、その真剣な姿はやはり生き物屋を魅了してやまないのだ。そのすべてを紹介できるわけではないのだが、この項で少し紹介だけしておこう。

カエルは、多くの生き物の餌として利用されている生き物だ。利用する側は毎年のボーナスのようなイベントを逃すまいと虎視眈々と狙っている。この繁殖に先立って産卵前から繁殖場所周辺に陣どっているのはヒメハブだ。ヒメハブはクサリヘビ科に属するヘビで、これまた中琉球の固有種で、奄美諸島・沖縄諸島に分布している。ハブに比べられることが多いが、かなりずんぐりした体型でアニメ的というか、プロポーションのかわいいヘビだと個人的には思っている。このヒメハブというヘビは、カエル食に特化したスペシャリスト（もちろん他の餌動物も捕食する）と考えられており、アカマタのようにガシガシ動き回って獲物を探す「探索型」ではなく、ひとところにじっと身を潜めて獲物が目の前にくるのをじっと待つ「待ち伏せ型」の採餌方法を得意としている。そのためかどうかはわからないが、沖縄では「にーぶやー」（鈍臭い奴、の意）などとよばれることもある。普通一般に考えて冬にヘビが活動しているのを観察しようとするのは難しい。琉球列島であっても事情は似たようなもので、冬眠こそしないものの、やはり一年でいちばん気温の低下するこの時期には多くの爬虫類は極端に活動が鈍る。しかしながら、ヒメハブはおそらく他の爬虫類同様、低温下での活動が得意ということはないと思うのだが、この一年でいちばん寒いこの時期に、活発に活動しているところを見かける「変わり者の爬虫類」なのである。

典型的な待ち伏せ型の捕食者であるヒメハブは、毎年カエルの産卵前に水場にやってくる。毎日のようにフィールドに入ると同じ場所に同じ個体がいるのだが、一日中そこに居続けているわけではない。毎回朝方になると、どこか短期的な隠れ家に移動していき、また、夜になると水場に「出勤」してくるのである。アカガエルの繁殖のピークに近いときなどにライトを消し、暗闇でじっとしていると、いいときでは一晩に数回くらい、「ぴゃーっ」という金切声が聞こえることがある。これなどは、たいていがヒメハブに襲われたアカガエルの断末魔の叫びだったりするのだ。生き物屋としては、こういったおもしろい瞬間は見逃がすわけにはいかない。暗闇の中、早速カメラを握り締めて声のした方向に走り寄って行き写真を撮る。私がいないときにもこのようなことが毎日のように起こっているのだと思われ、ほとんどの個体はカエルの繁殖シーズンが終わる頃になると、カエルをたくさん食い溜めて、ツチノコの想像図にかなり近い体型の、丸々と太ったヒメハブになっているのである。変温動物である彼らは、これでこの先数カ月は餌を取らなくても生きていけるほどのエネルギーの補給ができたことになる。少々活動に不利な季節であ

図5・18　ヒメハブに捕食されるリュウキュウアカガエル

ってもそれを凌駕するメリットがありそうだ。

しかし、このヘビはどうやってカエルの繁殖を知るのだろうか。カエルとヘビの関係もまた、おもしろさにあふれている。おそらくどこかで学習するのであろう。繁殖期の前、カエルが集まり出す前から何匹かのヒメハブは産卵場所ですでに陣取っている。カエルはヘビに先回りされているのだ。しかし、一方的にやられているかといえば、カエルのほうもたまにトリッキーなことをしてくれることがある。何年かに一度くらい、極端に早い時期に産卵してしまう年があったりするのである。そんなときには、産卵が終わってカエルのいなくなった水場にはまんまと待ちぼうけを食らったヒメハブが、

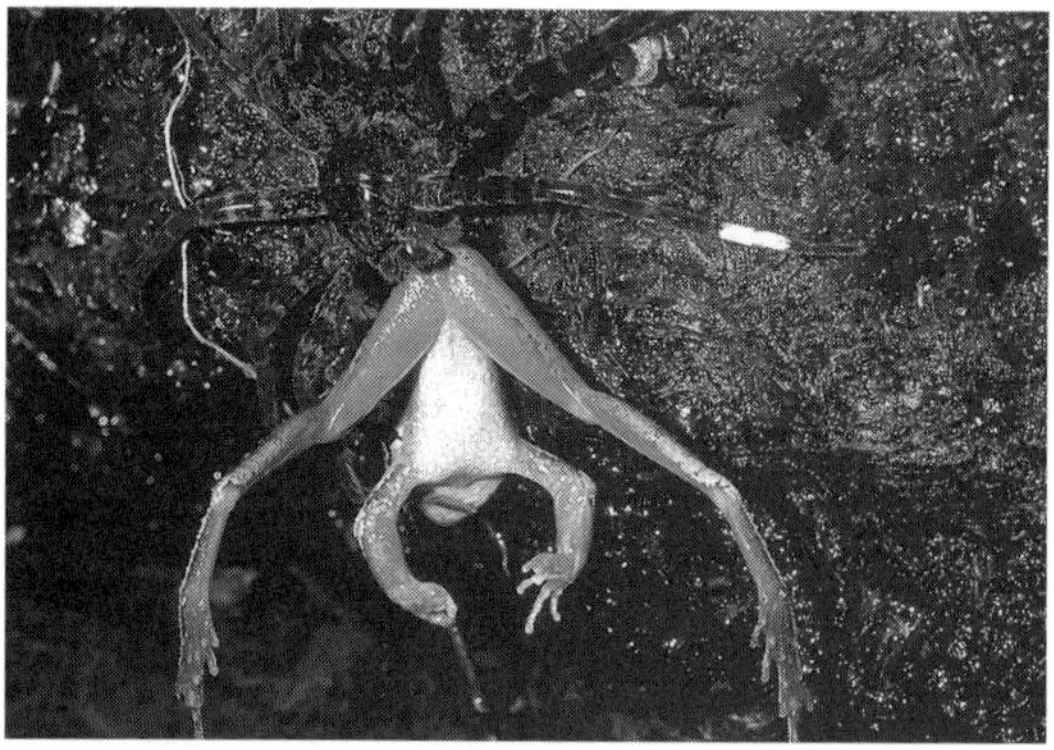

図5・19　オオハシリグモに捕食されるオス個体

くることのないリュウキュウアカガエルを待ち続けていたりする。カエルの側も一矢報いることがあるようだ。

ヘビとカエルの関係については、ヘビの生態屋さんである京都大学の森さんらが調査を行っていて、色々おもしろいことが明らかになりつつあるようである（Mori and Toda, 2011）。

少し生き物に詳しい人であれば、ヘビがカエルを食べるというのは当たり前に感じるだろう。が、このカエルがたくさん集まるのを待っている生き物は他にもたくさんいる。少し変わり種についてもふれてみたい。一斉産卵のまさにその日に近づくと水場に集まるカエルの数が爆発的に増加する。そのとき運がいいと観察できるのだが、ここではなんとクモがカエルを襲う（図5・19）。クモがカエルを襲うというのは順序が逆のような気がするのだが、毎シーズンちゃんと通えば一回くらいはお目にかかれるので、この場所ではそこまで特殊なことではないのかもしれない。

山原の源流部には、オオハシリグモという渓流性のクモがいる。長い足を広げると大きい個体では一五センチメートルほどになる大型のクモで、クモの巣を張るのではなく、山原の源流部の水際で白い足先を水に浮かべ獲物を待っている姿を見ることができる。ムカデ、ゴキブリ、ヤゴ、水生昆虫など、水辺に集まる本当に様々なものを捕食している姿を一年を通して見かけることができる山原の渓流のレギュラー的な生き物である。メスに比べ一回りほど小型なリュウキュウアカガエルのオスは、このクモにつかまるとあまり反撃もしないまま、仲間が繁殖にいそしんでいるのを横目にクモに消化されていくのである。実際、このクモが割としっかりとした骨格を持つカエルをどこまで完全に捕食するのかは疑問であるが、クモからすれば筋肉の食べやすいところだけを利用したとしても十分なタンパク質量を有する有望な獲物として映っていると思われる。

生き物が狙うのは繁殖にきた成体のカエルだけではない。多くの水生生物にとって水場一面、足の踏み場もないほどおびただしい数のタンパク質の塊の存在は、さしずめ約束の恵みというか、自分が生息し続ける、もしくは変態するまでの食糧事情を確約してくれる存在となっている。大量に産み落とされた卵にはプラナリアが集まり、卵の表面をかじっているのが観察できるし、しばらくして一斉に孵化したオタマジャクシをシリケンイモリがつけ狙い続けることとなる。何かの拍子に傷ついたりして他の個体よりも動きがわるくなったオタマジャクシが襲われているのを見かけるようになるのだ。

オニヤンマのヤゴなどは水場で顔と尾の先端だけを出し残りの体を底質の細かい砂利の中に埋めて獲物を待っている姿が観察される（図5・20、21）。こうして多くの生き物にあてにされているリュウキュウアカガエルのオタマジャクシはその後、その数を減らしつつも成長を続け、春先には変態を終了し、一センチメートル弱ほどの上陸個体にまで成長を遂げる。こうなってくると肺呼吸ができるようになり、もう

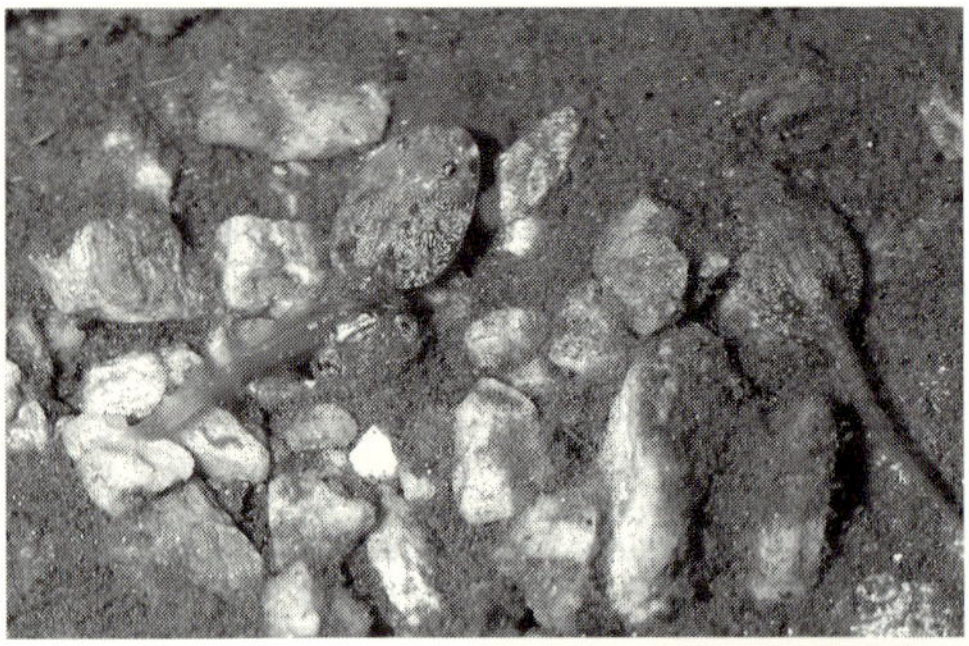

図５・20
オニヤンマのヤゴに捕食されるオタマジャクシ

図５・21　オニヤンマのヤゴ

水場には依存しない生活が行える。春から初夏にかけて子ガエルは三々五々水場から周辺の林床に移動して行く。

今この時この水溜り周辺にひしめいているほとんどの幼生は、それがオタマジャクシのときなのかカエルになってからかはわからないが、何かの餌になる運命だ。しかし間違いなく、この中から、その厳しい生存競争を勝ち抜けたほんの一握りの幸運の持ち主が数年後（成熟期間はよくわかっていないのだが）、また再び水場に集まってきてくれるのだ。そう思うとなんだかとても生き物屋を魅了する「一斉産卵」に参加してくれるのだ。そう思うとなんだかとても感慨深い気持ちになり、オタマジャクシや子ガエルの動きを見守ってしまうのである。

一年の締めくくり　ハナサキガエル

リュウキュウアカガエルの産卵が終わると冬も真っ只中。いわゆる真冬とよばれる一年でいちばん寒い時期になる。いかに日本の南西に位置する琉球列島といっても、これから春にかけての間はたいていの生き物の活性が低く、生き物の出は非常に限定的になる。しかし、そんな活性の落ちる時期に合わせて山原の源流部では、もう一種のカエルによる生き物屋を魅了してやまないおもしろいイベントが見られるようになる。

その前に、少し琉球列島の冬というものを説明しておこう。東京にいたときの冬というと雪こそ降らなくてもとにかく寒く、朝方は氷が張って、木々は落葉し禿山のようになって、という印象があるが、ここでの冬はその認識とはいくぶん異なる。琉球列島の冬は、大陸から張り出してきた高気圧の縁に当たることが多く、雨が多く、ぐずつきやすい日が増えてくる。そのため、冬は雨がちで寒い、というのが基本のスタンスとなる。次に気温だが、さすがに沖縄島では氷点下になることはない（北琉球ではその限りではないのだが）。那覇より寒くなる山原の山の中でも、いちばん冷え込んだときでも一〇℃になるくらいが最低で、それを下回ることはほとんどないといっていい。しかし、寒くないというわけではない。そこそこの防寒着しかないことに加え、この時期は雨がちで風も結構吹くので体感温度はそれよりも数度は低くなる。まぁそれですら北国の人にいわせると大したことではないといわれてしまうような温度であるが、長くこの地に住んでいるとこの寒さですら堪えるようになってくるのだ。

そして本土同様、動物の出現が限定的になる。もちろん本土のように冬眠というようなはっきりしたものではなく、あまり出てこなくなったり、出てきても動きがわるかったりといった具合である。

植物の状態も本土とは様子が異なっている。森を形成する樹木の多くは落葉することなく葉を茂らせ、一年でいちばん緑の深い時期を迎える。森の中に目を向けると、冬の山原は実は花の時期でもある。このへんも本土と冬の持つイメージが大きく異なる点なのだが、夏が暑過ぎるここでは、多くの植物が真夏を避けるように開花結実の時期を設けていて、春先から初夏と秋口から真冬にかけて様々な花を見ることができる時期を迎えるのだ。冬の山原は花盛りであり、サクラツツジ、エゴノキ、ヒメサザンカなどのきれいな白やピンクの花や、ヤブツバキの赤い花が樹冠を彩り、夜間に森を歩くとそれらの落花した花が林床に敷き詰められたかのように散らばり、懐中電灯の明かりに照らし出されてひときわはなやいで見える。沢沿いに目を移せば、そこには山原の渓流に冬を伝えるルリミノキ類が白い花や文字どおり瑠璃色の果実を枝に添わせて実らせていたり、サツマイナモリやオキナワスズムシソウが小さな白い花をたくさん咲かせ、黒めがちな渓流沿いにひときわあざやかな白い点のようなアクセントを加える。また、冬場は一年性の植物の勢いが唯一衰える時期で林内や岩場などの下草が極端に少なくなるため、地面の様子を視認しやすく、暑くないのでハンマーを振っても汗だくにならないという利点もあり、岩石や地質、化石など、非生物を観察するのにも適した時期でもある。このように冬であっても見られるものや、やりたいことが目白押しなのがここのいいところである。

カエルに話を戻そう。冬場に繁殖期を迎えるカエルにしても寒いということは決して過ごしやすいことではない、実際、冬のカエルが活動するのは冬の寒さの中、少しだけある寒さの緩んだ日や、雨が降って瞬間的に湿度が上がったような、そんなときが多い。したがって、前もって予定を決めて出かけるとその日たまたま冷え込んでしまったりして、まったく生き物に出会えない、そんな山原を体験することになる。そんな気まぐれとも思える天候とうまく付き合いながら、地の利を活かしてコンディションのいい日に出かけて行ってカエルの産卵を当てるのである。

このイベントの主役となるハナサキガエルはアカガエル科のカエルで、リュウキュウアカガエルよりもさらに分布域の狭い山原固有種である。大きさはリュウキュウアカガエルより一回り以上大きく、メスで七センチメートルほど、オスで四センチメートルほどである。鳴き声もパルス的なところがよく似ているが、体が大きい分、リュウキュウアカガエルより若干低い音域で力強く感じる鳴き方をする。非繁殖期の普段は、沢から離れた山の斜面地のような場所で生活していて、繁殖期の冬場になると流量がある程度ある渓流の滝壺や淵に集まってきて一斉に繁殖を行う。

ハナサキガエルの産卵は、リュウキュウアカガエルよりもそのタイミングを知るのは難しい。これはここに通う誰もが持つ印象だろう。なぜなら、それは一斉産卵へのきっかけがわかるようでわからないからだ。一斉産卵に至る盛り上がりの過程は、リュウキュウアカガエルのそれと似ていないわけではない。何度か訪れる強い寒波のたびにカエルの出がわるくなり、その数日後、寒さが緩むとそれまでよりも盛り上がって鳴き交わすようになる、といった具合に間違いなく何度か訪れる寒さがカエルに産卵を促すきっかけを与えているように思える。思えるのではあるがここからが難しく、行動を起こさせる直接的なきっかけもさることながら「風が吹けば桶屋が儲かる」ではないが、例えば事前に経験する降水や温度、湿度の高くなるときなど、メスが産卵の準備を完成するに当たって、どうも間接的に効いている様々な要因が重要なようで、長年通っていても必要な要因がはっきり見えてこないのである。ハナサキガエルとしては、それらがすべてクリアされないと産卵に至らないようで、年によっては雨続きの後だったり、晴天が続いて滝の水量が少なくなってきた後だったり、それほど寒さを経験しないまま産んだりと、とにかく外野がちょろっと考えてなんとか先回りできるといった単純な仕組みではないのだ。そのため、とにかく力技でフィールドに通い続けることで一斉産卵を当てることになるのであるが、二〇年もの間、見続けていると、だいたい寒さのピークを迎える一月の終わりから二月の頭にかけて、順次一斉産卵が観察されることが多いが、ものすごく早いときは一二月の終わりに産卵したり、遅いときは二月の後半まで産卵に至らなかったりと、リュウキュウアカガエルに比べて一斉産卵の日がかなり前後にずれ込むことがある。また、結局あまり盛り上がりを見せないまま春になってしまい、そのシーズンを終了してしまうこともあるのだ。天候は等しくその地域にいる生き物に作用しそうなのに、場所による盛り上がりの差、産卵日のずれも当然のように見られる。このカエルの産卵行動が、ここにいる生き物屋を魅了してやまないのは、きっとこういう様々な要因にいまだ謎な部分が多く、「自分の思いどおりにいかない」ということもあるのだろう。

冬が深まり、山原に何度か寒波が訪れるたびに、ハナサキガエルの鳴き声は盛り上がってくる。夜、いつものように沢に入ると滝壺周辺から水のはねる音に混じって「ぴっ、ぴょぴょ、ぴょ、ぴょ」という小鳥のさえずりのような鳴き声が聞こえてくる。ダバダバという結構な水量の水音のそばでも、しっかり聞き取れる高い周波数で鳴くハナサキガエルの鳴き声だ。この辺りもリュウキュウアカガエル同様、シーズンの最初のほうでは、繁殖場所のそばでは鳴き声以外ほとんど見かけることはない。みんな斜面の上のほうで鳴き交わしている。産卵場所となる滝壺の中では、ヤマトヌマエビやコンジンテナガエビなどが水中でのんびりと石の表面をはみながらいつものように過ごしている。この時点では、滝壺に産卵の兆候などまるでない。徐々にカエルの数が増え、カエルが水場に近いところまでやってくるようになるまでは、もう少しかかるので時間を空けてまたくるほうが懸命だ。

しかし、毎年沢のどこかしらで一、二ペアほど実際の産卵よりもかなり前、早いものでは一カ月も先に抱接してしまう個体がいて、それが沢に入る度に観察されるので「もうすぐなのではないか？」という、いらぬ焦りを生じさせて生き物屋さんをあおることになり、結局、産卵までの長い期間を足繁く通うことになってしまう。そして、例年だと年が明けて一月も終わりに差しかかる頃、寒さの緩んだ瞬間を見計らって沢に入って見ると、それまで水場に近づかなかったカエルが水場に近いところに移動して鳴き交わすようになる。さらに水中にオスが入り出すようになり、滝壺周辺でメスの姿が見られるといよいよである。あと数日以内に産卵が観察される可能性がかなり高くなるのだ（この後、寒波がくるとその限りではなくなるのではあるが……）。

産卵行動の直前というのは劇的ですばらしく興奮する。滝壺だけではなくその上流側、下流側の沢沿いにもどこに隠れていたんだ？　と思うほどたくさんのハナサキガエルが現れ、滝の上流のものは下流に、下流のものは上流にと、皆間違えることなく一斉に滝壺に向かって移動していくのだ。普段は陸上を移動

図5・22　ハナサキガエルの抱接

しているカエルが、水の中を移動するようにもなるのでとにかく沢に動きが見られる。いよいよ産卵の直前、という段になるとものすごい数の個体が滝壺に向かってくる。これも、いったいどうやって一斉に行動できるか不思議でしょうがないのであるが、滝壺前でライトを消し、石に腰掛けじっとしていると長靴に次から次へとカエルがぶつかってくる。そのほとんどが、すでに相手を見つけ抱接している個体で私の存在など眼中になく、一心不乱に長靴から数メートル先にある滝壺に次々と飛び込んでいく。一体何をきっかけに、そして何を目印にこの場所に集まることができるのか？　一から十までわからないことだらけではあるが、とてつもなくおもしろい瞬間なのだ。

実際の産卵状況は、水しぶきのかかる水量のある滝壺の中などであるため、リュウキュウアカガエルのように水面からうかがい知ることは難しい。学生時代は防水のカメラなんていうものもなく、プラ水槽やビニール袋に一眼レフカメラを入れて観察してみたり、水中メガネをつけて寒い中、滝壺に頭を突っ込んでみたりと色々工夫してきたが、あまりうまく記録に残せないままであっ

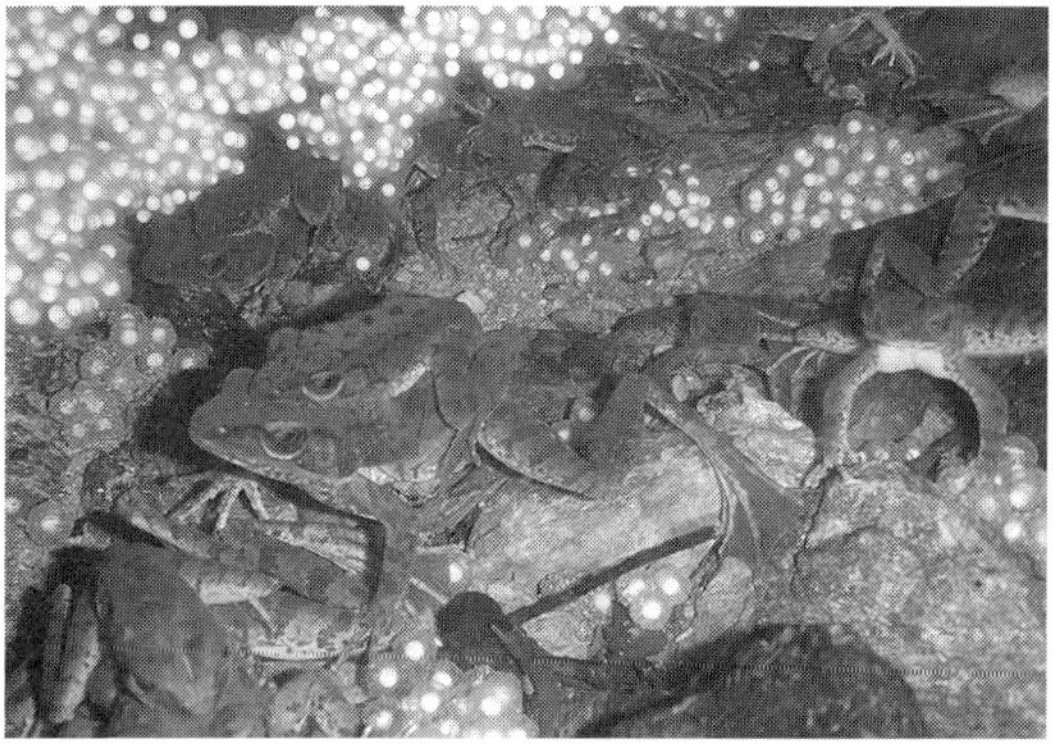

図5・23　ハナサキガエルの産卵

た。時代は便利なほうに進むもので、デジカメ時代になると防水のコンパクトデジカメを水の中につけて写真を撮ることがいちばん効率がいいことがわかってきた。あまりいい写真ではないが、状況がわかる程度には残せるようになったのである。ずぶ濡れ覚悟で、水しぶきを大量に浴びながら滝壺に近づいて水面下の様子を探ると、水中では大量の抱接ペアとそれよりも多い大量のあぶれオスでハナサキガエルだらけになり、さながら芋洗いのようにもみくちゃになりながら産卵が行われている。

メスが体をのけ反らせて水底の基質に卵を産みつけ、同時にオスが精子をかけるのだが、大量のあぶれオスなども周りにいて何がどうなっているのか、かなりカオスな状況が展開している。このとき、抱接ペアになれなかったあぶれオスの中にはすでに抱接しているメスに無理やり抱きついてしまうものもおり、一匹のメスに四個体ほどのオスが群がり、大きな塊になって水中で異彩を放っていたりする。いかにメスがオスよりも大きいからといってこうたくさんのオスにつかまられては身動きが取れないようで、朝方になるとそういった個体と思われるメスの溺死体が滝壺の底に白い腹を見せて沈んでいることもある。確かにこの日を過ぎると、この場所での今年の繁殖は終了することになるのだからオスも必死なのであろうがなんともさみしい光景である。

一斉産卵は夜通し続き、朝方には滝壺中の水底の基質を白い卵塊が覆うようになる。あんなにいた抱接個体は、いつの間にか姿を消しており、新たに滝壺に向かってくる抱接ペアやあぶれオスも少なくなる。滝壺には一面の卵塊とメスを待ついじらしいオスがちらほらと見えるのみとなり、また来年、同じように滝壺に向かってカエルが集まってくるようになるのを楽しみにすることになるのだ。

当然、この一斉産卵も多くの生き物が群がっている。ヒメハブなどは寒い中、毎日滝壺の中や飛沫のかかる場所で陣取って、カエルがくるのを待っている。抱接ペアに襲いかかる際、最初にオスにかじりつくとメスは慌てて逃げて行ってしまう一方、メスに咬みついた場合、背中のオスはメスが死んでも離れることはなく、少しずつヒメハブの口の中にメスの体が入り込んでいくのをじっと背中でやり過ごし、そのうちオス自身にもヒメハブの毒牙が刺さり、そのままペアごと食われてしまう。仕方のないことだが、オスの処遇がなんとも哀れさを誘うのだ。また、水中のテナガエビなども水底に沈んでいる溺死した個体をついばんだりして一斉産卵のおこぼれにあずかっているのを見ることができる。

産卵が終わると、滝壺周辺は本当に静けさが支配するようになる。あんなにいたカエルの姿はどこにもいなくなってしまう。滝壺の中に産み落とされた卵塊は、水流でもみくちゃにされながらも粘着生のある物質により互いが接着し、下流に流されることなくその場で発生を続ける。カエルの卵には紫外線に対する対策として動物極にメラニン色素を持つものが多いのだが、ハナサキガエルの卵はカエルの卵としては

図5・24　ハナサキガエルの真っ白い孵化幼生

珍しく、黒いメラニン色素を有しない。このためきれいな真っ白い卵塊となって見える。滝壺一面にはきれいな白い卵塊が水流で細かく揺れながら存在しているのである。

水中で発生は着実に進み、しばらくするとハナサキガエルの卵塊は孵化を始める。孵化したばかりのオタマジャクシは卵同様に真っ白で、滝壺の水しぶきや強い水流で流されることのないよう、口に吸盤状の構造があり、岩などの水底の基質に容易にくっつくことができる。この頃には滝壺周辺の流速の早い環境下でも頭を上流側に向け、たなびいている白いオタマジャクシの姿を見ることができるのだ。白かったオタマジャクシも成長していくに連れ、徐々に体に色がついて色彩的には他のカエルのオタマジャクシと同様、底質に似た色彩になってくるが、同所的に生息しているリュウキュウアカガエルの止水生のオタマジャクシに比べて「流線型で筋肉質」といった特徴があるので繁殖地が隣接しているところなどでは両種のオタマジャクシが混在し、見比べることができてとても楽しい。

オタマジャクシは、この後やはりリュウキュウアカガエルと同様、様々な生き物に捕食されて数を減じながら成長を続ける。そして夏前になると、滝壺から少し下流の沢筋では小さな一センチメートル弱のハナサキガエルの上陸個体たちをたくさん目にするようになる。これから数年、どこで何をして、何を食べて、どのくらいの成長率を示すのかといった基本的な生活史のわからないブラックボックスな期間を経て、生き残り成熟した個体が再び繁殖に参加するようになるのだ。

しかし、カエル自体はこんな寒い時期にわざわざ産卵を？　と、寒いのが苦手な人間としては思ってしまう。確かに産卵の時期は生き物の活性の落ちる冬季であるが、リュウキュウアカガエルやハナサキガエルのオタマジャクシが成長、変態し、子ガエルになる頃、沖縄は暖かく、雨も多い、一年でいちばん過ごしやすい時期を迎える。梅雨明けの後にくる夏枯れという、生存に厳しい時期の前に変態上陸できるように逆算すると、いちばん厳しい冬期に繁殖せざるを得ないとも解釈できたりもする。繁殖に参加する親の立場から考えると、寒い時期には生き物全体の活性が落ちるので捕食者の数が絞り込めるといったメリットもあるかもしれない。

とにかく簡単に答えの出るようなものではない、そんな不思議な現象が目の前で繰り広げられているのだ。この場所で当たり前に起こっている出来事の多くは生き物のおもしろさ、したたかさ、不思議、魅力にあふれたものであることは間違いないのである。

このカエルの一斉産卵が終わるとオキナワアオガエルなどダラダラ繁殖する生き物はいるものの、今シーズンの大きな生き物イベントが一段落、一年を通して駆け抜けてきた山原通いも一休みすることになる。といってもそんなに時間的な猶予はなく、また、すぐに山原通いをすることになる。なぜなら数週間もしないうちにイタジイが新芽を芽吹き、山原はうりずんのシーズンを迎えるようになるのだ。森には新たなシーズンが始まっていくことになる。私もまたそれに合わせて準備に取りかからないといけなくなるのである。

駆け足で生き物屋にとっての一年を簡潔に紹介してみた。この地にいるとよく、「物を考えなくなる」といわれるのだが、これだけ次から次におもしろい現象があふれてくるとなかなかじっくりものを考えていられなくなるのかもしれない。琉球列島とは生き物屋にとって本当に夢のような場所なのだ。

ここにきて初めての出会い　ケナガネズミ

ここまで春夏秋冬という季節を軸に琉球列島の自然を紹介してきたが、この章の最後にケナガネズミとオキナワトゲネズミの二種の哺乳類を紹介したい。また、少しレンジの大きな変化についてもふれてみたいと思う。この二種については年間を通して見ることができるといったものでは決してないのだが、間違いなくこの地にとって大切な構成要素なのだ。しかもこの生き物が受けてきた紆余曲折は沖縄が復帰して以来の大きな変化の流れ、山原の森の存在というものを反映しており、少し長いスパンで琉球列島と付き合ってくることで見えてくるものである。この生き物たちはかつては、山原で普通に見られていたらしい。といってもそれは相当昔の話で、私やもう少し上の先輩たちはすでにそういう時代を知らない世代なのだ。

ここ沖縄島北部の森林域では戦前、戦後を通じて、山のかなり上のほうまで集落や畑、薪炭材を切り出すなどで人の手の入っている地域が少なくなかった。しかし、その時点ではどうもこの二種の生き物は身近に、そしてたくさん生息していたらしい。しかし戦後、特に復帰前後になると集落や畑地としての利用は限定的となり、その代わり皆伐とよばれる機械を導入した大量の木材の切り出しが盛んに行われ、今の姿からは想像できないようなさみしい山の姿を呈していたらしい。二種の生き物はこのときの様々な影響で生息個体数をかなり減じていったのだ。当時の山の様子は、その頃撮影された航空写真などからうかがい知るしかないのだが一回り以上、上の先輩方は現在進行形で皆伐されていった山の様子を肌身で感じて知っていて、その情景はいまだ鮮明に記憶に残っているようなのである。さらに復帰後は夏場に断水がちだった那覇へ安定して水を供給するため、沖縄島北部にいくつも大型のダムが計画、建設され、状態のよい渓流部がダム湖に水没することになったり、大国林道という、沖縄島の北部三村を縦につなぐ大規模な林道が開通したりと、何かと沖縄島北部の森林域は劣化の波にさらされ続けていた。現在、私たちが足繁く通う場所がそんな皆伐や、開発などを免れた場所であるのは決して偶然ではなく、そういう残された場所のほうが実際にたくさんの生き物と出会えるのである。私が初めて沖縄に住み始めた九三年というのは、大規模な皆伐事業が一通り終了し、大国林道が全線開通した直後、沖縄島北部の大型のダムである、辺野喜ダムが完成して七年ほど経ったところだった。みんなが現在見ている山原の森林域というのは決して完成系の姿ではなく、むしろ今も少しずつ成長し、成熟した森に戻ろうとしている最中と見なしたほうが正解に近いのだと思われる。

当時を振り返ると林道の開通こそしていたものの、まだあちこちに未舗装の区間があり、しょっちゅう道そのものや法面が崩れ、通行止めになったり、迂回する羽目になったりしていたが、ともかくその林道を使うことで、それまでとは比べ物にならないくらい多くの人たちが山の奥まで入ってこれるようになっていた。そしてそれから十数年の月日が経過し、新たに育った林道脇の樹木もそこそこの高さ、太さに達し、開花結実を見せるようになり、法面も崩れやすいところはあらかた崩れ、補修が必要な箇所は一通り手を加え終わったような感じで、これまでよりもさらに多くの人たちが気軽に山の中に入ってきていた。しかしその間、ほぼ毎週といっていいくらい、体力だけは有り余っている暇な大学生である生物クラブの人間が生き物を探して辺りをうろついていたにもかかわらず生体、死体問わずにその生き物そのものはもちろん、フィールドサインとよばれるような生物の痕跡のようなものもほとんど見つけることができなかった。もちろん、私たち以外の生き物屋さんからも目撃情報もほとんどなく、年に数回ほど散発的にもたらされるものの、どれもはっきりしたものではなく、具体性に欠ける断片的なものばかりで、その存在を確信するようなものはほとんどない状態だったのである。恒温動物で、ある程度集団で生活しているはずの哺乳類を一〇年以上確認できていないとしたら、普通は絶滅したものと判断するであろう。なにせ当時一緒に山に入っていた生き物好きの大勢がどうしても見ることができなかったのだ。実際、私も薄々そうではないかと考えていた。しかし、その考えはうれしいほうに裏切られることとなった。

沖縄にそこそこ長くいると感動することが減ってくる。人間本当に感動すると膝が笑ったり、手が震えたりするのだが、なれとは恐ろしいもので、これまでに何度もそういった場面に遭遇してきてしまったからか、年をとったからか相当珍しいものが見られてもアドレナリンが出る閾値が自然と高くなってしまうのだ。でも、この生き物との出会いにはものすごい感動が伴ったのである。その生き物こそケナガネズミとオキナワトゲネズミという二種の在来のネズミだ。まずはケナガネズミから紹介していこう。

ケナガネズミは中琉球の固有種で、現在では沖縄本島の北部、徳之島、奄美大島の三島にしか生息していない、きわめて生息範囲の狭い哺乳類である。生息地のある沖縄県、鹿児島県の天然記念物にも指定されている。が、情報が極端に少ないため生活史や生態的な知見は一例報告的なものを除くとほとんどない。大きさは小さなネコくらい、ネズミとしてはかなり大型で、胴体と同じか少し長いくらいの尾がある。尾の真ん中辺りから先が白いのも大きな特徴だ。体毛の中にまばらに長い毛が混じっており、これがケナガネズミの名前の由来となっている。

大学院も修了し、数年が経過していた二〇〇六年頃から私の周囲で断片的なケナガネズミの目撃情報が上がってくるようになった。それも、これまでと違いかなり具体的で確からしい情報が含まれていた。九三年の来沖以来、長きにわたって音沙汰のなかった生き物の久しぶりの生息情報である。すっかり絶滅したものだとあきらめていた私にとって、ケナガネズミと出会えるかもしれないというなんともいえない強い期待を抱かせた。

そんな中、忘れもしない二〇〇七年五月の一九日、いつものように夜の山原を満喫し、帰りがてら林道を車で走っていると、大国林道のとある場所で、見たこともない生き物が道路脇のオオアブラガヤの実をいじくっている姿が目に飛び込んできた。「⁉っ」、目の前にいる生き物がなんだかわからないのではない、確実に私の頭が混乱していたのだ。「あっそうだ！　ケナガネズミだ！」思わず叫んでしまった。一呼吸

図5・25　ケナガネズミ

遅れてやっと頭が整理できた。これほど長い間、山原に通っていてまだ見たことのなかった在来の哺乳類のうちの一種であるケナガネズミが今、まさに私の目の前に間違いなくいるのである。

慌ててブレーキを踏み、車をとめ、サイドブレーキを引くとともに後部座席に置いてあるカメラバックからカメラ機材を取り出して撮影の準備を整える。カメラを持って目を被写体のほうに向け直すと、先ほどのオオアブラガヤのところには何もいなくなっていた。「しまった、逃がした！」、焦って周りをうかがうとその大きなネズミは私の車の助手席側の辺りを前方に向けてモコモコと移動していくところであった。急ぎ車を降り、音を立てないようにして近づくと、それは紛れもなくケナガネズミそのものであった。ライトに照らされゆったりとした不思議な動きで道路を進んでいた個体をよく見ると体毛の中に名前の由来ともなったひときわ長い毛が疎らに生えているのが見えた。私がカメラを構えたときにその気配でようやくこちらに気付いたようで、あわてて林道の脇の草むらに向かって走り出してしまった。確かに犬猫のような捕食者に狙われたらすぐに食われてしまうだろうという哺乳類としてはかなりスローな動きではあったが、写真を撮られるほどじっとしていたわけでもなかった。写真を撮ることができず悔しい想いをしたまま呆然と走り去ったほうを眺めていると、林道脇の木がガサガサと揺れ出したではないか。「これはチャンスだ！」とカメラを構えながら見守っているとなんと草むらに逃げ込んだこの個体は近くの木によじ登り、目線よりもいくぶん高いところまで登ったところで横に伸びている枝に移動し、向きを変え、こちらの様子をうかがうようにじっとしだした。あいにくそのときは望遠レンズなど持ち合わせておらず、カエル撮影用のマクロレンズとガイドナンバーの小さなストロボで無理矢理写真を撮ったので「なんとか写っている」、という少しお寒い写真が私の初ケナガネズミ写真となったのである。しかしながら山原で久しぶりに体験したうれしい出来事となった。その後、その個体は再び向きを変え、隣の木からまた隣の木へと器用に移動して見えなくなってしまった。夢でも見ているかのような不思議な気持ちのまま山を下り、私が詰め所とよんでいつも利用しているコンビニでシュークリームを買って駐車場で食べていると手と膝に震えがやってきた。アドレナリンが出ていたのである。生き物に出会ってアドレナリンが出る、本当に久しぶりの出来事だった。そのときの私の野帳には日付とともに大きな文字で「祝！　ケナガネズミ記念日!!」と当時の興奮を示すかのような踊った文字が記されている。

奇妙で自然な死体　オキナワトゲネズミ

ケナガネズミの目撃が相次ぐ中、さらにそれよりも情報がなく絶滅したのではないかと考えられていたオキナワトゲネズミという、もう一種類のネズミがいる。二〇〇八年三月、沖縄本島北部の森林でオキナワトゲネズミの生体が捕獲され、その生息が約三〇年ぶりに再確認された。こんな狭い島に固有のネズミが二種もいる、この事実も相当驚きなのだが最後に公式に確認されて以来三〇年もの間、生息に関する情報がほとんどないまま絶滅しないで生き残っていたという事実もまた、私にとって驚きであった。

トゲネズミ類は中琉球の固有種で現在、奄美大島、徳之島、沖縄島に生息しているが、島ごとの集団間で染色体の形状や数が異なることから別種と考えられており、アマミトゲネズミ（奄美大島）、トクノシマトゲネズミ（徳之島）、オキナワトゲネズミ（沖縄島）とそれぞれ独立種とされている。この三種のうち、最も生息範囲の狭いのが沖縄島のオキナワトゲネズミだ。その分布域の狭さ、確認個体数の少なさから見て、おそらく今現在も日本でいちばん絶滅の恐れのある哺乳類なのではないだろうか。生息域は沖縄本島北部、ということになっているのだが生息が確認された現在でも沖縄本島の北部のほとんどの場所でこのネズミを見ることはできない、山原に通い続けた私が本当に長いことお目にかかれなかった生き物なのである。

大きさはケナガネズミよりだいぶ小さく、ハツカネズミ程度で、おでこが出っ張ったようなかわいらしい顔をしている。その名のとおり、背中の体毛の中に形としては「根掘り」のような平べったいトゲ状の毛が、割と密に生えている。このトゲ状の毛はハリネズミのような対象物に突き刺さるようなものではなく、プラスチックのバリのような適度な弾力があるトゲで、このネズミを手にのせると暖かく動く亀の子タワシをさわっているような感覚を覚える。やはり生態的な知見は乏しく、林床で生活しているらしいが詳しいことはあまりわかっていない。野外で見ていると時折ぽんぽんと、地面から二〇センチメートルほどの高さに垂直に跳躍しながら移動することがある。おそらく対捕食者戦略の一つなのだろうが、この動きはとても不思議な動きで、何度見ても一瞬頭の中が混乱する。私ですら混乱するのだから本来の捕食者に対しても其れ相応の効果があるのではないかと思っている。まずは簡単に発見の経緯をおさらいしよう。

生息の再確認は知り合いの村山望氏らが中心となって行っていた生息確認のための調査から始まる。地図上で沖縄本島北部を方形区メッシュで区切り、その一つひとつに罠掛けや自動撮影装置をセットしてネズミを探す、というものだ。何も情報のない中、広い沖縄島の北部の山の中に装置を仕掛け、翌日に回収するという行為をひたすら繰り返し、少しずつ絞り込んでいった。この調査には私も少しだけ参加させてもらったがほとんど、九九パーセント以上が空振り、しかも生息しているという確かな保障はない中での調査という、やっている当人たちは徒労感の大きな調査であった。実際一回に入れる場所も機材の数や人員の面からも数カ所が限度で、罠に関しては次の日もう一度同じところに行って回収しないといけない。いかに沖縄島北部の森林域に範囲を限ったからといって、調査区の中には近くに道路などのアクセスがない場所、行って帰ってくるだけで半日を費やすような場所などがたくさん存在し、とにかく手間と時間が

図5・26　オキナワトゲネズミ

かかる調査だった。それでも過去の目撃情報や森林の状態などを勘案しながら精力的に調査を続けていた。その甲斐あって二〇〇八年、奇しくも子年に合わせるかのように沖縄島北部のたった一地点で、実際にオキナワトゲネズミが確認、捕獲された。その場所は意外にも私が足繁く通うフィールドのすぐ近くだった。まさに灯台下暗しといった感が否めないが、ともあれ本種の生息が確実な証拠とともに確認された瞬間だったのである。その後も研究者とともに詳しい生息調査が行われて少しずつ分布や身体的な特徴などの知見が収集されたが、とにかく初めに取りかかるまでの準備段階、生息を確認するまでの部分、いわゆるスクリーニングは地味な上にコロンブスの卵的な性格が強く、とにかく大変でなかなか表にその苦労が伝わらない。特にこういう分布を確認するといった一回の試行が大がかりになるフィールド系のものは、やろうという人間すらあまりいなくなっているのだ。後進の人間はピンポイントでこういう地道な調査の結果を享受することになるのだが、改めてその真摯な努力に敬意を表したいと思う。

さて、私のこのネズミとの初めて出会いはこの調査の最中であるが、その後、野外で偶然出会った二つの思い出がとても印象的だったので紹介したい。一つ目は私がオキナワトゲネズミに追い出された思い出だ。生息の確認からしばらくして私のよくうろついている沢でも複数のオキナワトゲネズミを目撃することがちらほら出てきていた。野外で見かけるオキナワトゲネズミは他の遺存種と同様、好奇心が強いのか、あまり人を恐れないというかすぐ近くにいきなり現れたりする。しかし、夜間であり、林床の下草の生い茂る場所からなかなか開けたところに出てこず、さらにはじっとしてくれる生き物でもないので、突然現れた個体に対してこちらがカメラを取り出しているうちに下草の陰に入ってしまい何度も、何度もシャッターチャンスを逃がし、なかなか写真を撮れないでいた。ある時いつものように沢に入り、ライトを消して沢沿いに寝転んでいると、風の音などが心地よくてつい熟睡してしまった。そのうち私は奇妙な音で目を覚ますことになった。何かの生き物の気配がし、それが「ピシッ、ピシッ、ピシッ、ピシッ、ピシッ、ピシッ」とリズミカルな、しかし山の中でこれまで聞いたことのない奇妙な音とともに私の周りを回っていたのである。奇妙なその音の源は一つのようだった。闇の中身体を動かさず目だけでその音を確認しようとするが気配はあるのに音のするほうに何も見えない。そこで身体をゆっくり起こして赤ライトをかざしてみると、そこには小さな毛の塊が垂直にジャンプしながら私の周りを遠巻きに回っているのが目に入った。その独特な飛び方、そしてもっさりした特徴的なおでこ。なんとその毛の塊はオキナワトゲネズミだったのだ。思わず声が出そうなほど興奮した。私は今、ものすごく近い距離でオキナワトゲネズミと対峙しているのである。このときネズミは同じところを何回も周回していた。その個体をじっくり観察していると、くだんの音は跳んだネズミが着地した瞬間に尻尾を地面に叩きつけて出しているようであった。これまでに何度も見たトゲネズミの跳躍では聞いたことのない音であるので、おそらくあえてこの音を発しているものと思われた。状況から考えてこの音は、友好を示す類のものではなく、警戒音か威嚇音の類であることは間違いない。ネズミにしてみれば自分の縄張り内にいきなり大きな六〇キログラムを超すタンパク質の塊が居座っていたのであるから気分がよくなかったのであろう。あまりに執拗に音を出しているのでこちらも申し訳なくなり、まぁネズミの威嚇音で追い出される人間というのも珍しいとは思うがその場を離れることにしたのである。ちなみにこのときダメもとでカメラを構えてみたところ、幸運にも数枚の写真を撮ることができた。マクロレンズを付けたカメラで手持ちで写真を撮ることができ、とてもうれしかった。写真はそのとき手持ちで撮ったうちの一枚なのだが、それ以降もぼちぼち見かけるものの写真をちゃんと撮れたのはこのときだけなのである。

もう一つの思い出はオキナワトゲネズミと他の生き物との、かつてよく見られていた関係が再確認できた出来事だ。オキナワトゲネズミの生息が確認されて数年経っていた二〇一一年七月、某公共放送の子ども番組の夏休みの企画で琉球列島を取り上げることとなり、いちばん下っ端の私にその役目が回ってきたのである。撮影に先立って企画内容の打ち合わせをした後、日没を迎えたので下見を兼ねて関係者で夜の林道を車で走行していたときだった。通り過ぎた路上に違和感のある存在があったので車をとめてもらい、いつもの通り車から飛び出して確認に向かった。するとそこにはまだ乾いていない湿ったままのDOR（Dead On the Road：路上死体の略）が転がっており、臭いで集まってきたと思われる大量のアリが群がり出している現場であった。死体の臭いや眼球の状態などから判断して、おそらく死後数時間と経っていないのではないだろうかという新鮮な死体で、ものはネズミのようだった。しかし、それは少し奇妙な死体でもあったのである。

通常、ＤＯＲは車に轢かれることによって発生する。車に轢かれた死体というのはどんなにしっかり轢かれても、内臓が飛び出すことはあってもバラバラになることはない、お煎餅のように一枚のぺったんこな塊になるはずなのだ。ところがそのＤＯＲは写真のように潰れておらず、さらには四肢の先、頭部など、細かいパーツがバラバラに四散している一方、内蔵や胴体の大部分がどこかに消えていたのだ。この特徴的な死体の状況から犯人はすぐに判明した。このＤＯＲは車に轢かれたのではなく、オオコノハズクに襲われたと判断されたのである。オオコノハズクは山原に普通に生息しているネズミ食いのフクロウで、獲物をつかまえると皮など、食べにくい部分をくちばしや足を使って引っぺがして食べる。目の前の死体はまさにこの特徴を示しており、時間的に、まだ日没後そんなに時間が経過していないことからもこの個体は日没後、餌場への出勤途中、私たちの車がここを通る少し前にオオコノハズクによって捕食されたものと判断された。注目すべきはその死体そのもので、現場に残っている胴部の皮膚や周辺に散乱している体毛に特徴的な扁平なトゲ状の毛がたくさんあること、おでこが出っ張った頭部の形状などから、この死体がオキナワトゲネズミに間違いないと断定できたのだ。

ちなみに猫など捨て野良ペットの外来種もオキナワトゲネズミを襲うのであるが、ネズミ全体をばりばり食らうのでこのようなことにはならず、糞からトゲネズミの体毛が山ほど詰まって発見される。悲しいことだが、この生息地のそばでも度々猫の目撃がされており、付近にトゲ状の毛の束が入ったネコの糞が

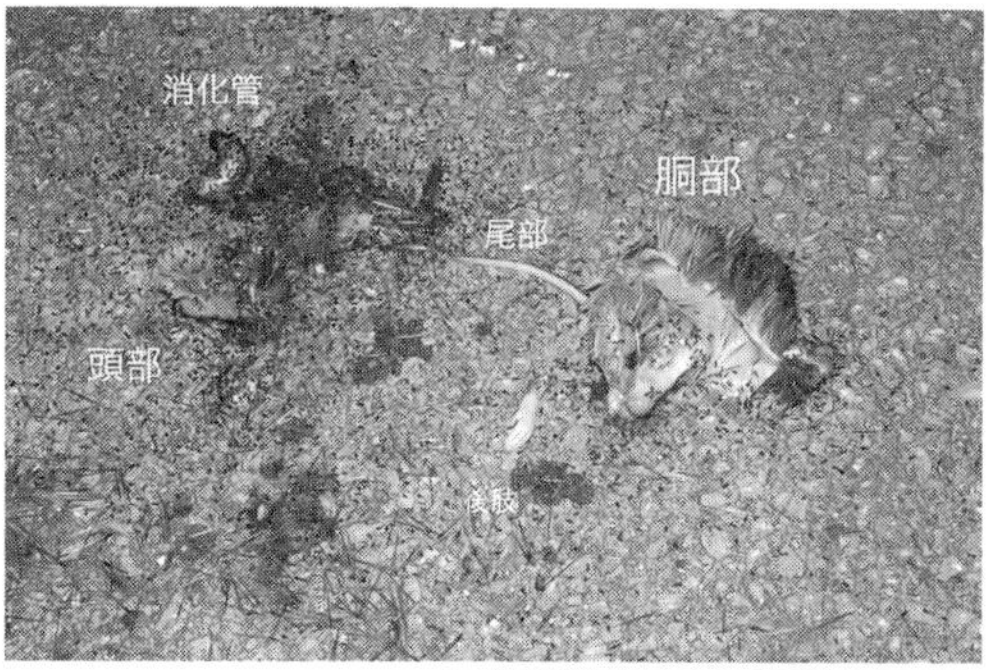

図５・27　オキナワトゲネズミのDOR

図５・28　オオコノハズク

確認されたりもしていた。それを考えればこのＤＯＲはむしろ自然な死体といえるのだ。

　生息が再確認されたとはいえ、相変わらず個体数がものすごく少ないオキナワトゲネズミの貴重な一個体が死んでしまったのである。個体の死亡、当然そのこと自体は惜しまれることではあるのだが、一方で個人的にはこのような死体を目にすることができたことをすごく喜んでもいた。というのも、その当時を知る人などにいわせると、かつて山原が皆伐や開発などの劣化の波に曝されていなかったとされる八〇年代初頭には山の中を歩いていると、林床でこのような皮を剝かれた死体を割と見かけたということなのだ。このような死体が見つかること自体、ある程度個体数が増えている証左にもなるということで私にはこのＤＯＲが、かつてあった在来の生き物同士の自然な関係が再び構築されてきていることを象徴しているように思えた。現実として相変わらず確認された生息地は非常に狭いままで、交通アクセスの利便性の向上とともに捨てネコなどが森林域の深部でも簡単に棄てられるようになるなど、生息を脅かす要因は決して少なくないが、ともあれ今後も森が成長を続け、ネズミもフクロウも高密度で生息できるような環境になればこういった死体が発見される数を増やして行くのかもしれない。そんな少しワクワクするような期待を抱かせる出来事だったのである。

二〇〇七年から続いたこれら哺乳類の出現確認以降、二、三年はケナガネズミもオキナワトゲネズミもとにかく目撃例が多く寄せられたし、私も実際にたくさんの個体に接することができた。特にうれしかったのは成熟個体だけでなく、亜成体の目撃や複数匹での行動など、生息密度が高くなっていることをうかがわせるような観察例が相次いだのだ。このままネズミも順調に増えていくのかと思われたのだが、その後、複数の台風の直撃や沢の水が枯れるほどの夏枯れのある年が続き、三シーズンほどドングリをはじめとする堅果がほとんどできないという森の生き物の食糧事情が厳しい年が連続した。それまで数を増やし、ものすごく頻繁に目撃されていたリュウキュウイノシシをはじめ多くの生き物がこの影響を受けたと思われる。あれほど毎日のように路上に出ていたケナガネズミや沢の中で見かけたオキナワトゲネズミも例外ではなく、ほとんどその姿を見かけなくなってしまった。振り返って見ればこの生息再確認の年から数年は森が豊かになったからなのか、何か特殊な事情があったのか、とにかくたくさんの生き物と出会えたすばらしい特別な時期だったのかもしれない。しかし、長い目で見ればまた出会えるときがくるのではないかと思っている。なにせ相手は二〇年近く出会うことがなかったが絶滅もしなかった生き物だ。たかが数年の食糧事情の悪化くらいではそうやすやすとは滅びないだろうと期待している。今後また食糧事情が好転する年が複数年連続するとネズミたちの子育てがうまくいき、個体数も増えるかもしれない。また、いつかくるであろうその機会に出会えるよう、こちらも準備をしつつ淡い期待を抱いて待ち続けたいのだ。

さて、ここまで長々と山原を中心に琉球列島の生き物のおもしろいところを紹介してきたわけだが、一カ所をしっかり詰めてもまだまだ見るもの、おもしろいものが多いのだが、ここ琉球列島という場所はほんの少し移動するとまた全然違った世界を私たち生き物屋に見せてくれることになる。この地の魅力のもう一つの大きな軸となる「島」というものについてほんの少しではあるが、次章を使って紹介しておきたい。

第6章
離島のススメ

イワサキワモンベニヘビ

離島のおもしろさ

これまで沖縄島の一地域を中心に話を展開してきた。これは私が時間をかけて見てきたからという理由の他に、あまり場所を変えると話がばらけてしまい、読む人に無用の混乱を与えるのではないかと考えたからである。この琉球列島には大小合わせて二〇〇近い島が存在する。人の住む、面積的に大きな島だけでも相当数存在し、そのすべてで前述同様の生き物に関する不思議でおもしろいトピックスが存在していると思ってもらいたい。「それこそ無限に思えるような魅力の詰まった地域」。それが、学生時代から現在まで頻度の差こそあれ、様々な季節に様々な離島に足を伸ばしてみて感じる私の率直な感想だ。しかしとても残念なことに離島の数が多すぎて私の財力と限りある時間の中では沖縄本島ほど地に足をつけては満喫できていないのが実情でもある。そしてこの「島」という存在こそ、琉球列島のもう一つの大きな魅力なのだ。

琉球列島が日本の面積の中で占める割合は小さく、およそ一パーセントである。この面積たった一パーセントの地域に日本の両生類の約三分の一、爬虫類の約半数の種が分布しており、そのほとんどが琉球列島の固有種であることを考えると、なんとも種多様性の高い地域であることがわかると思う。面積としてはものすごく狭い範囲に多くの生物種が生息しているには様々な理由が存在する。地理的な条件に加え、気候、地史、など様々な条件がこのことを可能にしている。そして何よりここに存在するたくさんの「島」が多様な生き物が生息する環境を形成している舞台となっているのである。

島はたとえ距離的にどれだけ近接していたとしても海で他の陸地と隔てられてしまうので、島間での生き物の移動は非常に限定的になる。このことがその地に棲む生き物に様々な形で作用するのだ。島という単位が連なってできている琉球列島は、特にこの点に注目することでそれまでとはまた違ったおもしろさが見えてくる。当然、琉球列島のような大陸島では島の成立の歴史が複雑で現在の形になるまでにいくつかのプロセスを踏んで成立している。それゆえたとえ近接している島であってもその成立の時期の違いや、火山活動や海水面の変動、隆起や沈降といった各島の成因が大きく異なっていることも珍しくなく、その結果形成される島の規模や環境も多様になり、それらもそこに棲む生き物に作用することになる。その存在を意識するための舞台もここでは非常に身近なところに揃っている。周辺離島というアクセスしやすく、沖縄島とあまり距離的に離れていない多くの島々がそれである。周辺離島のおもしろさはなんといっても近い場所でも生息する生き物が異なる場合がある、という点ではないだろうか。陸続きの本土と比べてなかなか感覚的に理解しにくいのではあるが「島」という環境がそこに生息する生き物に強く影響を与えていることを実際に現物で確認しながら理解することができるのだ。両生爬虫類の図鑑などを見てもらうとわかると思うのだが、琉球列島に分布している生き物の中には特定の島にのみ生息する、きわめて分布域の狭い生き物がいる。いかに私が琉球列島にいて、生き物を見たくて駆けずり回ったからといって沖縄島にいるだけではすべての生き物と出会うというのは不可能な話なのだ。それぞれの島に出向いて初めてその生き物を見るチャンスを得られるのである。このため、この地のおもしろさにはまった生き物屋さんの多くは折にふれ、離島に出向くことになる。私も何度も足を運んでいる島がある一方で、大きな島であってもいまだ訪れたことのない島もまだまだある。ここではほんの数例ではあるが、離島のおもしろさについて紹介したい。おそらく島を抜きにしてはこの地のおもしろさは理解できない「島」という存在と、そこに棲む生き物の関係について、まずは特定の島にしか生息していない、生き物との初対面の様子を紹介したい。

コラム　海洋島と大陸島

一口に島といっても色々種類がある。島の成立の仕方によって、その上に発達する環境や生息、生育できる動植物の特徴も異なってくる。ここでは島の成立の違いによる海洋島と大陸島とその上に発達する生き物の特徴を簡単にまとめておく。

海洋島　海洋島とは、島の成立以来一度も陸続きになったことがない島。海底火山の噴火やサンゴ礁の隆起などで海洋上に生じた陸地である。ハワイやガラパゴス諸島が有名だ。日本では東京都の小笠原諸島がそんな成立の歴史を持つ。沖縄にも海洋島として大東諸島が存在する。島ができてすぐは陸上に生物は存在しない、その後時間をかけて島に生き物が増えて行くのだが、生き物は流れ着くか、空を飛ぶなど自力で移動できるか、移動する生き物に付着するか、とにかく海を渡って島に辿り着ける生き物に限られる。そのため海洋島の多くでは単純な種組成の生物相が成立することが少なくない。また、ブラーミニメクラヘビやオガサワラヤモリのように一個体でも辿り着けば個体数を増やすことのできる単為生殖の生き物が多く見られる。

大陸島　大陸島は、島の成立以来少なくとも一度以上、大陸と陸続きとなったことのある島。多くが大陸の縁辺部などに存在する。海洋島に比べ、そのでき方は複雑で、陸地からの分断、接続の歴史を背景に成り立っている。そこに見られる生き物は、陸地から切り離される時期にその地域に分布していた生物種が元となる。切り離された陸地との距離が近ければ断続的に海流分散のような方法で新たな流入を経験しながら形成されて行く。大陸島の場合、接続した期間や時期、回数などが島の生き物の特徴を決める大きな要素となる。

北・中・南琉球で生物相に違いが見られることは先に述べた。琉球列島に生息する生物はそもそも元々の起源が複数あり、それぞれの分断の時期の違いや順序などによってその当時陸続きだった琉球列島に分布を広げていた生き物が島嶼化によって隔離され、その場所の生物相を形成する基礎となった。その後の島嶼化の過程で複数の島に渡って生き残るもの、特定の島にのみ生き残るもの、絶滅してしまうものもあり、現在のような分布パターンができた（もちろんこの他にも、海流や物資、人間の移動に伴って分布域を広げる生き物もいる）。

この島にしかいない、生き残りの中の生き残り　久米島　キクザトサワヘビ

「あ、サトウ君？　例のヘビが保護されたけどくるかい？　二、三日したら上流部に返しにいくけど……」電話は生物クラブのOBでもある久米島ホタル館の佐藤文保さんからだった。

「当然行きます！」旨の返事を入れ、翌朝、早速那覇空港から久米島に向かった。久米島は中琉球の一つで、距離的には那覇から約一〇〇キロメートルほどであるから、東京の感覚でいえば東京の中心部から

山梨の甲府辺りの距離にある離島である。島の半分は約五〇〇万年前の中新世の噴火でできた火山由来の岩石で覆われている。琉球石灰岩も多く見られ、平地だけでなく崖や洞窟など、多様な地形が見られる。沖縄島の周辺離島の中では、面積の割りに高低差があり、そのおかげで海上から流れてくる湿った空気が島にぶつかり、恒常的な雨をもたらしている。このため、この島では沢などの良好な水辺環境が比較的よく発達した。そんな生き物の生息に適した環境を背景に中琉球の様々な地史的な要因が絶妙に作用した結果、久米島固有の生き物も少なくない、楽しい島となっている。

久米島へのアクセスは飛行機かフェリーがある。学生の頃はフェリーで、那覇港から船で三時間半から四時間かけて島に上陸していたが、飛行機だと一時間もかからない。今回は当然飛行機である。ホタル館に着くと館ではすでに佐藤さんが待っていてくれた。「はい、これだよ」と見せてくれたプラケースには水が入っており、見たことのないヘビが頭だけ水から出して泳いでいた。捕獲個体とはいえ、学部の一年の頃から何度も何度も足を運んでついに見ることのできなかった生き物との、これが初めての感動の対面だった。

この個体は直前に降った大雨で川が増水し、普段のシェルターが水没したか何かで使用できなくなり、下流に流されたところを保護されたらしい。この個体は久米島の沢にとてもよく溶け込む茶色の地に体側に沿って小さな赤い斑点が点々としている、まさしく図鑑の情報通りのヘビであった。

色彩だけでなく動きも他のヘビとは違う印象を受けた。通常ヘビはウロコが引っかかるので前進は得意でも後進はあまりしないが、このヘビはやたらとバックする。スルスルと前進と同じような速さで後ろに

図6・1　キクザトサワヘビ

下がれるところなど、とても不思議で新鮮だった。よく見ると、体のウロコが普通のヘビのように瓦状に折り重なるのではなく、きれいな敷石状になっている。これなら後ろに下がってもウロコが引っかからないで動ける。水中生活への適応なのだろう。こいつは、日本の陸生ヘビ類では唯一完全な水生生活を送るヘビで、河川の源流部などで岩の隙間などをシェルターとして利用し、河川に棲むサワガニなどを餌にしているらしいのだ。

「これがキクザトサワヘビですか、ぜんぜん違いますねぇ」。佐藤さんとそんな会話をした後、近くの沢から砂利と手頃な石を運び水を張ったトロ箱の中に設置して擬似生息地スタジオを作り上げた。生体の写真を撮らせてもらうことにした。ヘビを入れると、気に入らないのか、簡易撮影箱の中でなかなかいい位置に落ち着いてくれない。ヘビを前にして、しばらくの間カメラを構えて待ち続けながら、じっくりとその動きを観察する。実に不思議な感じがする。これまで何度もこの場所にきているのに初めて出会う生き物だ。ついつい時間を忘れて見入ってしまう。動き、色、ウロコの形状、何を見てもとにかく不思議で楽しくなる。実際にこの生き物が活動しているところをイメージしながら、たまに見せるいいポーズを時間をかけてなんとか数カット撮らせてもらうことができた。

このキクザトサワヘビも中琉球の遺存種である。しかも他の島には生息していない。おそらく他の島では絶滅してしまい、久米島にのみ生き残った集団の末裔と考えられるのだ。キクザトサワヘビの近縁種は、ヒマラヤ山系の高山帯にいるらしいのだが、残念ながら私は行ったことも見たこともない。固有種の多い中琉球にあっても他の島や隣接する大陸には近縁種も含め一切分布せず、世界中で久米島にしか生息していないヘビだ。大陸と違い、島という環境は、そこに生息する生き物を隔離し、新たな生き物の侵入を防ぐバリヤーとして強力に機能する。一方、生息環境が限られるので、生息できる生き物の数が限定される。環境が劣化すれば、生息できる個体数はさらに減少してしまう。長い歴史の中で生き物に影響を与える様々な環境ストレスが、ある島では集団を維持できなくなるまで強く作用し、ある島ではなんとか生き残れるレベルだったという、時間の流れの最後の部分を今、私は見ているのである。

こういった生き物は他にもいて、現在リュウキュウヤマガメは、沖縄島、久米島、渡嘉敷島の三島のみに分布しているが、化石などの情報からは、他のいくつかの島にも生息していたことが示唆されている。トカゲモドキ類も、現在生息していない島から化石が出土している（Nakamura *et al.*, 2013）。他にも多くの生き物が、現在は生息していない島に分布していたようだ。つまり同じ中琉球の島でも、生き残ることのできなかった集団が少なからずいたのである。

しかし、「なぜ、この島に?」の部分は単純にわからない。陸水の多少、島の標高や面積だけ見れば、中琉球には久米島より大きな島はたくさんある。普通に考えると、面積の大きい沖縄島や奄美大島、徳之島などは生息適地となる環境も多く、生き残っていてもおかしくないと思うのだが現実はそうなっていないのだ。そんな特定の島にのみ生き残った生き物たちに出会えるというのが離島の大きな魅力の一つなのである。

念願の生き物とたっぷり対峙させてもらっていたら、もう帰りの時間になっていた。佐藤さんにお礼をいってあわてて空港に滑り込んだ。帰りの道中は始終顔が緩みっぱなしで、大声で叫びたくなるような感動が何度も何度もやってきた。間違いなく私はキクザトサワヘビに出会うことができたのだ。本当に夢のような出来事であった。もちろん、今回生体を見ることができたからこれでもういい、というものではなく、次回、また機会を見つけて夜通し沢を歩いてやろう、そして絶対に野外で出会ってやろうと決意を新たにしたのである。

トカゲモドキの親戚に会う

「トカゲモドキは五種類いるんだぜ！」と生物学科の同期がしゃべっていたのは彼が生物学科の専門の講義で知ったばかりの知識だったのだろう。何やら少し興奮気味に講釈をたれていた。悪気はないのだが、私はしょっちゅう人のしゃべっている内容を聞き流す癖があって、自分の興味がない話は頭に入ってこない。このときも私は興味がなかったが「トカゲモドキ」というキーワードのおかげで、辛うじて頭の片隅に留まった。そのときはさほど重要とも思えず、そんなものかな、というくらいの受け止め方だったが、「このことをいっていたのか」と思い出したのは、久米島に出かけていたときのことだった。

大学に入学して数年が経ち、なんとなくこの場所の感覚がわかるようになると、少しばかり余裕が出てくる。東京にいたときに図鑑で眺めていた生き物に実際に、出会いたいと考えるようになっていた。スタンプラリーのような感覚というか、単純に「見られればいいや」、という少しお気軽な感覚だったのかもしれない。しかし、同時にそれがなかなか大変なことであることも、住んでみて初めてわかってきた。同じ琉球列島にいてもそのすべての生き物に実際に出会うには、かなり積極的に移動しなければならない。島には車で出かけるわけにいかないし、寝泊まりも考えないとならない。なるべく費用がかからないよう、私はテント道具一式と食料をザックに詰め、生き物の出現に最適な時期を見計らい、船を手配し、現地での移動手段としてバイクをフェリーで運んで、一つひとつの島に出かけて行くことになる。手間をかけても中には島に着いてすぐに台風がきて何もできないまま時間が過ぎて帰ることになったり、船が欠航して準備だけして結局島に行けないこともしばしばあった。実際に離島に出かけて見るとそんなアクシデントが多少あっても気にならないくらい、その島の持つ力、雰囲気に圧倒され、益々深みにはまることになる。一度や二度離島に出かけただけでは、おそらくわからない、少し理屈っぽいおもしろさである。琉球列島では島に取り残されて生き残った各島の集団間に遺伝的・形態的差異が生じている。その進行形の姿を、実際の生き物を通して実感することができるのだ。

大学の新学期が始まってすぐにやってくるゴールデンウィークは、道も混雑するし普段あまり山原にこない人たちが大挙してやってくる。人間嫌いの生き物屋にとって、少し山原を離れていたい期間でもある。遠くの離島を巡るほど長い休みでもないので、この時期久米島によく出かけていた。主な目的はサワヘビ探しと久米島の生き物全般。中でもクメトカゲモドキの姿を見ることにあった。久米島もうりずんから初夏に入る時期に当たり、生き物がとてもたくさん見られる。生き物屋としてはたまらない季節なのだ。ゴールデンウィークの時期、久米島ではある生き物が成虫の時期を迎える、一九九三年に初めて記載された水生のクメジマボタルだ。本土にいるゲンジボタルの仲間で、中琉球の久米島にしかいない。実は幼生が水生生活を送るホタルは、沖縄島には生息していない。オキナワマドボタルにせよ、クロイワボタルにせよ、オキナワスジボタルにせよ、みんな幼生がカタツムリなどを餌として育つ、陸棲のホタルばかりなのである。幼生が水棲のクメジマボタルはそんな基本的なところから異なっている。暗闇でものすごい数のクメジマボタルが光跡を残しながら飛び交う様子は何度見ても圧巻の感動もので、よく一人で沢の真ん中に座り込み、その光景を眺めていた。ものすごく贅沢な時間である。クメジマボタルもキクザトサワヘビ同様、周辺の島には同種はおろか近縁種も生息していない、生き残りの中の生き残りな生物なのである。こういう変な背景を持つ生き物が久米島には多く生息している。そんなことから調査だなんだと、何かと理由をつけてはこの島を訪れるようになったのだ。

クメトカゲモドキも世界中で久米島にしかいない生き物である。クメトカゲモドキはとにかくかっこいい、生き物好きなら誰でもこのかっこよさに魅了されるだろう、と勝手に思っている。夜に河川の源流部の沢筋の岩の割れ目にできた穴や石垣の隙間、沢筋の道の上などをライト片手に注意深く見回るとクメトカゲモドキを一晩に何個体も見つけることができる。一人で離島を回る醍醐味の一つが時間を好きに使えるということなのだが、私はこういうとき、時間の許す限り、じっくりと一つの個体を見続けるのが好きで、本当に時間を忘れて見入ってしまう。よく見ると私が照らしたライトに驚いて尻尾を高く上げた独特のポーズで固まっているトカゲモドキは均整のとれた胴体に黄色い柄が一際目立ち、その体を構成している細かい鱗の一つひとつは、どれも細かいガラスビーズのような透明感がある。完璧なまでに汚れがなく、生活感がないというか、常に卸したての状態といおうか。個体が周りの環境に溶け込んでいる一方、どこかそこだけ異次元のような違和感がある。なんとも表現しにくいがとてもいい雰囲気を醸し出しているのだ。その頭部や腰周りには、これまた爬虫類にしかつかないチョウバエやカがついて、吸血している。この小さな昆虫類も、おそらく琉球列島の遺存固有種だ。島の生き物同士の複雑な関係も垣間見える。突然二、三メートル走ったかと思えば、またピタッと止まり辺りの警戒を繰り返す。その度に私もついていき、個体が穴に隠れるか、草むらに消えてしまうまで、お付き合いしてもらうのだ。まぁトカゲモドキにしたら迷惑なのかもしれないのだが、こうしてじっくり観察すると色々なものが見えてきてとても楽しいのである。

一人で小さな生き物と対峙する時間というのはなんとも不思議な時間だ。これまで散々見てきたクロイワトカゲモドキと、目の前のクメトカゲモドキを比べていて、すごいことに気が付いた。当たり前のようだが、この島には、私が数時間前までいた沖縄島にいるクロイワトカゲモドキが生息していないのである。そしてその代わりにクメトカゲモドキが生息している。改めて考えると、これはすごいことではないか、

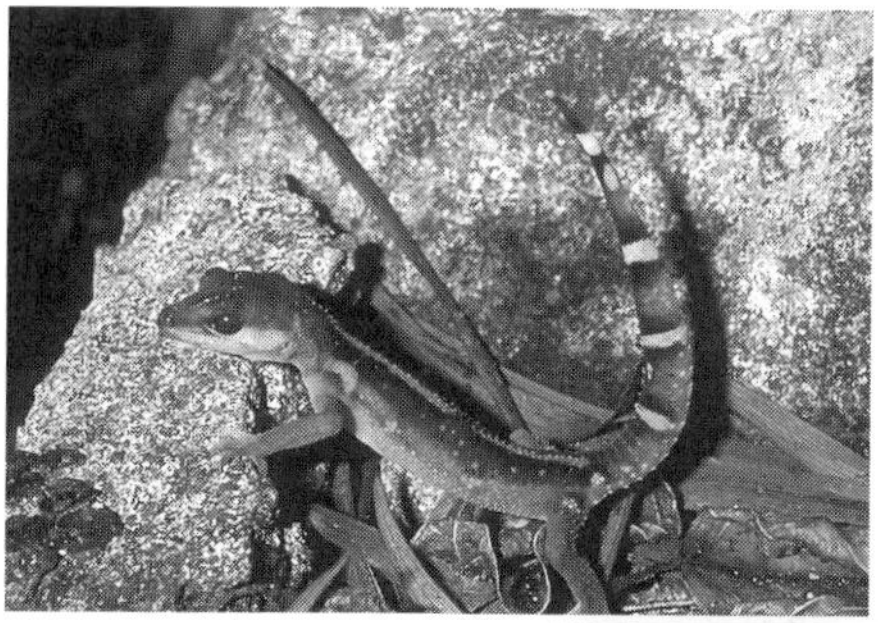
図6・2　クロイワトカゲモドキ（沖縄島）

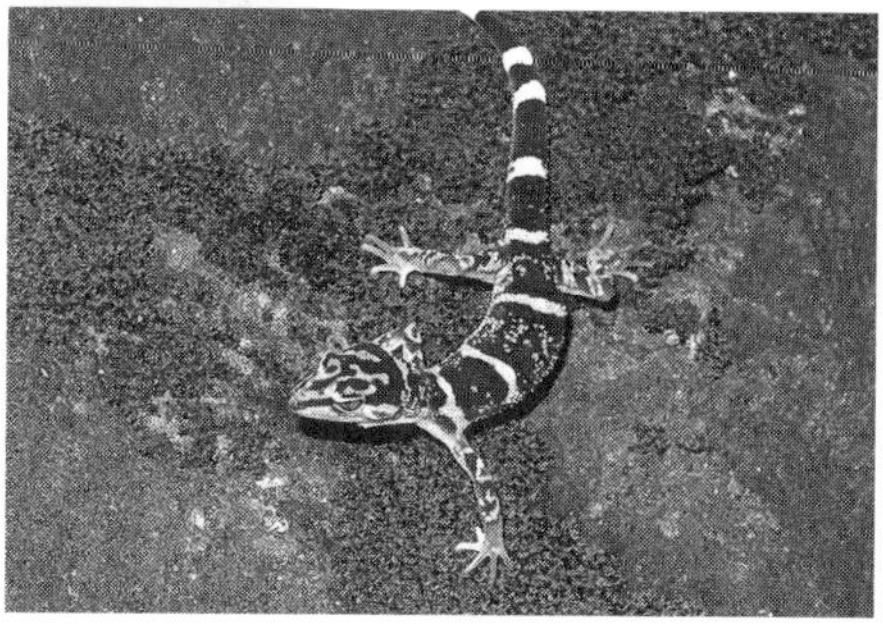
図6・3　クメトカゲモドキ（久米島）

数時間移動しただけで、生物学的な「生き物の置き換わり」が見られるのだ。こんなことは東京ではもちろん、本州内をちょっと移動したくらいでは到底経験することなどできない。間違いなく琉球列島にきたから経験できたことであろう。それに気付くと今まで見てきた離島の生き物についても何やら急速に頭の中で再整理が行われ、その共通する理屈を探ってみると、同期がいっていた「トカゲモドキは五種類いるんだぜ！」という場面が思い出された。

クロイワトカゲモドキとクメトカゲモドキは似ている。これは当たり前で、クメトカゲモドキは種としてはクロイワトカゲモドキなのだ。クロイワトカゲモドキグループ（種群という）の中の一集団（亜種）なのである。つまり、中琉球の島々に分布するクロイワト

図6・4　イヘヤトカゲモドキ（伊平屋島）

図6・5　マダラトカゲモドキ（渡嘉敷島）

カゲモドキについて、各島の集団を比較すると、集団間には形態的・遺伝的に明瞭な分化（変異）が認められる。このため種の下の亜種という分類レベルを当てはめて、それぞれの島の集団を区別している。その結果、沖縄島と瀬底島にいるのが基亜種のクロイワトカゲモドキ、久米島にいるのがクメトカゲモドキ、伊平屋島にいるのがイヘヤトカゲモドキ、渡名喜島・渡嘉敷島・伊江島にいるのがマダラトカゲモドキ、徳之島にいるのが近年分類学的見直しにより亜種から独立種となったオビトカゲモドキと、中琉球の島々で五亜種（現在は二種四亜種）が確認されている（最近、遺伝子マーカーによりトカゲモドキの集団間の比較が再検討されているので、今後分類学的な変更がなされる可能性もある）。クロイワトカゲモドキとクメトカゲモドキ、こ

図6・6　オビトカゲモドキ（徳之島）

の両者は元々同じ祖先を持ち、それぞれ別の島に隔離され、世代を重ねて行った。その結果、それぞれの島で違う生き物へと今まさに分化しているのだ。これこそ、琉球列島の離島の最も大きなおもしろさの一つ、種分化の舞台としての島の存在だ。いったん理屈が頭に入ると、それを実物で確認したくてしょうがないのが生き物屋の性なのである。それからの私は野外調査やちょっとした休みを利用しては、トカゲモドキの分布している島を回ることにした。一つひとつの離島に出かけて行っては、実際に生体をこの目で確認し、じっくりと対峙させてもらう。頭の中に中琉球の成立史を描きながら島が分かれて行く過程を想像する。益々離島を巡るのが楽しくなっていった。

しかし、いろんな生き物を見るにつれ、なんでこの島だけに生き物がいるのか？　といった疑問がわいてくる。そして同じような背景を持つ生き物がたくさんいるということには、理由が存在する。大学の専門科目などで生物以外にも物理、化学、地学などの知識を増やしていくとそういった自分が感じていた疑問に対する理由の一端が明らかになってくる。するとその疑問一つがわかったことでさらに次の疑問や興味が頭の中に次々わいて出てくる。それはあたかも上質なボードゲームのようなもので、最初は複雑なルールや仕組みを覚えるだけで精一杯だが、その地についての知識や実体験といった手札が増えてくると、途端に繰り出せる技が増えたり、大局的な視点からのアプローチが可能になり、それまでの何倍ものおもしろさを享受できるようになるのだ。「一回だけ出かけました」というのではおそらくわからないが、何度も何度も繰り返し出かけていくと見えてくる「島ごとの生き物のちょっとした違い」が、実はとてもおもしろいことに気付くのである。

コラム　島嶼化と種分化

生き物は繁殖により次世代を作り種を存続させて行く。私たちのような両性生殖種はオスとメスが遺伝情報の半分ずつを提供することで繁殖を行っている。この際、次世代を作る過程である一定の割合で遺伝情報の伝達にミスが生じると考えられている。突然変異というやつである。その結果、次世代が現世代にはない形質が発現することとなり、その生き物が直面する大小様々な環境の変化に対応できる柔軟さを与え、今の生き物の繁栄を少なからず後押ししてきたのである。もし仮にその突然変異が生存に不利な形質（運動や感覚機能に制限が加わるような）として現れた場合、その個体は成熟に達する前に死亡するか捕食される、もしくは繁殖にこぎつけなくて次世代を残せないと考えられる。こうなると、その突然変異で現れた形質は次世代に受け継がれることはなくなるので、その個体の死亡とともに集団の中から排除されて行くことになる。

反対にものすごく生存に有利な形質として現れた場合、その遺伝形質を有する個体が世代を重ねるごとに集団の中で増えて行くことになり、比較的短期間であっても集団の中に形質が固定されて行くことになるのである。しかし多くの突然変異というものはそういった毒や薬になるようなものではなく、環境に中立的、簡単にいえば「どうでもいい」ような変異であると考えられるのだ。そのへんについても詳しい研究が進んでいるようなので詳しくはそちらの議論を参考にしていただきたいのだが、とにかく確率論的にほぼ一定の割合で生じ続け、機会的偶然（たまたま集団内に固定される、もしくは排除される）の結果、時間の経過とともにその集団内に蓄積されて行くと考えられるのだ。経験的にいえば両生爬虫類の色彩や模様は比較的簡単に変異する形質のように思え、隔離の時間が短く、分類学的な変更を生じないレベルの集団間の差異として観察されやすい。

ここで、島単位で分断された生き物を見てみると、

①地質的な変動や海水面の変化などで、集団が島に分断される。（正確には完全に分断される前から生き物の移動は制限を受け始めると考えられる）

②時間の経過とともにそれぞれの集団内で世代を重ねる。その間に独自に突然変異が生じ続け、変異が集団内に蓄積していく。

③ものすごい時間が経過すると、これまで同種とされていた集団の中にも遺伝的に分化の進んだ（変異の蓄積した）集団を確認することができるようになる。それらが他の集団と明らかに区別できれば新たな分類学的な地位を与え、区別する。

これが島嶼化と種分化のおおまかなプロセスである。

陸続きなら緩やかな生き物の遺伝的交流があるので、ある個体群の中にだけに変異が定着することは起こ

りにくい。ところが、海洋や高山という物理的な障壁で生き物の分布が狭くなると、集団のサイズも小さくなり、別れたそれぞれの分集団はめいめいその中で世代を重ねることになり、隔離された集団の中に遺伝的な変異が蓄積されやすくなる。

現在は表現型の変異に加え、格段に情報量の多い遺伝情報を元にした解析が行えるようになったので、外部形質の変化が乏しくても、遺伝的に明瞭な差異があれば分類学的に再検討される場合も増えてきた。

琉球列島では島の成立史を反映するように、これまで同種とされてきた各島の個体群の間に遺伝的な差異が認められることが多くなった。つい最近も、沖縄島と奄美大島に分布しているイシカワガエルが遺伝的・形態的差異からそれぞれ独立の種、アマミイシカワガエルとオキナワイシカワガエルとして認識された。リュウキュウアカガエルも奄美諸島と沖縄諸島に分布している集団間に遺伝的差異があり、それぞれ独立種、アマミアカガエルとリュウキュウアカガエルに分けられた。研究の進捗に伴い、種多様性の観点からも琉球列島の自然の重要度は益々増してきている。

ハブ酒でお手軽離島巡り

離島の生き物のおもしろいところは、出かけて行ったって出会えないような生き物を探すだけではない。一見地味で、気が付くまで大分時間がかかる、生き物をしっかり見続けた「見る目」ができあがらなければもしかすると見落としてしまうような小さな小さなおもしろさもある。実は、離島に生息する普通種もおもしろいのである。同じ種のはずなのに、どこか雰囲気が違うのだ。私はあるとき、どの島に行ってもみんな少しずつ違って見えることに気が付いた。そんなことに気が付くのは、私が散々離島をうろついていたことや、写真を撮りためていたからかもしれない。人間、思い込みというものは恐ろしいもので、離島を回り始めた頃は、〇〇のはずだし、沖縄島にもいるし……という先入観を持っており、本当の姿が見えなかった。しかしいったん気が付くとそのおもしろさは頭の中を駆け巡り、興味がつきることなく、どんな場所でもなるべく多く出向いてみたいと思うようになる。複数の島々にわたって広く分布している普通種とよばれる生き物であっても種分化のプロセスである「島による隔離の影響」は等しく受けているはずなのだ。つまり、それらの生き物も現在進行形で種分化に向けて歩み続けている最中なのである。私は早めに卒業研究のテーマを決め、その目的のため、様々な離島に出かけて行ってはその島の生き物のいそうなフィールドを徘徊した。そこでは、文字通り這いつくばって生き物と出会うことができたのである。

そんな中、奄美大島で私は見たこともないヘビに出くわした。

沖縄島の北東にある奄美大島も、とても魅力的なところである。琉球列島の中でも面積が大きく、標高もそこそこあり、中琉球では沖縄島に次いで大きい。この島にはアマミノクロウサギやヒャン、オットンガエルといった、沖縄島には分布しない生き物がいる。一方で、中琉球の島々に共通して分布している生物種が多いのもこの島の生物相の特徴だ。山がちな地形が多いことから、開発の手が入らない、もしくは入れられない場所が沖縄島より多い。そのおかげか生き物の生息密度が高く、近くまで接近できる。生き物を探しながら沢沿いの湿地を進んでいたとき、視界の端に見たことのない五、六〇センチメートルほどのヘビが飛び込んできた。「なんじゃこれは！」と思った私は、とっさに倒れ込むように草むらに突進し、そのヘビをつかまえた。つかまえて見ると顔つきはハブなどのクサリヘビではなく、頭のウロコが大きい、ちょっと寸詰まりなナミヘビ科のヘビだった。体は濃い緑色でものすごくはっきりとした縦帯が体軸に沿って数本走っていた。「ナミヘビ科で縦帯がある……シマヘビか？」と最初は思ったのである。しかし、中琉球にはシマヘビなんて生息してないし（北琉球の種子島、屋久島には生息しているが）、もしシマヘビなら大事だぞ、とすごく焦ってしまった。「もしかしたら大発見かもしれない」。はやる気持ちを抑え、とりあえずその個体を洗濯ネットに入れ、急いで戻ることにした。しかし時間が経つにつれ、間違いなく顔つきがシマヘビとも違うし、何よりこの生き物を知っているような既視感というか違和感がある。洗濯ネットの中のヘビが、何ものか、答えが出そうで出てこない。もやもやした気持ちでいっぱいになっていった。ちょうどそこに、仲良くなった地元のおっちゃんが軽トラックで通りかかった。山の中をほっつき歩いている私を気にかけ、折りにふれ私のことを見にきてくれていたのだ。私は、このおっちゃんに、洗濯ネットの中身について聞いてみた。するとおっちゃんはこともなげに、「……それ、アオヘビだろ」と答えてくれた。ヘビやトカゲが好きでわざわざ奄美大島まできて、何いってんだ？　と不思議そうな顔をしているおっちゃんに「えっ、というかそれでいいの？」と返答した。シマヘビかもしれないというのは、知識の少ない私の早とちりだが、その見た目は私の中にあったリュウキュウアオヘビの変異の範囲を越えていたのだ。沖縄島で見かけるリュウキュウアオヘビは、帯が入る個体はたいていきれいな黄緑色で、つぶらな瞳に、腹板が真っ黄色といったような共通の特徴を持っていたので頭の中に勝手な「リュウキュウ

図6・7　リュウキュウアオヘビ

アオヘビ像」ができあがっていて、それが先入観となってわからなかったのである。答えを教わってから改めて洗濯ネットの中身をみると、確かに、体色や模様以外の特徴はリュウキュウアオヘビそのものだった。かくして大発見かと思われた出来事は、単に勘違いという、いちばんありがちな顚末で幕を閉じた。洗濯ネットに入れていた個体はつかまえたところで解放し、「ごめんなさいね」とつぶやいた。しかし、この大へマで私の中にある感覚が芽生えた。各島に住んでいる人にとってリュウキュウアオヘビであること、ハブであることと、アカマタであることに変わりはない、その島の中ではよくまとまった特徴をしているからだ。しかし島を渡り歩いて生き物を眺めると、島ごとに集団の変異があるということを、体で理解できたのである。

そういう視点で改めて複数の島に渡って生き物

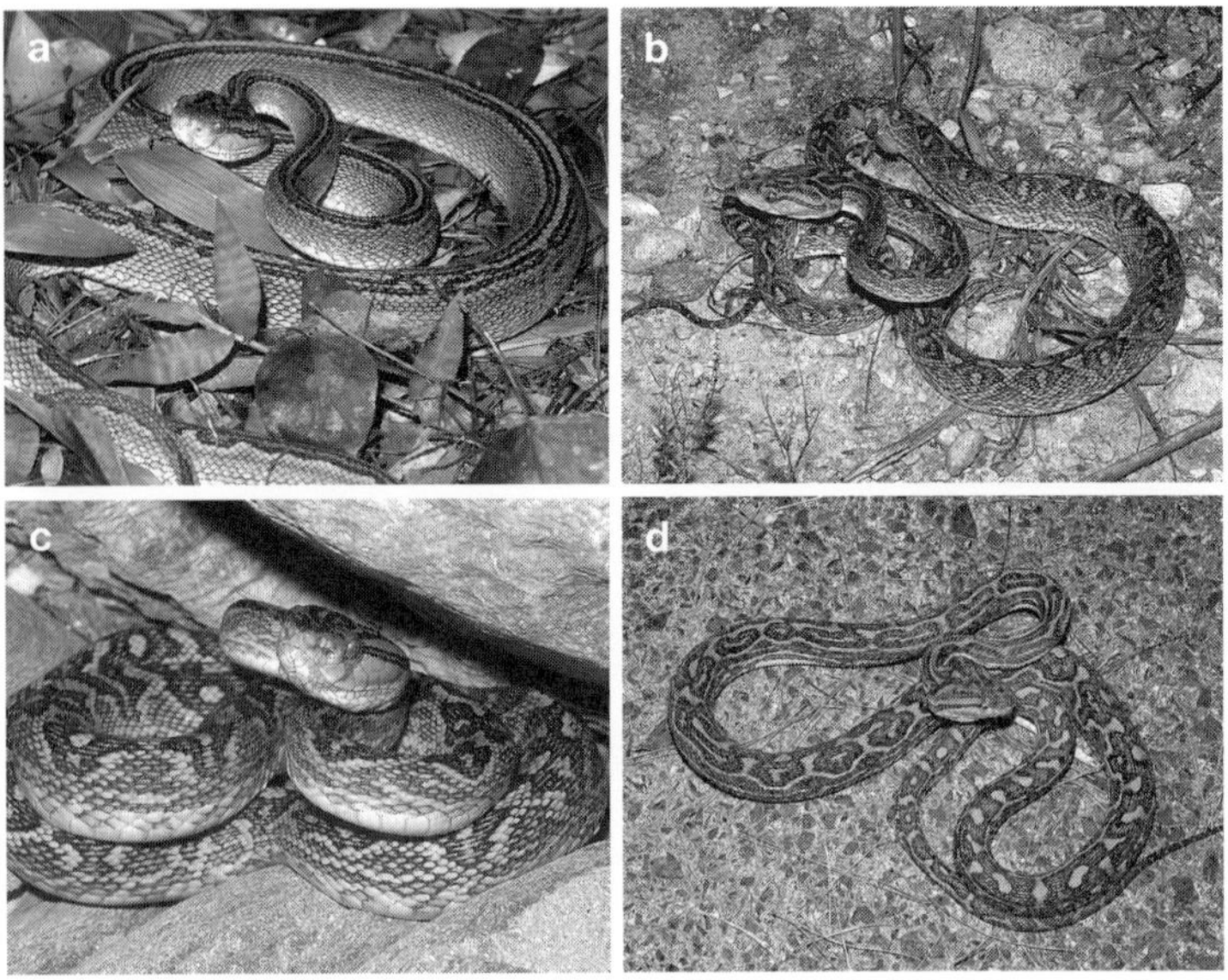

図6・8　ハブの模様の変異　a：久米島，b：渡嘉敷島，c：沖縄島北部，d：奄美大島

をみると、計測やら標本ベースの比較をしたわけではないがオキナワアオガエルやリュウキュウアカガエル、ガラスヒバァ、ヒメハブ、リュウキュウアオヘビ、リュウキュウヤマガメなども島ごとに体色や模様が少しずつ違うように見えてくる。島の隔離時間は、各生き物に均等に作用していることがうかがえる。このちょっとした感覚は、離島を多く巡っているとみんな感じるようで、そんな生き物屋さん同士で写真を見せ合っていると「あ、渡嘉敷のだ」「やっぱり久米島のはきれいだよね」などという話になる。顔つきや色彩、模様などが普段見ているものと明らかに異なる。当然のことながら一個体一個体も体色や模様が異なるが島の中ではなんとなく共通する。それが他の島の集団とは異なるので、なんとなく島の集団の特徴を醸し出しているのである。是非とも皆さんにも体感して

欲しい。とにかく動いて実際に自分の目で見る、これをおすすめしたいのだ。

そんな島ごとの変異を島々に赴くことなく手軽にかつ一堂に比べられる生き物がいる。中琉球の固有種、ハブである。この奄美・沖縄諸島に固有で世界的にも有名なクサリヘビ科の毒へビとして知られるこのヘビはとてもかっこいい生き物だ。形態分類学上ハブの一種であるがその集団の中には、トカラハブという遺伝的な別種を含み、比較的大きな変異があることが知られている（*Toda et al.*, 1999など）。ハブは世界的にも有名な毒ヘビで、危険を犯してまでわざわざ出かけて行きたいと思う人も少ないだろう。しかし、各島に行くことなく、さらに山の中に分け入るでもなく、島ごとの変異を街の中で手軽に見ることができる。那覇の国際通りのお土産屋さんの泡盛コーナーや、沖縄や奄美の物産フェアを見に行くと奄美、沖縄諸島にある様々な蔵元の作ったハブ酒がずらっと並んでいたりする。南は八重山諸島の酒蔵から、別種のサキシマハブが入ることもあるが、久米島、沖縄島、徳之島、奄美大島の有名どころだけでなく、小さな島も含めた島々からいくつものハブ酒が陳列してある。瓶の中には、その島のハブの特徴を備えたきれいな個体が、泡盛や黒糖酒に浸かって状態で鎮座している。ちなみに私は、沖縄島北部のハブがいちばんきれいだと思っている。上等な絣（かすり）の着物の柄のように、細かく緻密な鎖状の模様が北部の個体の特徴だ。奄美大島や徳之島のハブは鎖状の模様一つひとつが大きい。久米島の集団の中には「てぃんかみー」とよばれる背骨周辺以外は柄がないモヒカン柄のハブがいる。ちょっと品揃えのいいところではこうした各島のハブを一堂にして横一列で見比べられる。ハブ酒で眺めるお手軽な離島めぐりの旅なのだ。機会があれば、実際に見てみるとおもしろいと思うので心の片隅にでも留めておいてもらえれば幸いだ。

さて、そんな身近にいる生き物でも、こんなおもしろさを見つけられるのが琉球列島である。次の章では少し私の研究対象を紹介したいと思う。いま現在の私につながる大きな脱線をするきっかけともなる生き物なのである。

第7章 野外調査のススメ

ヨナグニシュウダ

私は今でも「スッポン佐藤」とよばれることがある。実は私の研究対象はスッポンというカメの一種だったのだ。専門分野は分類学と生物地理学である。ここでは私とスッポンとの出会いと、初めての卒業研究を中心に琉球列島におけるスッポンというカメと「研究」というこれまたおもしろい存在について少し紹介したい。

卒業研究とは

大学は本来、自分で考え、物事を探求する「研究」を自分で一通り行える人材を育てることを目標にしている。四年間かけて履修する様々な講義や実習も研究に必要なスキルや知識を得るためのものだ。ここでしっかり研究の仕方や疑問探求へのアプローチの仕方を身につけていれば、たとえ対象や分野が違っても、その後の人生で遭遇する数々のおもしろい出来事に、うまく向き合っていけるようになる。研究は、思想、価値観、方法、技術、何をとっても普通の生活にはまずないようなことの連続でとてもおもしろい。取り組んでいるテーマには、それに関わっている本人しか知らない知見が存在し、あなたによって発見されるのを待っている。答えはあなたしか知らない。もちろん、指導する教官であっても、どういう結果が出てくるのかわからない。学術上の新しい扉を開く行為なのだ。そのために類似の論文を読んだり、必要な実験を計画・実行したり、フィールドワークを駆使して、明らかにしていく。得られたデータを元に、解析した結果をまとめ上げ、考察を加えて公表する。公表された知見はいずれ世界中の誰もが共有できる、常識となるだろう。次に続く研究者はその情報を基にさらに新たな知見を探す。これを繰り返し取り組み続けることで各分野の研究が進んで行く。まぁ実際にやって見れば、一つのことを証明するのがいかに大変か、実感を伴ってわかるのだ。そのいちばん初めの入口が、大学で取り組む卒業研究である。

大学の最後に取りかかる卒業研究は、おそらく多くの人にとって人生の中で最初で最後の貴重な経験になる。大学の四年間では唯一クリエイティブな作業をする時間だ。私はこの授業が学部でいちばん重要と考える。残念なことに、最近多くの大学で卒論をなくしたり、簡素化する動きがある。それは大学の存在を自ら否定するような愚行に思えてしまう。もちろん実際の卒業研究は研究の「真似事」というレベルかもしれないが、費やした時間に比例して自分の中の論理的思考能力が向上する。だから、大学への進学を考えている人は大学生活の集大成として取り組む卒業研究では楽をしないで全力を注いでもらいたい。

私も卒業研究は何が何だかわからず、とにかく当時の全精力を傾け、文字通り体当たりで臨んだ。私の研究対象との出会いはやはり野外、琉球大学生物クラブの活動中、それも西表島という、生き物屋にとっては聖地ともいうべき場所で、であった。お膳立てとしては申し分ないこの場所で、一年生の夏休みに出会ったスッポンはしかし、琉球列島の魅力を伝えるには若干的外れだった。

きれいなスッポンとの出会い　西表島

大学生活にもなれ、余裕の出てきた私には、少し不安があった。カメを研究するのが難しいのではない

図7・1　スッポン

かという、外野からの情報だ。なぜなら、私の研究したいカメはリュウキュウヤマガメにしろセマルハコガメにしろ、どれも天然記念物に指定されていたのである。だからといって研究ができないわけではないが、天然記念物を相手に研究するとなると、指導を担当する教官が、しかるべきところ（県の自然保護課など）に申請や報告といった、おそらく面倒臭いと思われる書類を提出する必要がある。今であればそんなことおかまいなしに「やりましょう！」となるが、当時の私は、自分が苦労するのはともかく、他人を煩わせるのはいやだなぁと、何かいい方法はないかと考えていた。もう一つの大きな問題、「学科を間違えて入ってしまった」問題は、海洋学科の吉野先生の研究室で単位登録し、生物学科の太田先生のところで卒論をやってもよいという先生同士の許可は得ていた。しかし、「カメを研究するには書類が煩雑」というよくわからない敵を前に悶々としていた。

そんな中迎えた夏休み、生物クラブではこの時期、恒例の夏合宿を西表島で行う。一応決めごととしては西表島を縦断するのだがその前後は好きに過ごすことができるゆるい合宿である。当然、前入後帰りの予定を組んで、夏休みに入るとすぐに西表島へ向かう。那覇から船で半日強ほどかけて石垣島に渡り、そこからさらに高速船に乗って西表島の大富港に到着する。そこからバスやレンタカーなどの移動手段を駆使して、当時古見にあった国際マングローブ研究所、通称〝マン研〟とよばれる私たちのベースキャンプに集まる。西表島の自然環境はそれこそすばらしい。南琉球に属するこの島は、島の大部分が森林に覆われ人間は島の周囲にある平地に集落を作っている。道路から一歩茂みに分け入るだけで、ほんの少し川沿いを登って行くだけで、セマルハコガメやサキシマハブ、ミナミイシガメなど大陸系の要素の強い南琉球の生き物をたくさん目にすることができる。前日までいた沖縄島とはまったく違った生き物の世界が広がっていた。私が初めて訪れた頃は、島を半周する周回道路はまだ拡張されておらず、生き物の密度はとても高かった。マン研の近くを流れる後良川では、簡単な仕掛けで糸をたらせば、ヒメツバメウオやオキフエダイなどのマングローブ域の汽水魚がたくさんかかる。海岸沿いのアダン林の中には、その頃分布が確認されたツダナナフシがアダンの新芽の間に隠れている姿を目撃できた。雨上がりにもなれば、宿の庭にセマルハコガメが出てくる。夜釣りに出かけると大型のゴマフエダイやミナミクロダイが何枚もかかり、その行き帰りの路上にはたくさんのサキシマハブやヤエヤマヒバァ、サキシママダラといったヘビ類やサキシマヌマガエルといったカエル類も多く出てくる。朝方には昨晩路上に出ていた生き物のある割合がDORとなっていて、早起きのカンムリワシが回収している姿を目にする。こんな具合にとにかくどこを見ても生き物の密度の濃い、生き物屋にとっては、本当に夢のような場所だった。ここでの経験は当たり前の中から物事を多面的に考えたり、前提条件を疑うといった感性を体で理解するきっかけになり、私にとってはとても幸せな時間だった。

この年、同時期に生物学科の実習で西表にきていた同期生（実習後に合宿参加予定）が、仲間川のほとりでつかまえたスッポンを見せてくれた。この個体こそ、私がスッポンを研究対象にするきっかけとなったキーパーソンならぬキータートルなのだ。なんでも、「川のそばの水溜りにいた」とのことで蓋付きのコマセバケツの中をそっと覗き込むと、中には一五、六センチメートルほどの個体が入っていた。スッポンは私の生まれ育った東京の下町でも見ることのできる普通種だ。上野公園の不忍池や亀戸天神の池で甲羅干しをしていた大量のアカミミガメやクサガメに混じって、スッポンも見かけることがあった。他にも縁日などで五〇〇円玉サイズの小スッポンを売っていることもしばしばあった。しかし、臆病なのですぐ水中に逃げてしまい、あまり近づけない。カメの中では、当時はさほど関心もなく、大きくて丸いカメとか、噛む力が強いとか、そんなぼやっとした情報がスッポンについて知っているすべてだった。しかし、バケツの中のスッポンは、私の持っていたスッポン像と違っていた。全体の形は細長く華奢で、体色も明るい緑色に近く、墨汁を垂らしたようなはっきりとした斑紋が実にあざやかで、これまで見てきたスッポンと違って見えた。「きれいだな」というのが最初の印象だった。とりあえず飼育してじっくり眺めてみたい。そう考えた私が尋ねると、「特に必要ではないからお前にやる」とのことで、実習の終わりにサークルの合宿に合流する際にそのスッポンを貰い受ける約束をし、その日はそれぞれの宿に戻った。ところが次の日、もう一度そいつに会うと、例のスッポンは太田先生のところに引き取られて行ったので、あげられなくなったと告げられた。曰く、研究のために標本にするとのことで〝生き物をつかまえた＝飼育〟くらいしかアプローチの仕方を知らなかった高校生あがりの生き物屋としては、この〝標本にする〟という言葉に何やら一抹のさびしさを覚えた。しかし、同時にそれが研究というものかと、そのスッポンの処遇についても新鮮な印象を持ったのだ。こうして、キータートルのスッポンは、太田先生のところへと引き取られていった。まぁ残念、と思いながらもそのときはあまり気にもせず、残りの西表島の生活を満喫することになる。ところがである。合宿を終え、沖縄島に戻ってくると、日に日にあの西表スッポンのことが妙に頭に引っかかってくるようになっていた。それも、研究対象としてスッポンを選んだらどうだろうという、それまで考えてもいなかったことを考えるようになったのである。なんといっても、まずあの西表スッポンがかっこよかったのだ。あのカメを、気がすむまでいじくり回してみたいと思ったのである。また、スッポンは日本のカメの中で見落としていた存在で、自分の中でカメ好きのくせにスッポンについてよく知らない（これはただ単に私に知識が浅いだけであったが）ということも攻略すべき敵として適当な気がしてきた。そして図鑑などの資料を見てもあのような体色の個体はいないのだ、それまでも琉球列島の固有種をたくさん見てきた私には「もしかして西表島の固有の生き物ではないか?」「新種ではないか?」という大発見の予感といった皮算用も少しばかり頭をよぎっていた。しかもスッポンなら天然記念物でもなんでもないので研究するのに煩雑な書類作業は要らないだろう。そもそも西表島のような場所でお膳立てしたような出会い、これはきっとお天道様が私にもたらしたからに違いない！　と、考えれば考えるほどあのスッポンが「カメで研究ができるのか?」という諸問題を一気に解決してくれる救世主のように思えてきたのだ。

そうと決まれば誰かにとられないうちに手をあげておいたほうがいいぞ、夏休みが明けたらすぐに太田先生のところに行ってあのスッポンについて色々調べてみたいということを伝えよう、という考えに至った。そして休み明けに早速理学部の五階にある太田先生の部屋を訪れ、くだんの西表スッポンがどうなったか聞いてみた。

私の研究の師匠である太田英利先生は、当時、生物学科の助手で沖縄に着任しており、積極的にフィールドに出て行って、実験をこなし、ちゃっちゃと論文を書きあげていた。当然、知識量も経験も半端なく、常にある種の殺気を身にまとったオーラを醸し出していた。今思っても、先生の第一印象はあながち間違ってはいなかった。当時、私は先生に対して火力・機動力ともに高出力な重戦車といった印象を持っていた。実際、論文の数も調査の精度も議論の進め方もどこを見てもバリバリの一線級の研究者であり、学部生の持つ小火器のような知識や経験で論戦を挑むことは相当難しい相手だった。そこに単身乗り込んで行くのだから、これはとても緊張した。例の西表スッポンは、すでに先生の母校である京都大学のほうに送ったとのことで、先生の研究室にはいなかった。なんでも、京大にカメの専門家がいるからそいつに任せたというのだ。これは大変だ、研究対象を取られてしまうと、とっさに考えた私は「スッポンをやって（研究して）みたい」という旨を主張してみた。おそらく先生にしてみれば、学部の一年生が突然やってきてやかましくまくし立てたので「なんかわからんうるさいやつがきた」と思ったに違いない。しばらく話をした後で、「琉球列島の島々にスッポンがいるかいないか分布について調べてみろ！」という話をいただくこととなったのである。なんとあの当時、琉球列島のスッポンは、「分布」という当たり前のようなことすらまだちゃんとわかっていない生き物だったのだ。この話は色々な意味で実にうれしかった。まずはスッポン（カメ）を研究対象にできそうだということ。これは自分の時間をある期間真剣に傾けるのだからやりたいテーマや、対象を扱えるというのは、モチベーションを保つ意味で非常に重要なことなのである。カメを研究したくて沖縄にきた以上、やはりカメを扱ってみたかった。そして、もう一つ、分布を調べるということは実際に出かけて調べるということなので、琉球列島にたくさん存在する離島の多くに大手を振って出かけることができることを意味していた。研究のなんたるかよりもとにかく現場にたくさん出られることで、この地の知識が増えるのではないか、まだ見ていない琉球列島の生き物に出会えるのではないかという、一石何鳥かのテーマに思えた。今思えば浅はかすぎるのだがこんな知名度の高い生き物で誰も手をつけていないこととというのはたいてい、みんなが「あっ、それは気が付かなかった！」というのではなく、「そりゃわかったらおもしろいかもしれんが、大変すぎるだろ、それ」ということが多いのを、後で知ることになる。当時の琉球大学海洋学科の学生はこういう膝蓋腱反射のようなフットワークの軽さと力技でなんでも推し進めて行くことを得意とする者が多かったのである。もちろん、離島行きは、個人的に行くのだからどうしようと本人の勝手なのだが、調査研究のため、という大義名分がとにかくかっこよく聞こえ、自分も使って見たくて、とにかくわくわく感が凄かったのを覚えている。同時に太田先生からは、各島から得られたスッポン標本の遺伝的変異を明らかにするという、見たことも聞いたこともないようなテーマをもう一つ提示された。正直にいうとこちらのほうはあまり重要に考えていなくて「何やら目に見えない部分のことをするようだ」というくらい理解していた。

今では、ちょっと機材などを揃えてしまえば高校でもＤＮＡを取り出し、直接遺伝子を観察することができる世の中だが、私の学部生のときは遺伝子本体を解析する方法は確立されてまだ日が浅く、びっくりするほど高価な薬品や装置を使わないとできない代物であった。そこで当時の太田研では、主に筋肉や肝臓に存在する酵素タンパク質の変異を指標としてアロザイムデンプンゲル電気泳動法で島ごとの集団間の遺伝的変異を検出し、遺伝距離を求めて島ごとの分化のパターンを解析していた。アロザイム分析の仕組みはこうである。タンパク質を構成するアミノ酸には電気的に偏った部分があり、デンプンで作ったゲルの中で電圧をかけてやるとその電荷の偏りに応じて陰極か陽極の側にタンパク質が移動する。もし、同じ遺伝情報からできあがった物質であれば同じ泳動距離のところにタンパク質のバンドが形成され、遺伝子の塩基配列が異なっていれば、それを元にできあがる物質が異なるので異なる位置にバンドが形成されるのである。異なる位置にバンドが出れば、遺伝子の構造に変化があると判断し、これを遺伝子型に置き換えて記録しておく。各種の酵素タンパク質について調べることで遺伝形質を間接的に観察する方法だ。大変手間のかかる方法だったが適度に分析能のわるい辺りも含めて集団間や個体群間の細かい分析には向いている手法だった。手間なことに加え、各標本を同じ泳動枠に並べて比べる必要があったり、標本の状態によってバンドが出にくいなど、職人技も存在していて、ｒＲＮＡやＤＮＡの解析にかかるコストが下がってくると同時にほとんど行われなくなった。しかしこれを用いると、見た目の違いではなく、各島の集団内に蓄積された突然変異を割合として検出でき、類似性や集団の分化パターンが明らかにできる。琉球列島固有のスッポンがいれば、各島の集団間には遺伝的変異が蓄積されているはずだ。その差異が明瞭ならば新種あるいは亜種として区別する可能性も考えられるのだ。

こうして私の卒業論文のテーマは、まずは、各島にスッポンがいるかいないか、実際にとりに行って確認する。次にとれたなら生かしたまま持ち帰り、研究室で組織を保存し、集めた標本の組織から遺伝的変異を調べる、という二本柱に決まった。私の中の密かなゴールとしては固有のスッポンを確認し、新種記載ができるかも、という辺りを目論んでいた。ともかく、私の卒業研究のテーマの方向性は決まった。案外きっかけは簡単で、勢いとその場のノリでいろんなことが決まって行く。

スッポンを探して離島をめぐる

実験や解析をやるにしても、まずはともかくスッポンをつかまえてこい。話はそれからだった。実験に使用する標本は多ければ多いほどいいが、各島二〇個体ほどあると信頼性のあるデータが得られるようだったので、採集目標は各島二〇尾にした。その年の秋口から実際に沖縄島の様々な河川に行き、スッポンを捕獲する技を磨くこととなった。

「スッポンをつかまえる」。簡単なことのようで最初はこれがなかなか難しかった。誰もスッポンを狙ってとっている人などいなかったので自分でなんとかするしかなかったのである。ここからは試行錯誤の連続だ。まず沖縄島のどこにいるのか探すことから始め、スッポンのいる場所で捕獲の技を習得することにした。まず試したのは、カニカゴを仕掛けて次の日に回収する方法。カゴの位置がわるいとスッポンはカゴに近づいても中に入らず、水深が深すぎると溺死してしまう。川や池の様子から、どこにスッポンがいるか、どこにかけたらスッポンがとれるかを、見極めなければならなかった。川を眺めて判断できるようになるまでとにかく罠をかけまくり、川におりて徹底的に探していった。そうこうしているとカニカゴを設置する向き、水深、地形など仕掛けるポイントやスッポンの通り道が少しずつ見えてくるようになる。ひたすらやり続けると見えてくる数字にならない部分の蓄積だ。こうして数をこなすうち、沖縄島内や橋で渡れる周辺の島でスッポンをつかまえる技をそこそこ手に入れることができた。この後から大学院を終えるまで、私の琉球列島の様々な島を順次巡ってスッポンを探す日々がスタートした。生来単純な人間だったのでいったん方向性が決まり、コツがなんとなくつかめれば、後はひたすら実践のみ。まずは軍資金の調達だ。離島遠征の軍資金は地元沖縄にあるテレビ局の中継スタッフのバイトで調達した。この仕事は拘束時間が長い割りに実働時間は短く、賃金もその日払いだったので学生としては結構うれしいバイトであった。その金で米やレトルト食品を買い込み、テントとともにバイクに縛り付け、船に積んで離島を目指す。スッポンを探し、戻ってきたらまたバイトをする、というのを繰り返していた。

出先の離島では実に様々なことが起こった。西表島では台風の直撃を何度も経験し、文字通り「体が飛ばされる」体験をしたり、カニカゴを吹き飛ばされてなくしたりもした。南大東島では帰りの船の中でスッポンが網を破って逃げてしまい、回収のため貨物室内を走り回ることになったり、奄美大島ではバイクを崖から落としたりと、今振り返ってもドタバタ続きの調査だった。多くの島で毎回のように白黒ツートンカラーの車に乗った人から職務質問も受けた。夜行性の生き物を探して人の寝静まる時間に懐中電灯片手に川の中を動き回っているのだから地元の人間が不安にならないわけはない。こういった障害を取り除

図7・2　活動中のスッポン

き調査を効率よくやるための工夫が必要だった。そこで離島に行くとその土地の区長さんに話を通したり、わざと道を聞く振りをして交番や駐在所を訪れては滞在期間や目的をそれとなく伝達する技を覚えた。小さな離島というのはすごいもので、こうしておくと次の日には多くの人たちが私の存在を認識し、声をかけてくれたりするようになる。島の中の仕組みをうまく理解できるかどうかも野外調査の決め手になる。こういった調査を円滑にするコツも離島を回るうちに磨かれて行く。肝心のスッポンの採集方法も離島周りの最中に「延縄」という効率のいい方法を考えつき、改善された。効率がわるく、重たいカニカゴに代わって、ビーク四号という使い勝手のいい釣り針と釣り糸、細かく切った冷凍砂肝（各離島で入手が容易で餌持ちがものすごくいい）と土嚢袋（とれたスッポンを入れる袋）という、スッポン採集四点セットだけを袋に詰めて出かけていけるようになり、身軽に、そして広範囲に罠掛けができ、さらに機動性が改善されていった。

スッポンがそこそこつかまえられるようになってきたところで問題はまだまだあった。その結果をどう評価するか、という新たな問題だ。実際に離島に出向いてみると実際にスッポンがとれたりとれなかったりという結果が出る。スッポンがつかまえられたときはそれでいい、確実にいたことの証拠だ。しかし、問題はとれなかったときである。これはどう評価すればよいのだろうか。生息していない可能性の他に、私の腕がわるくてとれないだけという可能性、たまたまスッポンのいない水系で調査をしていた可能性もある。そういうことを考え出すと、とれなかったからといって簡単にこの島にスッポンがいないとはいえなくなるのだ。しかし、これもなんとか力技で乗り切りたいと、またまた攻略すべき敵を安易に設定した。スッポンは他のカメよりも水に依存した生活をしているので、スッポンのいる可能性のあるところをすべて回り全部の水域に少なくとも一回以上、できれば複数回罠掛けをすればいい、という結論に達した。そこで、二万五〇〇〇分の一（通称ニゴマン）の地図を購入し、到達可能な範囲の地形から水系になりそうな部分をすべて抜き出し、河川や湖沼とともに印を入れた。島に着いたらすべての陸水域に河川であれば、下流から源流部まで、かけられる場所にはすべて罠をかけるという方法で、小さな島ならビーク四号一箱（一〇〇個入り）、大きな島なら二、三箱を使う程度に徹底的に仕掛けをかけまくる。一定以上の努力を払うことでとれなかった場合に「この島にはスッポンはいない」という根拠にしようと考えた。しかし、これは出かけるだけでも一仕事な場所も少なくなく、とても大変な作業であった。思えば、こういうことがうっすらわかっていたからこそ、多くの人がスッポンを研究対象にしなかったのかもしれない。スッポンの分布を明らかにすることの大変さに気が付くようになったのである。しかしながら、悪戦苦闘の甲斐あって、結果としては陸水域の豊富な島のほとんどからスッポンをつかまえることができた。採集した個体は生かしたまま研究室まで持ち帰り、筋肉と肝臓のサンプルをとり、マイナス八〇度の冷凍庫に入れて保存し、本体はナンバーを付けアルコールで保存した（後で骨にして形態解析するため）。こうして、各島二〇尾という目標には遠くおよばないものの、少しずつ色々な場所のスッポンの標本が集まっていったのだ。

観察された遺伝的な変異

スッポンのつかまえ方のコツがなんとなくつかめてきたのと同じ頃、実験室のほうでは先輩に指導してもらいながら実験も少しずつ始まっていた。まずは、実験室の決まりごとを頭に入れることが大変だった。なにしろこの手の実験系は試薬の準備・保管、器具の取り扱い、洗浄方法まで、数々の実験手順を覚えながら作業を進めていかないとコンタミや失敗の原因となる。自分はもちろんであるが同様の実験をする別の人にも迷惑をかけてしまうのだ。こんなことも実験室系ではイロハのイに当たる部分だが野外をほっつき歩くばかりの生き物屋にとってはいちいち新鮮で、先輩からの指摘一つひとつをメモにとり、実験室の流れを頭に叩き込んでいくことになった。一通り流れを理解したところでいよいよスッポンの組織を使って実験を行うのだ。

電気泳動実験の流れは以下のようなものだ。まず、解析する組織の準備。一回の泳動では、一五〜二〇個体分の組織を横一列に並べて調べることができる。とってきたスッポンの中から個体を選び、「たこ焼き板」とよんでいたアクリル製の凹みのある板の上に組織を少量ずつ取り出して並べる。これを一ロットとして複数枚用意して冷凍しておく。これを実験のたびに取り出して試薬を混ぜてすり潰し、組織抽出液を得るのである。組織の準備ができたら、レシピに従い、デンプンに試薬と水を加えて加熱してゲルを作り、常温でゆっくり六～一〇時間冷却させておく。ゲルが冷えたら成形し、ゲルの真ん中に切れ目を入れ、組織抽出液を染み込ませた濾紙を順番通りに並べる。濾紙を並べ終わったらゲルを泳動槽にセットし、電圧をかけて一〇～一五時間ほど通電して泳動する。この間に染色用の試薬を調合しておく。泳動が終わったゲルを厚さ一ミリ幅にスライスし、アクリル板の上に並べ、ゲルに試薬をかけて染色する。発色したバンドをスケッチし、写真を撮って記録する。使った器具すべてをよく洗浄し、蒸留水ですすぎ上げる。これでようやく一回の実験が終了するのだ。実験の流れは読み飛ばしたくなるような内容だが、準備から後片付けまで入れると一回の実験で大体二四時間ほどかかるようなスケジュールなのだ。そしてこの実験、いきなりデータが取れるわけではない。まずはどの酵素タンパク質が解析に使えるかという絞り込み、スクリーニングという地味で手間のかかる作業を行う。これはスライスしたゲルに片っ端から染色用の試薬をかけて活性があるか（バンドが出るか）を確認していくものだ。酵素の種類はこれまで研究室で行われた同様の実験を参考にしつつ、さらにはカメについて行われた同様の論文を読んだりしてあたりをつけることになる。活性があり（バンドが現れて）、十分に読み取れるようなら即採用、活性がない場合はボツ、活性が出ても反応が弱い酵素に関してはさらにゲルのｐｈ値を変えたり、試薬の調合を変えたりして実験を行い、きれいな泳動像を得る努力を行う。他の論文などを見ると解析には一五遺伝子座以上は欲しいところ。なるべくそれ以上の遺伝子座が見つかるようにと、ひたすら泳動し、試薬を作り、染色し続け、最終的には一八酵素の二三遺伝子座（酵素によっては複数の遺伝子が存在している）がスッポンで解析に用いることのできる遺伝形質として選び出された。ここまできてやっと各スッポンサンプルのデータを収集できる体制が整うことになる。

かくして、使用する酵素も無事決まり、バンドをしっかり認識できる緩衝液や電圧、泳動時間などの実験環境の絞り込みも終わり、やっと各島でとられたスッポンを使ってのルーチンの実験が始まった。泳動をしたサンプルの間に遺伝的な変異がない場合、観察されるバンドは直線的（変異がないため同じ泳動距離のところにバンドが出現する）になる。これを遺伝子型で表すとＡＡ（ホモ：二倍体生物の核遺伝子由来なので遺伝子は二本ある）となる。変異がある場合はバンドの位置が凸凹になって現れるのでそれらを陽極側から順にＡ、Ｂ、Ｃ……と対立遺伝子を割り振ってバンドのパターンからホモかヘテロか判断し、ＡＢ、ＡＣ、ＢＣ、ＣＣといった具合に記録していく。スッポンだけなのか、カメ全般にそうなのか、最初の頃に流したロット内のサンプルは多くの遺伝子座で変異がなく、直線的なバンドばかりが観察された。変異のある遺伝子座もそこそこ見られたが島の間ではっきり違うような変異は見つからなかった。研究室の過去の卒論などを見ると多くの種で結構な変異が観察されていることが多く、「私の技術が低いのか？」とか「距離的に離れていても遺伝的変異が蓄積しないのか？」「そもそも変異のない生き物なのか」といったことを考えながら出てくるバンドパターンに一喜一憂しながら実験を進めて行った。何度目かのロットを流して染色をしたとき、私は実験器具の洗い物をしていた。染色液をかけてから発色までに時間のかかる酵素が多かったので先に次の実験の準備をしていたのだ。一通り洗い終わって実験机の上のゲルのス

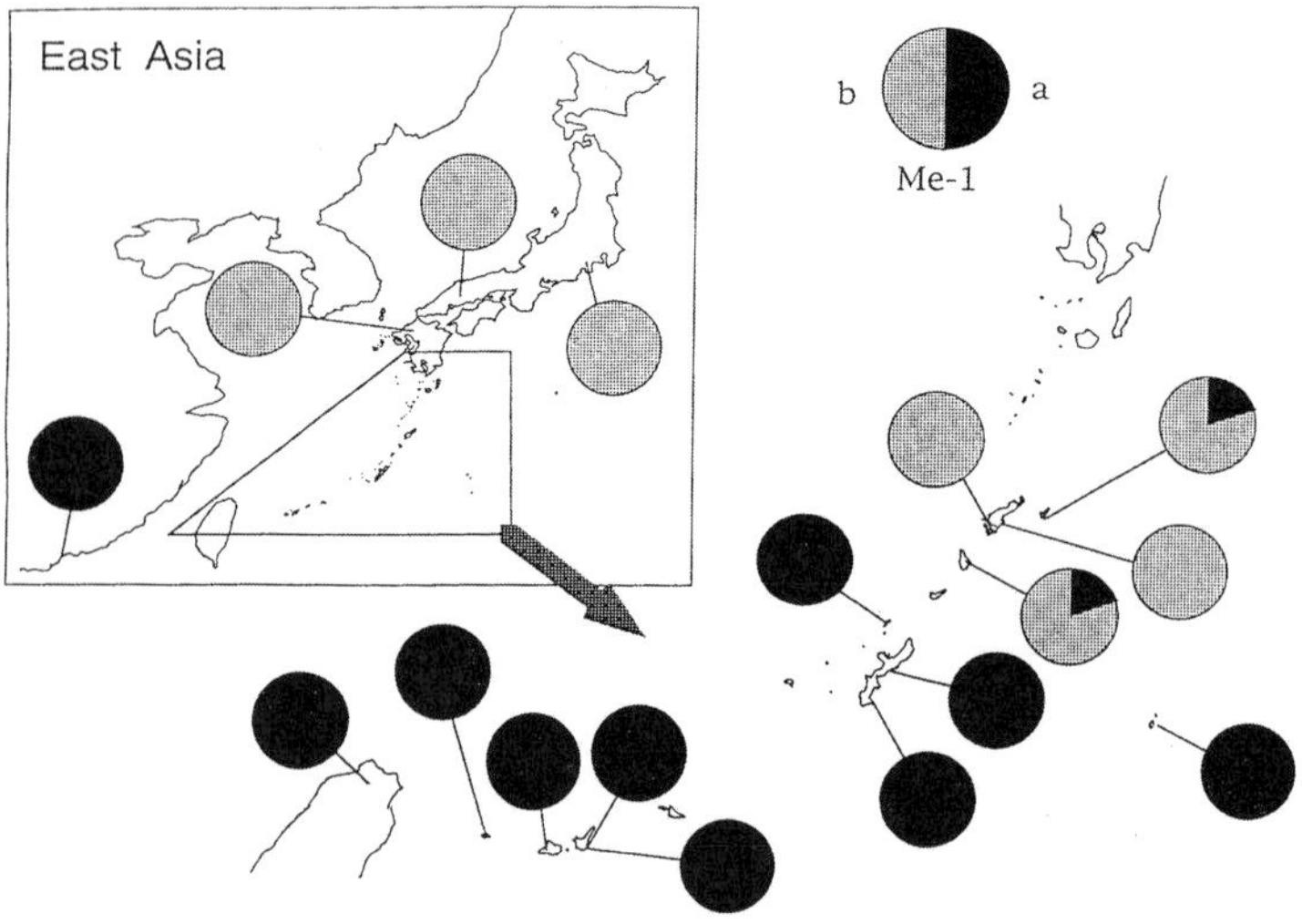

図7・3　Me-1における対立遺伝子頻度の分布．　奄美諸島と沖縄諸島の間で対立遺伝子の頻度に明瞭な差が見られる (Sato and Ota, 1999)

ライスを眺めていると、その中の一枚、リンゴ酸脱水素酵素（Me-1）のスライスが、奇妙なバンドパターンを示していることが目に止まった。ゲルの三分の一くらいのところできれいに段差ができているのだ。サンプル間での遺伝的差異、それも対立遺伝子の置換が見つかったのだ。あわててサンプルの個体番号を記した定規をあてて確認するとその段差は西表島と他の島のサンプル間ではなく、奄美諸島とその他の沖縄の島々のサンプルの間に出ていたのだ。奄美諸島の中では変異がなく、沖縄の島々の中にも変異はない。しかし、この二つの集団の持つ対立遺伝子は同質のものではなかった。一つとはいえある集団の持つ遺伝子の型が他の集団と違う（対立遺伝子が完全に置換している）ということはこの二つの集団が、ある程度長い時間、遺伝的交流を持っていないということを示しているのだ。「大発見！」と思った次の瞬間、とてつもない不安が胸をよぎった。「これは……ミスじゃないのか？」。とたんに疑心暗鬼になり、「自分のことは自分がいちばんわかっている、これはもう一度確認したほうがいいだろう」と大騒ぎするのを思い留まり、次の実験で急遽もう一度同じ酵素を染色し、確認することにした。結果は、やはりきれいな段差が確認され、技術的なミスではなかったことが確認された。ここで初めて太田先生にこの遺伝的変異の報告をすることになった。その後、サンプル数を増やしていってもこの傾向は変わらなかった。どうやら、奄美諸島のスッポンとそれ以外の沖縄の島々のスッポンの間には明瞭な遺伝的変異が存在しているようなのだ。しかし、これは中琉球の他の生き物でこれまでに出されていたアロザイムのパターンにはない特徴だった。なぜなら、中琉球は早い段階で南・北琉球と分断され、中琉球の奄美諸島と沖縄島は最後まで陸続きだったはずであり、そこに生息する生き物は他の琉球列島の集団よりも遺伝的には近縁なはずなのだ。スッポンに関しては奄美大島－沖縄島の間よりも沖縄島－西表島の間のほうが遺伝的に近縁という、変わった結果が出たことになる。私の中の皮算用だった西表固有のスッポンが……というよりも琉球列島のスッポンには遺伝的に差異のある二タイプがいる、しかも得られた変異はこれまでに見たことのないパターン、話は大きくなっていくように思えた。しかし、世の中そう簡単ではなかった。離島でほっつき歩く私はこの後に衝撃的な話を聞くことになる。

衝撃の真実、個体群の由来

多くの島や地域で、スッポンをある程度安定してつかまえられるようになっていたときのこと。あまり地元の人たちと交流を持たないのだが、農作業をしている人や漁師さんとはウマが合う人が多く、余裕が出てきたためか、その島での生き物についての情報収集のためにしばしば話を聞いたりすることが増えていた。そんな中、出かけていた久米島で仲良くなった地元のおっちゃんからとても衝撃的なことを聞くことになる。

「スッポンはさぁ、○○さんとこの△△さんが持ってきたんだよ、今からどんくらい前かなぁ、結構になるよ。そんでさぁ、溜め池に入れといたんだけど大雨のときに全部逃げちゃったのさ、その前？　その前はいなかったなぁ」

と、おっちゃんは詳しいいきさつをこともなげに教えてくれた。しかし、これは私にとってとても衝撃的な内容であった。なぜなら、この分布調査の根幹である「在来個体群を探す」という前提そのものが誤りである可能性が出てきたのだ。外来種（当時は帰化種とよんでいた）といえばアカミミガメとかあまりイメージのいいものではなく、研究してどうすんだ？　という変な思い込みもあった。もちろん、外来種だとすると琉球列島に新種のスッポンがいるかも、あわよくば名付け親に、という皮算用ももろくも崩れて行く危険性が出てきた。研究の大きな軸がなくなるかもという事態に一瞬にして頭の中が真っ白になり、呆然としながらもとりあえずおっちゃんから詳しい話を聞き、野帳に書き留めてから急ぎ沖縄島に戻り、

落胆した様子でことの顛末を太田先生に報告し、今後のことを相談した。すると、

「そんならそれでその起源をきっちり明らかにしとけ！」

と、またもや過不足ない、明確な助言をいただくこととなった。当時の私は思い込みが激しく、視野がとても狭かったので前提が崩れたことで研究が頓挫してしまったと考えていたのだ。当たり前なのだが最初の前提がなくなっても研究自体はなくならない、相変わらずスッポンの分布は明らかになっていないし、まだ在来個体群がいる可能性だって残っているのである。新たにわかった事実を加味したうえで研究内容を変えていけばいいのだ。たいていの場合、最初に考えていたこととは違う方向に事態は進むものなので、そのときそのときでいくつか起こりうる事態を想定しながら進めて行くのが当たり前なのだ。こんなことは研究を続けるとよくあることだとわかるが、このときはそんな柔軟な考え方はできず、ただただうろたえていた。しかし、この助言により気持ちを新たにし、再び離島巡りに出かけるようになるのだった。ただ、少し研究内容に変化が生じてきた。標本の採集による分布の確認とアロザイム分析の他に、新たに地元の人にその島でのスッポンの由来を確認する「聞き取り調査」という項目が追加されることとなったのである。それからは離島に行くたびについでに色々聞いておこうとリュウキュウヤマガメやセマルハコガメ、ミナミイシガメなどの在来のカメとアカミミガメやクサガメといった数種のカメの写真をラミネートして持ち歩き、刑事よろしく聞き取り調査を同時に行うことになった。また、図書館などで市町村史や地元の新聞記事からスッポンや他の生き物に関する記事を探し、関連する情報を収集した。最終的にはこの聞き取り調査はとても大切な意味を持つこととなり、理学部で純粋な生物学をしていたはずが、民俗学的

なアプローチが高い比重を占める、一風変った研究になっていったのだ。

聞き取り調査などの結果、スッポンを採集することのできたすべての島で、スッポンを移入したという確度の高い情報が複数得られた。一方で、期待していた在来性を示すような方言名や利用形態についての情報は皆無だった。ちなみに、琉球列島は割とよく方言が保存されていて、特に山のものには細かく呼び名があったりする。しかし、スッポンはどの島でもスッポン、もしくはスッポンガーミー（ガーミーはカメの意）といった具合で方言になっていなかった。伝承や昔話なども目を通したがスッポンの出てくる話などは見つからなかった。これら情報の一つひとつは傍証の域を出ないが、とにかく力技で情報を集めまくるとそのどれもが琉球列島のスッポンは在来ではなく、移入個体群のようであることを示唆していた。結論としては琉球列島に現在生息しているスッポンはすべて持ち込まれた外来種であった。もちろん、あの最初に見た西表島のきれいな模様の西表スッポンがとれた場所でも持ち込まれた個体が元になっているのではないかという情報が得られている。いちばんありがちな、そして気持ちの沈む顛末に落ち着くことになったのだ。

そして、アロザイム分析で明らかになった奄美諸島とその他の集団の間で観察された遺伝的な変異についても、聞き取り調査から興味深く重要な情報が得られた。持ち込まれた個体の入手先についての情報だ。沖縄県側の島々のスッポンについては、戦後すぐの時代に台湾から八重山諸島への入植が何度か行われた際に、台湾の人が自己消費用や養殖用にスッポンを持ち込んだのが始まりのようだ。そこから逃げ出したり、県内の各島に養殖用の種スッポンとして出荷したことに起源を持つらしい。鹿児島県側の奄美諸島は、

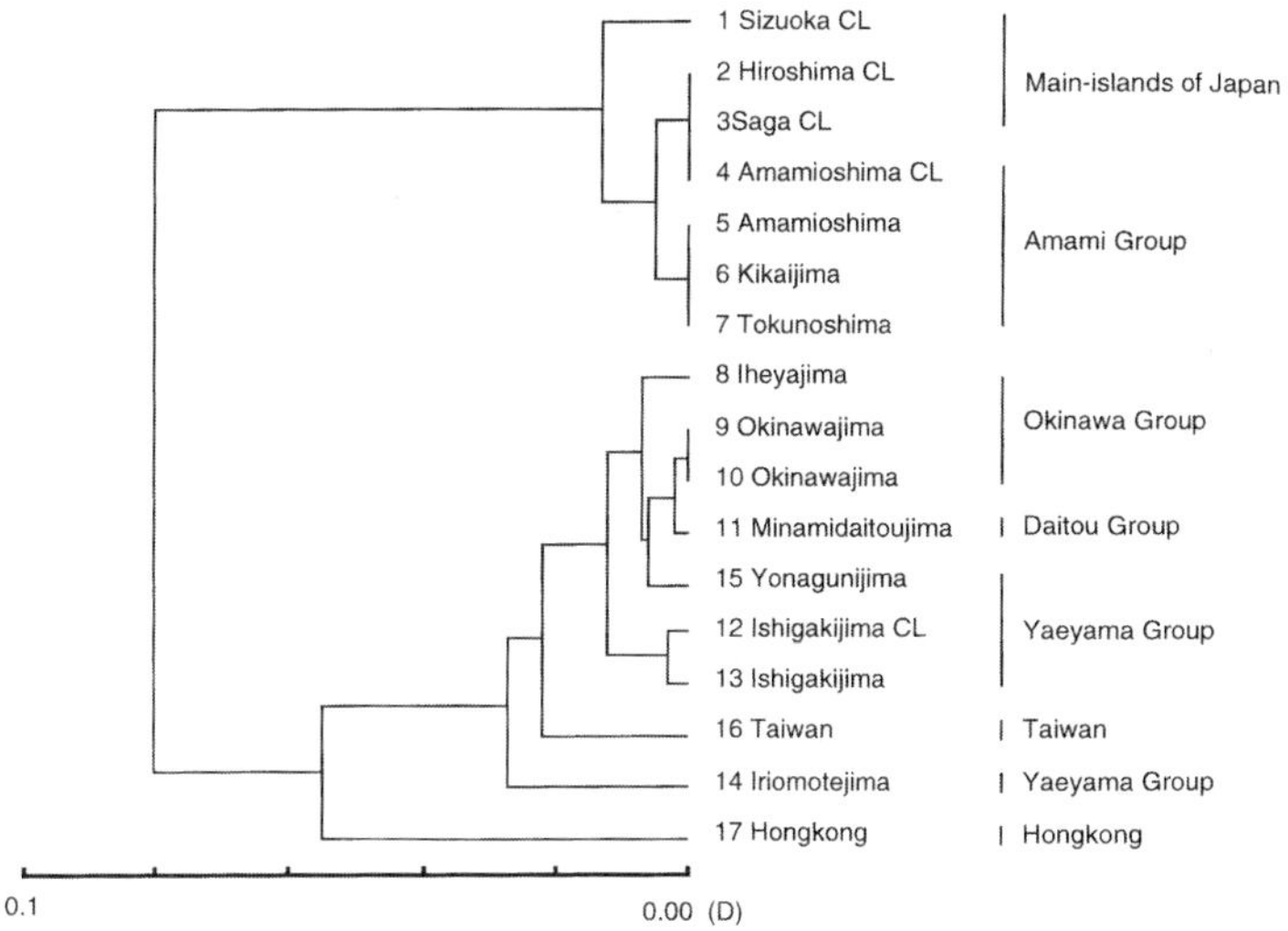

図7・4　23遺伝子座の遺伝情報により構築されたUPGMAデンドログラム．日本本土と沖縄との間で比較的大きな遺伝的な差異が見られる（Sato and Ota, 1999）

戦後高度経済成長期に九州から種スッポンを購入して養殖を始め、それらが逃げ出し野生化したものに起源を持つらしい。観察された遺伝的な変異は琉球列島の島の成立の歴史を反映したものではなく、鹿児島県と沖縄県は行政区が異なるため、そこに住む住民が当時入手しやすい種スッポンの入手先が異なるために生じたものであったのだ。そしてその変異は、奄美諸島と沖縄の島々の間での遺伝的な変異ではなく、日本本土（九州）と台湾の間での遺伝的な変異だったことが明らかとなった。

その後、日本本土や台湾のスッポンをいくつか購入して解析に加えたところ、アロザイム分析ではこれまでと同様のバンドパターンを示し、聞き取り調査の結果を支持するような実験結果が得られた。かくして、スッポンの遺伝的な変異の解析結果と分布の確認、あわせてその由来についての聞き取り調査の結果とをまとめることで、私の卒論が形を成すことになった。なんともドタバタしたあげくの、難産な研究であった。外来種の移入経路で由来をはっきりさせることができたのはとにかく幸運だった。自分を褒めるわけでないが、スッポンに限らず、近年のように様々な生き物が簡単に移動できてしまう世の中にあって、いったん繁殖集団を形成してしまった生き物の由来や起源というのがはっきりと判明したケースは非常に少ないのだ。食用という目的が明確だったことや、離島という、人の移動があまりない環境だったことも聞き取り調査で由来を明らかにすることのできた幸運の一つだったと思っている。また、聞き取り調査をしたタイミングもよかったのだろう。当時、スッポンを導入した人の多くが高齢で、中にはすでに亡くなられている方もおられた。一部の島では当人から話を聞くことができなくなっている状態だったが、かろうじて当時を詳しく知る親族の方に状況を教えてもらうことができていた。今、同じことを調べても当時のことがわかる人がいなくなっていて同じような確度の高い情報を得ることはおそらく難しいだろう。そんな意味でも由来や経緯を明らかにするというためには時間的にも最後の機会であり、いい時期に取り組むことができたといえる。分布と由来については別にまとめ、このあと地元の専門誌などに発表したことで晴れて琉球列島の島でのスッポンの分布やその集団の由来は、もう私のみが知る情報ではなくなった（佐藤ら、一九九七：Sato and Ota, 1999など）。現在でもほとんどの人にとって琉球列島にスッポンがいようがいまいが関係ないし、興味もないことであろう。しかし、必要とあらば誰でもちょっと調べれば、図鑑や資料などですぐに見ることができる知見となっている。こうして小さな一つひとつの新たな知見が蓄積され、みんなの共有する常識となるのである。

蓋を開けてみればスッポンという生き物は前項まで紹介してきたような琉球列島の地史を反映したような生き物ではなかった。しかし、人間が持ち込んだ生き物の分布の現状や、起源、移入経路を明らかにすることができた。研究を始めるに当たって考えていた「琉球列島の固有種である西表スッポンを見つけて新種記載だ！」、という当初の目論見とは大分異なる結果にはなった。テーマ選びはタイミングや勢いが強く作用していたが研究は途中で腐らず、一所にかじりついて掘り下げれば何かとおもしろいものが見えてくるということにつきるのだ。私の研究は何度も方向の微修正を繰り返し、その都度周りにいた様々な人に助けられる形で進んできた。お陰で、研究する前の学部の一年の夏、最初に西表島で出会った頃には大きくて丸いカメ、程度の知識しかなかったスッポンについて、今では日本のカメの中でいちばん知りうる種の一つとなった。そしてスッポンを巡って様々な離島をそれこそ体当りで這いずり回ったため、同期の人間よりかは少しだけフィールドを知ることができた。ともかく、これが私の人生において最初の研究、卒業研究となったのである。

その後、私は大学院に進んだ。大学院では研究を進めることになるのだがここでテーマを変えたり、対象生物を変える人は少なくない。通常実験室系の研究だと技術を洗練させて行くことが多く、私の場合、アロザイムを用いて他の生き物の遺伝的変異を研究するといったことが可能性としては存在した。しかし、私はやはり生き物そのものに興味の軸があったので、対象を固定して方法を変えることがおもしろいと考え、相変わらずスッポンをテーマにし続けた。卒業研究により、日本本土と台湾のスッポンの間の遺伝的変異に加え、形態的にも変異があることが明らかになっていた。他にも何を食べているのか？　どんな行動をするのか？　知りたいことは山のようにあふれていた。生き物を変えずに研究内容を変えていくと、論文化は遅々として進まないものの、その生き物に詳しくなり、毎回毎回新しい理論や技法を覚えられる。修士から博士課程の私の研究自体は、東アジアに広く生息しているスッポンの遺伝的・形態的変異の地理的パターンの解析となる。その過程では、スッポンの形態や染色体、生物地理、食性、生態、個体数推定、齢査定など、ものになったりならなかったりではあったが、スッポンについての一通りを扱う機会を得ることになったのだ。おかげで、毎年秋口にある日本爬虫両棲類学会の大会で、私は毎回、「スッポンの○○について」とか「琉球列島産スッポンの△△」という、スッポンの文字のついたタイトルで発表することとなり、あまりに毎回スッポンの発表ばかりするので、生前、千石正一さんなどから「スッポン佐藤」という有難いよび名を頂戴することになったのである。その後も、対象生物を変えずに東アジア全体にいるスッポンの地理的変異について研究を続け、二〇〇三年三月になんとか学位を取得することになった。

学位を取得したことで研究にも一区切りがつき、少し周囲を見わたす余裕のできた私は、また脱線を始めることになる。次章は、そんな学位取得後の大脱線の様子を少しお話しさせてもらいたい。生き物はほとんど出てこなくなる、対人間のお話である。

第8章 環境教育のススメ

オリイオオコウモリ

前章までは、私の体験してきた琉球列島の自然のおもしろさの一部を紹介することで、琉球列島という場所の魅力をお伝えしてしてきたつもりだ。この章からは、生き物や自然とは別の話、現在の私の主戦場につながる話をさせてもらいたい。学位取得後に大きく舵をきった大脱線の経緯と、その後の活動を簡単に振り返りながら、「自然や理科に興味を持つ人をいかに増やしていくか」という対人間の話をしようと思う。

「博士号というのは、足の裏についた米粒のようなものである」。大学院時代に当時研究室にいた先輩に教えられた重たい言葉である。その意味するところは「とらないと気持ちわるいが、とっても食えん」。博士号の本質を見事についた名言だ。博士号をとってみるとこの言葉は本当で、学位を取得した私は、さてどうしたものかと今後のことを思案することになった。

正直にいうと、私はお天道様主義というか、江戸っ子気質というか、割と出たとこ勝負でこれまでの人生を過ごしてきたので、将来のことなどあまり深く考えることがなかった。ことここに至る過程でも、たいして考えないまま琉球列島にやってきて、この地の自然や生き物にどっぷりとはまり、いつの間にかスッポンという研究対象と出会い、がむしゃらに向き合い、生き物のわからなかった事実が一つひとつ明らかになっていくという研究のおもしろさの部分が見えてきて楽しくてしかたなく、気付けば学部から修士、博士課程へと進んでいたのである。そしてついに学位を取得するのだが、学位を取ると一応一人前の研究者としてのスタートラインに立つことになる。が、その先にあるのは、決して平坦な道ではない。実際、学位取得者や博士課程の学生の多くが、この時点前後で研究を続けるかどうか悩むこととなる。このまま研究を続けるのか、区切りをつけて別のことをするのかという選択のときが、とうとう私にもやってきたのである。

結果からいえば、私は他の多くの学位取得者が目指す方向ではなく、いったん研究から離れてみようと考えた。これはおそらく、私の人生で山ほどしてきた脱線の中でもかなり大きな部類に入る。こういう二律背反な分け方が正しいかわからないが、当時の私には学位を取るに至ってもまだ、プロ（研究者）の要素よりもアマチュア（生き物屋）の要素のほうが強かったような気がしている。そして、その時点で私なりに色々考えをめぐらせ、行動し、立ち位置を二転三転とさせ、紆余曲折の末、それまでまったく興味の対象外であった対人間の世界、それも環境教育というこれまた胡散臭いものに興味を移して行くことになる。とりあえずは、その経緯と私が学位をとった頃の周りの状況を少し紹介しておこう。

大きな心変わり

昔のことはわからないが、少なくとも最近に限っていえば、研究者としての第一歩は学位を取ることである。研究職の公募条件が、すでに学位があることを条件としているからだ。しかし、この学位という存在は、取ろうと思って簡単に取れるものはない。頭のいい人はともかく、これまでろくすっぽ勉強をしてこなかった私のような人間にとっては、人生の最も頭の冴えている時期の、結構な期間を研究のみに没頭した結果、なんとか取得できるのかできないか、というのが学位というものだった。文字通り血反吐を吐きながらもがき苦しんで書き上げた博士論文を大学に審査してもらい、それが認められて初めて得られるもので、過ぎてしまえば笑い話でしかないが、その当時のプレッシャーは本人にしかわからないすさまじいものがあった。私もこの時期に人生で初めて胃痛というものを経験し、キャベジンという冗談みたいな名前の薬がこんなにも効くのか、と感動したことを今でも思い出す。

ともかく多くの人たちが、程度の差こそあれ全力を傾けて苦しんで得るものが学位であり、適当にその期間大学院に通っていれば取得できるというものではないということなのである。それだけの時間と労力をかけた学位である。当然学位をとった者は、それを生かした方向で仕事に就きたいと考える。しかし、学位を持っているから研究職につけるなどということは、まったくない。苦労して取った学位であるが、その資格を活かせる研究職にありつくというのは、そこからさらにとてつもなく狭い道なのだった。実際の世の中には、研究職の数に対して、博士が有り余っていたのである。

こうなると多くの場合、履歴書上空白が生じる（研究歴が途切れる）とよくないとのことで、学位取得後はみんな何がしかの「研究員」という立場を手に入れ、経歴をつなげることになる。そのために存在しているのがポスドクという仕組みだ。学位を取った博士たちはこれから先、研究を続けるためにはポスドクという任期付きの研究職を渡り歩きながら、研究業績を排出し続けるという、サバイバルゲームのような消耗戦に突入することになるのだ。それもいつ終わるかわからないし、どこで終わるかもわからない。もちろん一所懸命に取り組んでも、必ず職にありつけるという先の保証は一切ないという、イバラの道なのである。兵站が確保されているわけでも、明確な攻略目標が指定されているわけでもない、戦術からいえば破綻した計画といえるのだが、現実を考えると学位を取った者に与えられる選択肢は決して多くなく、猛者ともなれば数年ごとに居を変えて、ジプシーのように全国をさまよい続け消耗していくことになる。そしてたいていの場合、引っ越しを伴う。特に沖縄には他に理系の大学がないので、沖縄を離れることを考えることとなるのだ。

実験室ベースのことであればさほど問題はないのかもしれないが、生態や現場に出ることが重視される研究分野だと、それだけで大きな負担。もっとはっきりいってしまえば、それまでしてきた研究は、事実上打ち切りになる。この点が私にとっていちばんネックになった部分だった。私の研究は、よそに行ってもできないものではなかったが、それとは別に、私にとって物を考えるベースとなるこの場所で養った自然を見る目や自然観、生物季節などが、すべて一からの再構築になるというのはダメージが大きかった。しかも、この先職を得てここに戻ってこられる保証もない。この時点でも、まだ十分に琉球列島という場所を理解できているという感覚がないままに、また一から新たな場所でそれら感覚を研ぎ澄ましていくことなど、はたして可能なのであろうか？　失う物と得られる（かもしれない）ものの大きさを比べたりしながら、悶々とすることとなるのである。

琉球列島の学術的な価値に関しては、当時太田先生をはじめとする研究室の研究成果や、内外の研究者によって出された同様の遺伝的・形態的な変異のパターンの解析といった知見の蓄積があった。生物地理学的パターンを構築するためのデータが揃い、生物の遺伝的変異のパターンから琉球列島の成立過程を類推するという、生物地理的な仮説が出され、琉球列島とそこに棲む生き物の辿ってきた歴史の一端が垣間見えるようになっていた（Ota, 1998など）。一つ大きな生物地理的な仮説が提唱されたことで、これを軸に琉球列島は今後も様々な分野での研究が進展し、益々その学術的な重要度を増していくと思われた。そして、本筋以外のところでも、フィールドに出るたびに気になる現象や興味深い生物の行動などに出会うこととなり、取り組んでみたい研究のきっかけが頭の中に山ほど蓄積されていた。この先も研究を続けていくなら、まだまだこういったおもしろい場面や研究対象に出会えることが期待された。

一方、同じ頃、世の中一般にも沖縄ブームが起こっており、沖縄や琉球列島の自然が注目され始めるようになった時期でもあった。西表島や山原などで自然を巡るエコツーリズムの流行や、首里城をはじめとする中南部のグスク群が世界遺産に指定されたりと、何かと沖縄周辺が注目されだしたのだ。しかしこちらのほうは、一見琉球列島の自然を大切にするかのように聞こえるのだが、実際には問題が多かった。それまでもその環境を使っていた人では決して考えつかないような、稚拙で杜撰なことが琉球列島の各地で同時多発的に起こっていたのである。

近年は、人間が絡んでくるとたいてい碌でもない方向に突き進むことが多い。城（グスク）群が世界遺産に指定された際には、指定に伴い、今まで決してつくことのなかった予算が、ほとんどのグスクや御嶽の整備のためにつくことになる。そのことが、それまで放置されてきたため、結果的に長い時間かけて成長してきた沖縄島中南部の二次林植生を、根こそぎ切り倒してしまった。代わりに、大きな花をつけるだけのよくわからない外来種を植え、地面にも外来の芝生を貼りつけたり、再び林環境に戻ることが難しいような舗装を施すなど、大きな改変を行ってしまったのである。結果的に、このブームで沖縄島の中南部のグスクの多くは短期間でその様相を大幅に変え、多様な生物の生息可能な環境から、生き物のいない人工的で単調で貧相な空間が急速に増えてしまった。程度の差こそあれ、西表島や山原などでも、それまで人がなかなか辿り着けなかった奥地などに軽装で気軽に行けるようにと、舗装道路の拡張や森林深部まで木道をひいたり、湿地が駐車場になったりとこれまで過ごしてきた琉球列島のフィールドの様相がめまぐるしいほどに激変していたのである。

このような変化のほとんどは、在来の生き物側にメリットが少なく、人間がたとえよかれと思ってやっていたとしても、下手をすると集団の生息規模を直接・間接的に大幅に抑制するように働きかけるものばかりであった。私のように人間よりも生き物のほうが好きだという生き物屋にとって、こういう現状に多く接すると「こんな雑な計画を立てやがって役所のアホんだら！」という気持ちになる。そして、一般の人の自然に対する関心が高まることと、それが大切にされることの間にある、大きな溝のようなものをどうにかできないものかと思うようになった。一方で、こういう事態に対して学位をとった他の学位持ちや大学院生たちは、「しょうがないんじゃない」というあきらめにも似た意見がよく聞かれた。もちろん、多くの博士や博士予備軍にとって自分の研究対象以外のことにあまり気を割く余裕などあるわけもなく、現状追認型の冷静なものが多かったのだ。無論、私にしても何かこれという対策があるわけでもなし、人間のやることに表立って反対し、過激派よろしくの反対運動や市民活動を始めたいという気にはならない。私がこれまでどっぷりとはまった琉球列島の自然に対して、その学術的価値は益々高くなる一方で、それらの状態がこれまで通りには保たれないかもしれないという、学問以外の部分が歴然と存在していたのである。その価値が十分に認識されないままに消失していってしまうのではないかという、何かしっくりこない大きなしこりのような感覚が残り続けたのだ。私が取得した学位は、この急激な動きの前であまりにも無力であった。

そして少なくとも当時、ものすごい買い手市場であった研究職への道は細く険しく、数少ない公募にはものすごい数の応募が全国から集まった。その中から実際に研究職（大学の教員）に選ばれるのは、すでに何本も論文を出していて研究がバリバリでき、今後もコンスタントに論文を出し続け、外部資金も取ってこられ、なおかつ、おもしろい講義ができる人。スーパーマンでないとなれないように、私の目には見えていた。もちろんこれも、すべてこなせている人がそうたくさんいるわけでもないのだろうが、そんな人でないと数少ない研究職にありつけない世の中だった。私はといえば、やはり英語が苦手で、次々実験方法や手法を変えるので技術の精錬は進まず、まとめるのが下手で遅くて……。博士論文の審査に必要な論文数は出せていたものの、そんなにたくさんの論文はない（これは今も変わらないが）。外部資金なんて当たったこともない。何か独創的な理論があるわけでもない。おもしろい授業なんていうのもやったことがないので望むべくもない。求められている能力の、そのどれもできないようなダメ博士だったのである。よっぽどの独創性や運の強さでもないと、数多いる優秀な博士を掻き分けて、その地位につくなどということは想像できない。私は生まれてこの方「何かに選ばれる」といったことにはとんと縁がなく、「優秀」というものの対極に居続けた。博士課程の後半から取得後にかけて、何度も何度も研究職の公募に応募書類を作って出すものの、毎回「貴殿の研究のさらなる発展を祈っております」という定型文の書かれた門前払いの書類を受け取っていた。そんなわけで、学位を取った後どうするか？　という現実を前に、八方塞がりのような閉塞感に追い込まれていったのである。

学位を取得してからどうするか。研究職の公募にはさっぱり引っかからないし、ポスドクで全国を移動し続けるという選択肢も、かなりの負担である。さらに最近ではそのポスドク研究員自体をつなげていくのが大変になりつつあり、無給の研究員で立場だけ確保する苦肉の策も見かけるようになった。こうなってくると研究を続けるのは精神的にとても追い詰められることになる。昔ならイザ知らず、この状態で研究者になっても、本当に楽しいのだろうか？　自分の面白いと思えるものと付き合っていけるのだろうか？　疑問が湧いてきてしまったのである。

自分の中心軸

先輩や他大学の知り合いと話したりすると、たいていはそんなことは考えるな、こういうやり方をする時代なんだとか、みんなこうしているとか、変えようのない現状を受け入れるしかない、悟りのような結論に達していた。しかし、それを続けていても職にありつける保証はなく、失敗しても「好きでその道に進んだんだから自己責任！」の一言で終わってしまうのだ。戦術的にこのままズルズルと戦線を拡大するのはよろしくないぞと思いたった。完全に追い詰められる前に、私にとっていったい研究というものにどれだけの価値があるのだろうかということも含めて、一度しっかりと身の回りのことや自分の立ち位置について、考えてみようと思い立った。これまで好き勝手やって生きてきたのだ。すべてを思い通りに、などということは、この先望むべくもないであろう。やりたいこと、もしくは大切にしたいことの三つも四つも叶えることは無理でも、一つくらいなら確保できるだろうと考えたのである。ならばその一つ、つまり自分のいちばんの軸は何か。大変青臭いようだが、何がなくなったら私が私でなくなるのか。こんなことを、結構真剣にしばらく考えることになった。そして考え抜いた末、頭の中のすべてを取り去ってみると、最後まで残ったものは研究ではなかったのである。当時の私にとっていちばんの軸は「この場所にいてここの自然をより深く理解したい」ということだったのだ。

驚いたことに私は、学位を取得する時点でもまだ、研究よりもこの地の自然全体と関わっていることに没頭していたのである。この場所にきて一〇年、まだまだこの場所のおもしろさの全体像が見えてこない中で、琉球列島の自然と関係が切れるのは、なんとしても避けたかった。研究ですごい成果を出すことは、私のようなダメ博士では、今後研究職に就こうが就くまいが期待できないだろう。逆に、たとえ研究職にいなくても、何かしらの形で研究というものをやっていけるだろう。これまで散々時間や労力を注ぎ込んできた研究ではあるが、生き物との関係があるので自分の軸に近いのかもしれないが、軸そのものではない。ダメージは大きいかもしれないが、仮になくなっても、代替が可能であろう。そういう、もやっとした輪郭のようなものが見えてきた。

当然といえば当然だが、私の周りには博士があふれていた。それは琉大だけではなく、学会などで出会う全国の他大学にいる博士や、大学院生など、みんな将来の不安を抱えていた。みんな、自分よりもまじめに研究だけを考えている、優秀な人ばかりであった。琉球列島について、その学術的価値が高いのであれば、それこそここを題材として扱う研究者はこれから山ほど出てくるだろう。琉球列島の価値が変わらないのであれば、今後も有能な人間が研究を進展させていくことだろう。そのほうが、研究自体は進むと思われた。所詮「たかが研究である」。その結論めいたものに達した瞬間、取り巻いていた閉塞感がなくなり、急に気が軽くなったのである。

さて、ではどうするか？「琉球列島にいること、自然に関わっていることが私の譲れない部分らしい」という頭の整理がついてきたところで、問題は次の段階に移った。人間が一生のうちで経験できることは、限られている。困難や岐路に立ったときどう行動するかは、本人がこれまで歩んできた成功体験を踏襲するしかない。そして私には、根拠なく全速力を出して突き進み、壁があったらそのとき考えて壊すなり穴をこじ開けるなりしてさらに進むという、出たとこ勝負のお天道様主義しかなかったのである。経歴が切れようが切れまいが、そんなことはどうでもいい。沖縄にいられるにはどうしたらいいか、この地の自然にふれ続けていけるにはどうしたらいいか。これを中心に据えて、すべてを考え直してみることにした。そこに、環境アセスメントの会社から誘いがきた。たまたま沖縄での大きなプロジェクトがあったので、沖縄の自然に明るい人間を、ということで誘われたのだ。沖縄にいられれ、当面の食い扶持の確保ができることと、様々な開発計画の裏側事情を開発者側の立場から見られるいい機会だ。そちらに身を置き、この分野での情報と知識を収集しておこうと考えた。

こうして学位取得後しばらく、私は環境アセスの会社で研究員という名の調査員をすることとなった。聞こえは業務内容としては、開発計画に付随している環境保全の方策のためのデータを取ることだった。

いいが、しかしというかやはりといおうか、これらの環境を守るというよりは、その環境を記録しておくという意味合いがどうしても強い。いったん計画が進行してしまえば、よほどのことがない限り変更になることはなく、計画が立案された時点で自然の負けとなることを知ることとなる。結果からいえば、この間、沖縄だけでなく全国の様々な現場に出てみたものの、問題は沖縄だけではなく、全国どこも同じような感じだった。こういう業種が必要かどうかではなく、現行の仕組みの中ではその力を十分に発揮できるものではないようで、問題の本質は別の部分にあるように私には思えた。技術や考え方、仕組みというものはよく理解できたものの、ここからはあまり多くのことは学べなかった。自分の考えているような、環境を保全するための武器としての有効性は見出せないまま、一年ほどでプロジェクトが終わり、勤務地が東京になりそうだったので、それを期にその会社を辞めることにした。さてどうしたものかと、研究室でこれまでのスッポンのデータを整理して過ごすことになったのである。

そこに、今度は太田先生から、琉球大学のCOE研究員の口、いわゆるポスドクを紹介され、二つ返事で受けることとなったのである。ここで再び研究の世界に籍を置くことになり、やりたかったスッポンの生態調査を沖縄島の北部で始めつつ、D論までのデータをまとめる作業をすることになった。しかし、研究がおもしろいことは変わらないのだが、私は一度気にかかると、それが頭から抜けてくれないなんとも煮え切らない人間でもあった。研究畑に戻ったにもかかわらず、研究以外のノイズ、一般の人との交流からもたらされてくる様々な情報は、常に私の行動と思考を揺さぶり続けていた。そのノイズとは，野外調査やいろんな場面で出会う「沖縄の人」が、驚くほど沖縄の生き物について知らず、沖縄の自然に対する興味が低いこと。もっとはっきりいうと、「無関心」に近いように思われたことである。

この頃同時に、現在に至るまで続いている一般向けの観察会や、地域の町おこし的なイベントで、地元の自然を解説したり自然体験のワークショップを行うなど、草の根的な啓蒙活動を始めることになる。しかし、多くの人にとって、自分の身近な自然であっても、それらのことに注意を払っている人は常に少数であった。端的にいうと、山原とガラパゴス諸島は同じくらい遠い存在で、リュウキュウヤマガメとガラパゴスゾウガメなら、後者のほうがTVで見かけたことがある分身近な存在なのであった。市井の人がこのような認識の現状では、いくら琉球列島の学術的価値が評価されようとも、いくら研究者がこの場所は大切だと膨大な研究データを示して騒ぎ立てようとも、肝心の自然環境の保全や保護というものは、一般の理解がないと維持できないし、そもそも始まらない。現状を変えるには、私だけがきゃんきゃんわめいていても仕方がない。生き物や自然のことを好きな人間、少なくとも共感してくれる人間を増やさないと、これまで私がどっぷりとはまってきた楽しい環境を維持することは難しいのではないかと考えるようになっていった。これまで散々遊び、知的好奇心を満たさせてもらい、珍しいものを見せてもらい、自然観ともいうべき感覚を研ぎ澄まさせてくれた琉球列島の自然。それが劣化していくときに、見て見ぬ振りをして研究だけをしつづけ何もしないでいるというのは、——もちろんそんな余裕がない身分だということであっても——、いいとこ取りだけをしているようで卑怯というか、江戸っ子気質として、自分の中のスジが通っていないように思えてならなかった。そしてそのために、即戦力として使える武器が、研究とは別のところにあるのではないか、研究で明らかになったことやこの場所の魅力や価値をわかりやすく伝えていくことなのではないかと考えるようになったのだ。地域と研究成果の乖離をどうにかつなげてみたい。さりとて具体的な策は明確には出てこず、どうしたものかと迷ったまま時間だけが過ぎていく。しかし、その答えが見つかれば、少なくともそれが自分にとっていちばん精神的に心地よい、お天道様に恥じない正しいことであろうという、またもや根拠のない、しかし、揺るぎのない確信めいたものが生まれていた。もちろん、そんなことをしても評価や業績にはつながらない。しかも、当てや勝算があるわけでもない。戦術的には破綻しているのであるが、なぜか突き進める気がしていたのである。

人に伝える現場に出る

そして世の中は、不思議な縁でつながるものだ。ちょうどそんな結論めいた考え方に達していたときに、私にふってきたのが「珊瑚舎スコーレ」という、那覇にあるフリースクールの講師の依頼と、沖縄市の環境教育の嘱託職員募集の話だったのだ。どちらも、大学の関係者からではないところからの誘いだった。まさに、当時考えていた「人に何かを伝えるにはどうしたらいいのか」ということに関連した仕事が突如複数舞い込んできたことに、できすぎというか何か運命めいたものを感じて、渡りに船とばかりに飛びつくことにした。これで、私の脱線の方向性はあらかた固まったのだと思う。ここで情報や知識を溜め込んで、自分の興味のある分野での実地経験と戦闘力を向上させたいと思ったのである。何にしても、教育関係の現場に出られるということは幸運で、今までろくすっぽ人間に興味なんかなかった私は、教員免許も何も持っておらず、出たいと思って出られる場所ではなかったのだ。そういった意味で、この二つの職は、まったく知らない教育という世界のワザや考え方を吸収できる、またとないチャンスだった。しかも、沖縄市の嘱託職員のほうは、泡瀬干潟の埋め立てという開発計画とリンクしている部署での環境教育で、何やら複雑な事情が見え隠れしていて、普通の自然好きの人たちが手を出したがらない微妙な立場だ。環境アセスの会社で開発計画の作業者側に身を置き、今度は開発計画を策定する側に身を置く。これで、反対者、立案者、作業者のすべての立場に身を置くことになる。複数の立場からものを見ることができる格好の機会であり、とても私らしい仕事ではないかと思えた。そしてポスドクの任期が切れた後、市役所とフリースクールの非常勤講師という職を掛け持ちながら、悪戦苦闘することになったのである。そして、珊瑚舎スコーレでは自分の実力のなさを痛感し、人にものを伝えるということの難しさやおもしろさを体得し、泡瀬干潟では体験することの重要性を知ることになる。次項以降では、それぞれのことを簡単に紹介していきたい。

第9章
珊瑚舎スコーレ

ヤンバルテナガコガネ

珊瑚舎スコーレで教える

珊瑚舎スコーレは、那覇の街中にある小さなフリースクールである。ここの講師のきっかけをくれたのは、当時同じくスコーレの講師をしていたゲッチョさんこと盛口満さんだ。自然科学系の本を山ほど書いている生き物屋さんで、私は大学院時代にひょんなことからゲッチョさんと知り合い、以降色々な場面で一緒にフィールドに出たり、遊んだりしていた（盛口、二〇〇五、二〇〇六；盛口ら、二〇〇七など）。そんなゲッチョさんがスコーレで教えてみませんか？　と声をかけてくれたのだ。スコーレで私が初めて授業を持ったときには、中・高校生の年齢の生徒と一般の人が生徒として在校していて、全部合わせても昼間部で二十数名程度という小さな学校であった。「この人数ならなんとかなるだろう」と思ったのだが、人数こそ少ないものの、この生徒たちは、理由は様々であるが公教育の場ではないこの学校を選択しただけのことはあって、本当に個性あふれる手強い生徒たちだった。ここでの数年間にわたる授業は、私が受け持ってきた数々の授業の中で今でもいちばん難しく、いちばん緊張し、いちばん大変な思いをし、思いっきりヘコまされた授業となっている。フリースクールという特殊な環境であったが、「人にものを伝える」ということについて、学ぶところの多い貴重な経験だった。ここでの悪戦苦闘は、今の私の授業スタイルを構築する元になっている。

この学校のコンセプトは、校長のホッシーこと星野人史さんが掲げる「学校を作ろう」というもので、実にユニークで、とても共感できるものであった。生徒と教員がみんなで学校という場、授業という場を作り上げていく、というもので、一般の公教育の現場で見られる「教えてもらうのは生徒の権利、教えるのは先生の義務！」といったどこか他人任せな生徒や講師はここには存在しない。生徒は知りたいことを聞き、講師は教えたいことを教えるという、ある種の積極性が感じられる現場だったのだ。今思えば、こういう個性的なところであったから、なんとか先生の真似事をやれたのではないかとも思っていて、ここでの経験にとても感謝している。

ありがたくも大変だったのは、この学校には教科書がなく、多くの部分は講師の裁量に任されるといった、大学の講義に近いような仕組みだった。そのため講師は、生徒の求めに応じて内容を変化させることが容易な一方で、その準備やら仕込みというものがとても大変だった。私はここで、高認講座と理数講座という授業を担当することになった。

「高認講座」とは、フリースクールの宿命ともいうべきような授業だ。フリースクールはどこも文科省の管轄の外側にあるため、親方日の丸的にはその学力を担保できない。そのため、生徒は各々が在学中に高校卒業認定試験（旧大検）を受験することが求められるのだ。何年間かの期間のうちにこの試験（英、数、国、理、社）を受け、合格すると高校卒業時点の一定の学力レベルにあることを担保するという仕組みらしい。それに通ると、就職でも高卒扱いになるし、大学の受験資格も得られる。そのたくさんある科目の中の、数学と理科系の科目を担当するのである。本当に試験に向けた授業で、過去問とにらめっこをしながら解説を加え、点数が取れるようにしていく。実際にはあまり工夫のしようもなく、とにかく一通りの単元を網羅するという、「教える」というおもしろ味は少ない授業だった。

もう一つの「理数講座」は、名前からして堅苦しいのであるが、私の前任者が数学関係の方だったようで、この講座名がついたのだそうだ。こちらは枠も何もなく、講師の自由裁量に任されていた。「内容はサトウ君にお任せします。理科や数学をおもしろい、楽しいと感じられる授業をしてください」というのが、事務局のエントモさんこと遠藤知子さんからのたった一つの注文だった。やり方は問わない、とにかく色々試してみて構わないということなのだ。無茶振りなのか本気なのか、とにかくものすごく簡素に担当授業についての説明を受け、すぐに授業の準備に取りかかることになった。

実をいうと私にとって、本格的な授業をするのはこれが初めてだった。誰だってそうなのだろうが、初っ端から大きな失敗はしたくなかったので、事前に色々情報を集め、策を練ることはしていた。事前に手にする情報がなるべく多いほうが、戦は有利に展開できるもの。で、この授業に臨むに当たり、前もって敵(生徒)の状況を把握するため、こっそり普段の授業の雰囲気を見学したり、授業がおもしろくて上手なゲッチョさんとも何度か会い、どんな授業が生徒の反応がいいのかなど、それなりに情報収集をしてみた。ゲッチョさんからは「ここの生徒は知的なおもしろさに飢えています。まずはサトウ君がおもしろいと思うことをやるといいと思いますよ。知のおもしろさはきっと伝わると思います」と、エントモさんと同じようなことを助言され、それら得られた情報を元に、なんとなくの授業方針を立てた。

「理科のおもしろさを感じさせる」。この注文は抽象的で意外に難しいお題であった。そこで、どういった分野がおもしろさを感じやすいか、というところから考えることにした。理科は自然科学という大きな枠組みの中の一つである。自然科学は、哲学をその源に発展してきた学問だから、その肝はまさに「ものを考える」ということ。これこそ理科という学問のおもしろさの肝と考えた。生物学は生き物そのものを扱うので、化学、物理、数学よりも「答え」に自由度がある。自然の現象そのものをどのように「解釈」するのか、ということが生物学の本質だから、「ものを考える」ときに、比較的自由な発想ができ、入り口としては優れている。もし生徒がその中から科学的な仕組みに興味を持てば化学や物理学、数学などに軸足を移せばいいと考えた。そこで私の授業は、生き物の話を中心に、一応高校で扱う授業単元の内容を取り上げつつ、自分のいちばん関心の高い琉球列島の話や、地球の不思議などの有名無名のネタについて高校生でもわかるように噛み砕いた内容に作り上げ、授業に臨むことにした。しかし、現実は頭の中の想定通りにはいかず、甘いものではなかったのだ。

人にものを教えるということ

私の最初の年の授業には、十数人の生徒が登録、受講していた。この人数は、スコーレのクラスの中では多いほうである。最初の頃、どんな内容の授業をやったのか詳細はすっかり忘れてしまったが、毎回とても敗北感の強い授業だったことだけは記憶している。スコーレの中では大人数とはいえ、たった十数人の生徒に対して、飽きさせず、最後までおもしろく授業をするというのは、至難の技だったのだ。もちろん、私の技術が未熟で、知識が浅いことを考慮したとしても、やはり大変ヘコむことになった。

たいていのパターンはこうだ。つかみからその背景を話し、いよいよ話しの核心へ。ここらではまだ生徒の反応もよく、意思の疎通を図りながら授業を展開できている。しかし、私がまさにおもしろいと思うところ、少々の理屈が必要な場面になると、途端に生徒が船を漕ぎ出すようになり、そのうち一人、また一人と、机に突っ伏してしまうのである。私が焦ってがんばればがんばるほど、自分が空回りしていることがわかり、かといってどうすることもできない状況になったのである。

あるときなど、十数人しかいない教室の大半を魔法使いのように眠りにつかせてしまい、あげくに、授業終わりに生徒から「サトウ君はおもしろいんだけど、話はむずかしいなぁ」と、純粋な感想という名の、心に突き刺さるダメ出しをされてしまうのである。「人にものを伝える」。改めて、この難題の手強さを再認識することになった。私にとっておもしろくても、そのおもしろさの「肝」が伝わらない。この問題を早急に解決しないと、私の授業は「つまらない」のレッテルを貼られてしまうだろう。最初の頃の私の授業は、少なくとも手法的には大失敗をしたのだ。どうしていいかわからず、そのたびにゲッチョさんやエントモさんに相談をするのだが、やはり、「サトウ君がおもしろいと思うようにやるのがいいと思います」という、助言のようなものをいただくことになるのであった。

根っからの楽天家の私は、こういうときの他人の意見はどこか客観的な観察に基づいているもの、と解釈することにしているので、複数の人が同じような助言をするところから考えて、ここに解答があるのだろうと考えてみた。きっと自分が見つけ切れていない「サトウ君がおもしろいと思うような」何かがあるはずだ。改めて自分の授業を再点検するとともに、問題点を検証することになった。そしてついでだからと、毎回授業のたびに、生徒本人にも直接意見を聞いてみることもしてみた。生徒の多くは、私の授業をつまらないとは感じておらず、「内容はおもしろいけど難しい」というニュアンスの返答が多かった。こういった意見などから、内容はいいから話し方や進め方といった、授業環境をまずはなんとかしようという改善の方向性を定めることとなった。この見直し作業は、現在に至るまで常に私の頭の中で継続されており、なんとか「正解らしきもの」を見つけようとがんばっている最中である。

授業を見直す中で、問題点と思われるものは山のように見つかった。当初、頭で考えていたこと以外に、よくこれだけ見つかるなと、やはり現場に出てみると気付くことの多さに驚かされるのだ。やってみないと問題点というのは見えてこないということを、よく納得できたのである。その中の課題も、改善が可能なもの、どうすることもできないもの、いくつか検討が必要なものなど、授業を進めるうえでの問題点がだいぶん分類・整理されてくることになった。

まず気付かされたのは、私の話の進め方の問題である。私が最近まで行ってきた人前で話す場面というのは、学会発表にしろゼミにしろ、その話の内容をわかっている者同士、特に関心のあるものがそこに集まり話をしていた。だから、なるべく効率よく議論を進めるためにも、ストーリーや考察に関係ない背景や四方山話のようなものは、議論の混乱にならないよう削ぎ落としてしゃべる研鑽を重ねてきた。しかし、この手法は、興味のない相手に話を聞かせるときはまったく通用しない。気をつけていたつもりでも、このへんのくせがまだまだ抜けていなかった。むしろこういう場では、これまで真っ先に削ぎ落としていた部分、背景や四方山話のほうが重要になってくることがあるのだ。雑音とされるような、本質とは外れた部分こそが、理科の世界とそれを知らないで話を聞いている人間とをつなぐ、鍵となっていることが多かったのだ。そして、この敵が最も手強く、おそらく本丸であろうというのが見えてきた。それは、そもそもの大前提として、彼らの多くは理科系の教科が嫌いである、というかかなり年季の入った苦手意識をもっているということであった。

理科が苦手なヒトたち

私は、物心ついたときから理科系の教科は大好きだったし、その気持ちが変わることはこれから先もないだろう。根っからの「理科好き人間」だ。そんな理科好き人間は、高校、大学と、これまで理科好き人間に囲まれて過ごしてきたため、いつの間にか「世の中の人はみんな理科が好きなのだろう」となんとなく考えていた。しかし、どうやら現実世界では、理系とよばれる人間の数はそう多くはなく、むしろ少数派であるようだ。私にしてみると、理科系の科目は気負うことなく日常の一部として受け入れられるのだが、目の前にいる生徒の多くにとって、理科系の科目を勉強するということには、何かわからない多くの緊張を強いるものであったらしいのだ。

私は、理科を好きでない人の存在は知っていたが、授業で教えるなどで直接しっかり関わったのは、おそらくこれが初めてであった。「理科が嫌い」、このことは、私にしてみれば言葉の通じる異国の人と接するようなものであり、その対処の仕方はまったくといっていいほどにノウハウがなく、まるっきり手探り状態だった。無論、生徒から見たら、理科が好きな私は日本語を操る異星人のように思っていたのかもしれない。

ともかく、この理科の苦手意識の全容を早急に理解、把握し、対策しなければならないことだけは間違いなかった。情報を収集するに、生徒の中には、小学生の頃から理科と算数は大嫌いという筋金入りもいた。計算が苦手。数字が出てくるともうわかんない。間違ってるといわれても何が間違っているかわからない。何をいっているかまったくわからない。そんな、どこから手をつけていいかわからないような意見も聞かされた。どうもこのアレルギー反応のような苦手意識は、何回か行った私の授業が作り出したものではなく、生徒がこれまで受けてきた、小中高の繰り返し繰り返しの授業の中で培われてしまっている根の深いもののようである。そこで改めて気付かされるのは、特に理科系の科目というのは単純な仕組みをいくつも理解し、それらを重ねていくことで、より複雑な事象の説明がつく、積層の科目だということだ。それゆえ理科系の科目は、教育のどこかの段階でつまずき、起き上がり方を間違えて「嫌い」という記憶をいったん植え付けてしまうと、その先は「嫌い」を前提にして物事を思考していくので、「嫌い」のうえに「わからない」が合わさっていくことになり、ずっと影響を残すことになってしまうのだ。

ここの生徒は、程度の差こそあれ、どこかの段階（早いと小学校のあたり）で学校の授業が嫌になってしまったり、つまらなくなってしまったという経歴の持ち主だったのだ。ここで、私の取り組むべき授業は、理科のおもしろさを伝える前に、理科がおもしろい教科であることを知ってもらうことに重点を置く必要にせまられたのである。

理科が嫌い。理科が苦手の人たちに、理科が楽しいということを教える。これは結構な難題であった。

彼らの苦手意識を少し探ると、「理科を知らないのに、考えてはいけないのではないか」という、とにかくよくわからない忌避の感情があることが見えてきた。理科が苦手な人たちは、「理科がわからないから」という理由だけで、科学の視点でものを見ることをやめてしまっているのだ。これは大変おかしなことで、日本語だってすべての文法を理解しないと使ってはいけないということはないし、車の動く仕組みを知らないと運転してはいけないわけではない。このことは、みんなが経験則的に理解していることだろう。それなのになぜか理科系の思考だけ「知らないと考えてはいけない」という、扱いにくいもののようにしているのだ。理科は、科学の目で眺めて、どう解釈するかという方法を学ぶものなので、この先理科を避け続けて過ごすくらいなら、原理や計算やらができなくてもいいのではないか？　すべての理屈を頭に入れる必要も、計算で求める必要もない。その現象がおもしろくて、それがなんとなく理科というもので説明がつくらしい。そう理解してもらうだけで十分なのではないか。私の授業もそんな位置づけにできないだろうかという、解答の一つの姿が浮かんできた。

そして、私にはもう一つ考えがあった。限られた授業時間の中で、基礎知識にばらつきのある生徒を同じスタートラインに揃える工夫である。自分は特に、自分で経験するか、見聞きするか、そういったことがないと、物を理解することが大変だった。おそらく皆、程度の差こそあれ、そういう面はあるのではないか。つまり、私が話す内容に関して、理解するための経験が不足しているのではないだろうかと仮定をたててみたのだ。そこでなるべく、話のきっかけになる実物なり資料なりを持ち込んで、それを基本にした授業を組むことにした。ここで初めて、これまで散々あちこちほっつき歩いてはいろんなものを拾い、標本を作ってきた私の拾いグセ・収集グセ、そして撮りためてきた写真の数々が、役に立つときがきた。カメの話をするのであれば、カメの標本の一つあるだけで、瞬時にカメについてのイメージを共有させることができる。生物毒の話をするなら、ハブの牙やその生き物の標本でもあるといいし、構造色の話をするなら、クジャクの羽が活きてくる。そして、それらイメージを構築させるためのアイテムは、私の部屋の中に所狭しと鎮座していたのである。おかげで毎回、私は授業のたびに大きなコンテナにそれら荷物を満載して臨むという、準備や後片付けに驚くほど時間と手間のかかるものとなっていった。

この方法が正解だったかはわからないが、徐々に歯車が噛み合うというか、生徒の気持ちを汲んで授業を展開できるようになっていった。そしてそのうちに、生徒から「理科は嫌いだけど、サトウ君の理数講座はおもしろいよ」という、コレまた純粋な感想を、授業の終わりにもらえるようにまで私の授業技術が上達（?）したらしいのである。

夜間中学校

実は、珊瑚舎スコーレにはもう一つの顔がある。スコーレには、私が教えている昼間部（中高生にあたる年齢層向け）や専門部（一般向け）の他に、夜間に開講している夜間部が存在する（珊瑚舎スコーレ、二〇一五）。夜間部は夜間中学校という名称でよばれており、その名の通り、中学校の学習範囲を教えている。

図９・１　夜間中学校のようす

これは沖縄の特殊事情といえるのかもしれないが、この夜間中学校は、普通にイメージする中学校とはかなり異なった存在である。戦争によりインフラから何から徹底的に破壊された沖縄では、戦中戦後の混乱期に就学期を過ごした人たちの多くが当座の生きることに必死で、学校に通う余裕がないまま就学期を終了し、現在に至ってしまっているという現実が多々あるのだ。この夜間中学校は、そんな時期に小中学校に行けなかった人たちを主な対象にした学校なのである。他にも、少数ながら外国の方が在籍することもある。とにかくそのような理由から、生徒の平均年齢がとても高い中学校となっている。私は、夜間中学校の授業を通年で担当することはなかったが、何度か授業をさせていただく機会を得た。そしてここでの数少ない授業は、いったい学ぶとは何なのか、勉強することの本質を考えるきっかけを私に与えてくれた。教えているつもりが、反対に教えられることばかりであったという、とても有意義な経験となっているのだ。私の授業の軸になる考え方を構築する元となった夜間中学についても、少しばかり紹介させてもらいたい。

夜間中学校での授業のきっかけも、ゲッチョさんである。ゲッチョさんは当時、スコーレの夜間中学校で理科の授業を担当していた。「サトウ君、○○日の火曜日の夜間中学の授業、僕の代わりにお願いできませんか？」。ゲッチョさんから夜間中学の授業の代打のお誘いであった。夜間中の存在は知っていたが、実際の現場は知らなかったので、何事も経験！　と二つ返事で了承することにした。ちょうど昼間の授業にもなれ、少し余裕が出てきて夜間中学とはどんなものなのか、と興味を持ち、一度見てみたいと思っていたところでもあった。これ以降、ゲッチョさんが講演やら調査などで都合がつかないとき、年に数回程度、代打として夜間中学の教壇に立つことになったのである。

夜間中学の授業をしてみたいと思ったのは、漏れ聞こえてくる夜間中学の授業の様子が、とても気になっていたからだ。生徒らは、ものすごくこの場所を楽しみにしていて、そして勉強に対して非常に積極的なのだという。ご高齢の生徒の中には、那覇だけではなく中南部から結構な時間をかけてバスを乗り継いだりして通ってくる。毎日毎日夕方一八時から二一時までの間、途中休憩を挟みながら授業を受けて、その後、掃除や後片付けをしてから再びバスに乗って家路についているらしい。笑い話のようであるが、事務局のエントモさんによれば、台風が近づいてきているというときでさえ、学校が休みという情報をしっかり流さないでいると、スコーレにきてしまう方がいるそうだ。生徒にとって、どうやらこの場所は非常に重要な場所になっているらしいことは読み取れていた。ここで、ゲッチョさんと授業内容を詰めてみる。夜間中も昼間部同様、教科書や決まったカリキュラムというものは存在しない。講師の裁量で内容を組んでいく。私の授業は単発で、ゲッチョさんの授業の間に割り込む形になるので、その前後の単元とのすりあわせが大切だろうと思ったのである。この学年の理科に関しては、今後、化学変化や物理的な話にテーマを進めていくとのことだった。そこで、身近な経験と科学の話を結びつけるようなネタで、一回完結型のネタとして光や目の話について実験などを通して考えてもらう授業をすることにした。授業にあたり、夜間中には約束事があった。この中学校の授業の大きな柱として、日本語の読み書きの授業がある。戦中戦後期に学校に行けなかったことで、生徒の中には読み書きができない方がおられるのだ。その方たちにとっては、すべての授業が読み書きの練習にもなっているのだ。であるから、夜間中で授業をするにあたっては、漢字にはなるべくルビを振る、板書の字を丁寧に書く、漢字は正しく書く、というのをお願いします、というのがゲッチョさんからの連絡事項であった。

楽しみ半分怖さ半分、そんな思いをあれこれと巡らせているうちに、いよいよ授業の日が訪れた。普段はこない遅い時間にスコーレにやってくると、スコーレは昼間とは違う妙な活気に満ちていた。明らかにお年を召されたたくさんの生徒さんが、和気あいあいと机を囲んで、一八時からの一限目の授業を受けていたのである。生徒の熱意が教室の外にいても伝わってきていた。教壇に立つといきなり「あら、今度はかわいい先生ですねぇ」と声をかけられた。私などは孫かひ孫かといった扱いをされてしまうお歴々な方から見ると、私は「かわいい」に分類されてしまうようである。実際に、この人たち相手にうまいこと授業を進めることができるだろうか？　いきなりの相手からの先制パンチに面食らい、教室の雰囲気に飲み込まれてしまって、早くも授業失敗の予感がしてしまっていた。

しかし、結論からいえば、うまく授業ができるかなどという心配は、まったくの杞憂であった。いったん授業が始まってしまえば、噂通り、ここの生徒さんはみんな非常に積極的かつ協力的に授業に参加してくれるのである。その生徒さん相手に、光のおもしろい現象や目の仕組み、色の見え方など、実験してみせたり体験してもらいながら授業を進めるのであるが、「先生、前の人が邪魔で見えない！」とか「先生、次私です！」といったように、とてもお年寄りとは思えない、活発で積極的な生徒ばかりで、終始その勢いに圧倒されっぱなしなのである。何か問いかけをしても、生徒が我先にと手を上げて意見を発表する。これほど発表したいことのある生徒ばかりなのは、珍しいことであった。それもそのはずで、ここの生徒たちは生物学や物理学といった理科の教科を学んできていない代わりに、生活体験としての知恵をたくさん持っているのである。目や光といったものに関する実験や解説をするたびに、そういった豊富な実体験があふれ出るように思い出されるようで、何かとその関連する思い出をみんなに聞いてもらいたいと、手を上げて発言するのである。こうなると、私としては完全に聞き役になってしまい、なるべくみんなの意見を拾いながら、話を解説・展開させていくことになる。自分の体験を元に解説をしたりすると、とてもうれしそうにされるのだ。そして同時に、他の生徒さんも、我も我もと自身の体験を発言していく。ここでの私の授業は、筋道通りに展開させるのではなく、生徒の体験を引き出し、それらの体験と理科や科学をうまくつなげる手伝いをすればよかったのである。一九時くらいから二一時までが理科の授業時間である。途中、生徒の集中力が切れるようなら雰囲気を見ながら判断し、休憩を挟みつつ進めるというスタイルであったが、結局休憩を取ることなくあっという間に時間がきてしまった。用意してたネタの三分の二もこなせないところで時間がきたので、途中をすっ飛ばしてまとめをして、なんとか初回の授業を終了することとなった。こうして、私の夜間中学校デビューは生徒の勢いに押され、生徒の強固な協力体制の中、生徒が満足していたっぽいということをもって、一応成功裡のうちに終わることができたのである。二回目以降も、やはり同じように生徒の話を引き出して授業を展開することになり、ネタは基本的にすべてできないという、なかなか起こり得ないとても不思議な授業となったのである。少しきっかけを提示すると、そこからしばらくはみんなの生活体験の発露の場になる、中学高校生や大学生相手では、少なくともこんな意見を拾って展開していく授業などというものはお目にかかれない。それだけに、この授業はとても貴重で新鮮な時間であった。

事前に聞いていた噂の通り、夜間中学の生徒さんはとても積極的で、勉強したいという気概に満ちているのはよく理解できた。しかしなぜゆえ、この人たちはこんなにもがんばって勉強するのだろうか？　彼らの、一生を通して学び続けたいと思う原動力は何なのか？　疑問は益々大きくなることとなった。今時の高校生などになぜ勉強するか？　と同じ質問すれば、おそらくは試験、成績のためとか、受験、進学のためということになるのだろう。それが勉強する目的であるし、私の高校生時代もそういう認識だった。しかし、目の前の人たちの置かれている状況は違っている。今就学期の人と違い、この人たちは、大学入学やその先にある就職といった目標を持って勉強しているのではないだろう。にもかかわらず、この人たちは学び続けるのである。こういう、頭の中で整理のつかないことにあふれていた夜間中学校は、私にとって本当に異次元の世界のようであった。

しかし、何のために勉強をするのか？　このへんがうまいこと自分の中で咀嚼できると、勉強が嫌い、理科が嫌いという人たちに近づく、有効な鍵になるような気がしてきていた。そんなことを考えながら、昼間の授業を行っていたときである。その日は、私がたまたま遅くまでスコーレにいることになり、早めにやってきたと思われる夜間中の生徒さんたちと事務局で出会うこととなった。その生徒さんたちは私を見つけると、うれしそうに歩み寄ってきて深々と頭を下げて挨拶を交わしたかと思うと、「あらー先生、いやー、先週の先生の話、とってもおもしろかったんですよー、なんでしたっけねぇ？　何を教えてもらったかまったく覚えていないんですけどねぇー、とにかく楽しかったなぁというのだけ覚えていますよ」「ありがとうございました、またよろしくお願いします」と、あっけらかんと笑いながらいうのである。悪意の類はまったく感じられず、まったくの正直な感想と、本心からくるお礼の言葉のようであった。

この正直な反応から「学ぶこと」自体がこの人たちにとってすでに楽しいのだ、ということが感覚的に理解できた。どうやら彼らの頭の中では「学ぶこと＝楽しいこと」、という図式が成り立っているのである。そして彼らの積極性の源は、まさにここにあるのではないかという考えが浮かんできた。彼らが就学期に就学することができなかったという、渇望もあるのかもしれない。しかし理由はともあれ、はっきりしているのは、気持ちが勉強したいという方向に向いているからこそ、自主的に、そして積極的になれているのである。「勉強したことを覚えておく」ことと、「勉強って楽しい」の前では些末な枝葉末節の話なのだろう。講師としてはたまったものではないかもしれないが、忘れたって一向にかまわない、忘れたらまた学べばいいのである。彼らはおもしろいから、楽しいから毎日毎日雨の日も風の日も台風の日もここで学ぶのだ。そして、生徒たちの話す会話の中に頻出するこの「楽しい、おもしろい」という感覚が実は彼らに限らず、人を積極的に行動させるうえでの非常に重要な要素ではないかということに気が付いた。勉強は義務ではなく、学ぶ本質とは進学でも就職のためでもなく、「楽しい」という感情にあるのではないか。この短い会話を通して、私の頭の中では長いことかかっていた濃霧がいきなり晴れて、一気に視界が広がるような変な感覚が支配することになった。

勉強における心技体

記憶力が、読み書きが、と勉強していくうえでの困難な点は多々あるものの、夜間中の彼らの強味は、なんといっても気持ちがそちらに向いているという点であった。やる気になると人はすごい力を出す。「学ぶということは楽しいこと」なのだ。知らないことがわかるようになるということが、その人の知的好奇心を刺激し、楽しいと感じさせる。そして楽しいからまた通いたくなる、もっと知りたくなる。より楽しい思いをしたい。そのためには途中の苦労などたいしたことはない。我慢できるのである。これはちょうど柔道で例えられる心技体の精神（心身を鍛え、技を磨き、精神を鍛錬する）と同じようなもので、勉強においても、当該学問に向かい合う体力（体）、どのようにして解くのか（技）と、この学問を学びたいとする（心）が合わさって、いい成果を生み出すのである。

心の部分は、マニュアルで教えられるとか、こうすればできますといった類いのものではないのだが、人間の行動を左右するとても大きな要素だ。おそらくここが欠けていると、決定的にモチベーションは上がらない。昼間部の、理科が苦手という生徒たちの苦手意識の核となる部分は、机に向かう体力でも、問題を解決するテクニックでもなく、理科系の科目に向かい合おうという、この「心」の部分がいちばん不足しているのではないか。気持ちができあがっていないうちに中身をどんなに解説しても、伝わらない。理科に向き合おうとする気持ちの部分、ここに効果的に働きかけることができれば、昼間部の生徒ももっと積極的になるのではないかという、目指すべき軸のようなものが頭の中にできあがってきた。時間の制約もあるし、すべてを見ることはできないだろう。ならば私の授業は、きっかけを提供することに特化してみよう。その結果もし興味を持ったならば、あとは自分でその道を進めばいいのだ。まだまだ選択肢の多い彼らであれば、進学先をそっちにすればいいし、本で調べてもいい。インターネットが普及した昨今だ、多少間違いがあったって検索すればそれなりの答えが瞬時に出てくるだろう。とにかく、自ら自主的に学んでみよう、調べてみようという気持ちにさせることを目指すことにした。しかも、夜間中の生徒と違い、記憶力はまだまだ衰えてはいない。気持ちさえ前向きになれば、かなりの伸び代が期待できるのである。

では、彼らはどんなときに知的好奇心が刺激され、「楽しい」と感じるのだろう。自分の知っている事柄やものが知識や理屈で結びつき、新しいことがわかることで今まで見ていた風景の中に新たな意味や仕組みが見えてくる。そのことが私たちの知的好奇心を満たし、楽しい、おもしろいと感じるのである。おそらくこれは、私が市場でサカナの種類を一つひとつ覚えていったのと、生物季節を知り得たのと、琉球列島にきて生き物の不思議を一つひとつ知っていくときに感じた喜びと、本質的には変わらない。そして、多くの授業の中に、必ず自分自身で気付くような小さな仕組みを入れ込んで、自分が発見する楽しさやワクワクさせる部分を盛り込もうと、後々の準備や構成がとても大変になるような目標を設定し、昼間の授業にフィードバックして行くことになった。もちろん、この考えだって毎回必ずしもうまく行っているわけではない。なかには、どうしたっておもしろいと感じてもらえない生徒に出会うこともある。ただ、おもしろいと思ってもらえるように、こちらもおもしろく楽しく教えることを目指しているし、その雰囲気だけでも感じてもらいたいと、昼間部の授業の形も定まっていった。散々試行錯誤した挙げ句、たどり着いた結論めいたものは、奇しくもこれまでゲッチョさんやエントモさんが繰り返しいっていた「理科をおもしろいと思える授業」ということであり、私はその言葉の意味を理解するために、随分とその言葉の周辺を右往左往していたようだ。結果からいえば、コレまでの授業の方向性もあながち間違っていなかったのだが、はっきりと、私の中の教育に関する軸は「楽しい」からぶれることはないだろう、そう頭の中に意識することができたのだった。

もう一つの目標

そしてもう一つ。夜間中の授業で見かけた高齢の人たちが勉強している姿は、人の一生という時間軸の後半部分を疑似体験したようなものだった。人生の最後のほうまで打ち込めるものがあるというのは、正直うらやましかった。そんなことから、人生の最後まで勉強を続けたいと思えるような人たちを増やしてみたい、そして自分もそういうような人生でありたいという、何やら人生観のようなものができあがってきた。そしてそのためにも、就学期以外の方々への知的好奇心への窓口を維持したい、多くの方々が学びたいと思うような理科の授業を目指したいという、私ごときの能力と財力ではとても到達できそうもないのだが、「いつかはそちらのほうに近づきたいな」、という大きな目標を心の片隅に置くようになった。

残念ながら、スコーレの授業に関しては、その後昼間部の生徒が少なくなったり、私が大学の非常勤講師を始めたことで時間の都合がつかなくなったりで、現在では授業を持てていない。

今ではたいていの現場に出て行っても、「なんとかなる！」という自信というか度胸がついたのはスコーレで得られた大きな収穫で、気が付けば随分と私の技術の向上や理科好きでない人がおもしろいと思える理科のネタも蓄積することができた。相変わらず職なし金なしの現状は変わらないものの、今も大学の非常勤で教えている環境学の講義や、子ども向けの体験教室や、小学校などへの科学の出前授業など、基本的な考え方や進め方、内容の大元には、それらの経験が活かされている。結果オーライというところではないかと、きわめて楽観的にとらえている。そして形になってきた私の行う授業は一言でいって「いい加減」に見えると思う。私の向かい合う対象ははっきりと「理科が苦手な人たち」に照準を合わせている。そんな人たちに向けた「一生、なんとなくでもいいから付き合っていける理科、科学」なのである。理科好きはもちろん、理科好きでなくても楽しめる理屈や現象は、それこそ身近に腐るほどある。そんな、身の回りにある現象を取り上げて、そこにある仕組みを科学の視点で読み解いていくこと。それは、何も高い分析機械を使わなくても、大がかりな装置がなくても、体感できるのだ。必要なのは、ちょっとした変化に気付く感性と、それをうやむやにしないクセをつけること、それを正確に記録することだけなのである。忌避の感情が出てきそうな、きっちりした数字を出すことはなるべくしない。データを読みこなすこともなるべくしない。分類の話や専門的な話もなるべくしない。ついでにいえば、正解もいわない。「そういう世界や考え方が存在する」という、きっかけを与えることに重点を置いたものとなっている。ただ、間違ってもいいから、自分で考えること、実物をじっくり見ること、ふれること、実際に体験してみることを大切にし、様々な分野から科学へつなげることで、興味の糸口を提供してあげることを目指している。そのためにも、私自身は他人を知的にわくわくさせることを重要と考えるようになり、大学の非常勤では、そのためのきっかけとなるような標本や実験器具を、折りたたみコンテナに満載して毎回大荷物で出向いている。もちろんその先には、彼らの住んでいる琉球列島という場所のおもしろさや魅力を知ってもらいたいというのが控えているのだが、現状ではなかなかそこまで行けていない。理科好きを増やすことと地域の自然を好きにさせること、これらの間も微妙に隙間がある。その隙間を埋めるのは、また別のアプローチが必要である。その手法のうちのいくつかの要素に関しては、私の当時のもう一つの大きな食い扶持、市役所勤めの中での干潟での環境教育という実践現場で見つけていくことになった。

第10章 泡瀬干潟で環境教育

ミミズを捕食するヒメユリサワガニ

環境教育を実践する

スコーレと並行して、私は残りの平日を、沖縄島中部にある沖縄市市役所の六階、建設部の中にある泡瀬干潟埋め立てに関する部署で、環境教育を担当する嘱託職員として勤務することになった。当時、私が興味を持った環境教育は必修の教科でもないし、そもそもろくすっぽ認知もされていなかった。やりたいと思ったってお金もつかなきゃ仕事の口もない、そんな状況下にあったのだ。その中にあってこの嘱託職員という仕事は、干潟の埋め立てという全国的には非難囂々ではあったものの、予算が太い建設関係の中の環境対策という位置づけであったためであろうか、例外的に環境教育にもしっかりと予算がつき、かつ担当者が私だけだったので、好きにやらせてもらえるというとても珍しく貴重な場所であった。

沖縄市としては、環境教育に関してこれまで活動の実績などはあまりなく、具体的にどんな活動をするのかについて「これから検討していく」という時期でもあった。なにしろこの事業全体が完成し、環境教育を本格的に始動させるのは、なんのトラブルもなかったとしても十数年後になる。私が入った初年度は、できあがる陸地での環境教育の芽出しができればいい、というくらいのゆるい目標が掲げてあった。もちろん、検討するのはこの私である。このため、ある程度失敗を恐れずに、自由度高く動くことができる背景が存在していたのだ。もちろん、本当に好きにやらせてもらえたのか、見えないところで多くの人たちに大迷惑をかけていたかはわからない。同僚や上司から直接の苦情をいわれたことはないが、おそらくは後者であろうと思う。とにかく、しっかりとした予算のある中でのこの職は非常にありがたかった。おかげで、それまでろくすっぽ興味のなかった対人間の世界での物事の進め方についてのノウハウや、環境教育の実践経験を、多く積ませてもらえることとなった。

この「環境教育」というもの。実態がなかなかつかめず、きわめて胡散臭い感じがするが、文字通り環境を教え育てるという部分が、当時の私には魅力的に思えた。最近は、どこもかしこも「環境」というキーワードにあふれている。どんなことをやっていても、最後に「環境」というワードをつけてしまえば環境学になってしまうので、その実態もなかなか定義しづらい。そしてその中の一分野、教育に関わる部分こそ、私が興味を持った「環境教育」という分野なのだ。

この分野も非常に幅が広く、世の中を見回してみると、公害やゴミ、石油や原発などのエネルギー、リサイクルなど、地球規模から生活に根ざした問題まで、幅広く取り扱っている。一方、生き物屋である私の考える環境教育とは、それほど高尚なものではない。教科書的な「環境を大切にしましょう」、なんてことは、いわれなくても誰もがみんなわかっている。そんなことをわざわざいうために、環境教育は存在するのではないと考えている。私の目指すのは、私がどっぷりはまった琉球列島の自然をしっかり知ってもらい、自分の地元の環境に愛着を持って貰えるようにしたい、そのための方策を整えたい、というものなのだ。そのためにも、私が特に重要だと考えているのが、「自然観」とよぶべき感覚の醸成である。それは、生き物や自然環境をどう考えとらえるかという際の、基本となる価値観だ。単純に「大切にしましょう」とか「慈しみましょう」といった優等生な答えではなく、その生き物や自然との直接的な接触を経験して得られる、肯定・否定的な感情を含むもので、周りの自然とふれ合う中でのみ蓄積されていくものだ。ピアノを買ったからといって、弾けるようになるわけではない。ピアノに向き合い、練習する時間が必要なように、自然や生き物に対しても向き合い、時間をかけて関係を持つことが必要だと考えている。この価値観が十分にないまま、ＴＶかどこかで見てきたような薄っぺらいイメージのみで「環境が悪化している」とか「自然が破壊されている」とか、一足飛ばしで教えているところが散見される。ものには順序というものがあるのだ。本当に自分の住む場所と長く付き合っていくためには、まずはそうした自然を見るための、自分の中の軸をしっかり作ることがすべての基礎となるはずなのである。そのうえで、環境教育の目指すべき方向とは、正しいとされる答えを教えるのではない。直面する個々の問題を多面的にとらえ、判断・実行し、結果をさらに改善に向けフィードバックするという、一連の「方法」を自分で見つけられる人材を育てることなのである。なにしろ、様々な立場の人間がいる社会の中で提起された大型の公共工事などは、簡単によいわるいの白黒判断ができるものではないかもしれない。しかし賛成・反対どちらの判断を下すにしても、自分の中にそれを判断できるだけの知識と経験がないといけないと痛感していた。そしてそのためにも、大前提として自分のいる場所について詳しく知っておく必要があると考えていたのである。

他方で、前にいた環境アセスメントの会社での経験から、いったん事業として動き出した公共工事の類はとめようがないということはわかっていた。物事を裏側から見ると、意外に世の中は実に冷静なもので、確かに偉い学者先生が反対を唱えたとしても、市民団体とよばれる人たちが声を荒げて反対運動をしても、対症療法的な対策をとるのがせいぜいで、基本的に事業はとまらず自然側の負けになる。そんな中、事業をとめることはできないまでも、その進行を遅らせたり、規模を変更させるのに効果があったのは、とにかくどこか地元の団体が継続的に利用しているという、実績があることだった。継続的に地域の住民が利用しているという実績があるものを制限する、こういうのを行政側は結構嫌がるものなのだ。そんな例を、少ないながらも日本各地の現場で見てきた。雇い主に嫌がらせをするつもりは毛頭ないのだが、これまでの経験則から、いかに多くの人間の関心をひけるか、この場所と関係を持たせることができるか、そしてその状態を継続していけるか、これがこの場所で環境教育を進めていくうえでの私にとっての成功の鍵だとも考えていた。個人的見解ではあるが、泡瀬に関していえば、広く一般人の関心を高い状態に保てなかったというのも、生き物屋側の敗因の一つだと思う。もちろんこの場所での取り組みは、自然環境としてははっきりと最良の状態が失われた時点からのスタートである。今さらこの事業をどうこうできるということはないのだが、なるべく悪い状態にならないようにすること、ここから次につなげられる何がしかの教訓を得ることが、できうるべく最良の道だったのである。予算や諸条件の揃っているこの場所で、うまく地域を参加させる仕組みやノウハウを構築・蓄積できると、今後他の場所で同じような問題が生じたときには、すぐさま対応できるのではないか、などということも考えていた。

コラム　泡瀬干潟

沖縄島の中南部、東海岸側にある中城湾のいちばん奥まったところに、砂州が伸長してできた泡瀬半島がある。泡瀬半島は元々、江戸時代の後半から戦後にかけて、その周囲に広がる広大な干潟を利用して、塩作りなどをしていたことで知られている。戦後は米軍に接収され、長いことその全域が米軍の予備飛行場とされていた。昭和の高度経済成長期にかけて、段階的に日本に返還され、一部浅瀬を埋め立てる形で整備された結果、現在のような住宅地へと姿を変えている。半島の先端部にアメリカ軍の泡瀬通信施設が残っているのが、そのときの名残である。現在、この地域の住民の多くは昔からの泡瀬集落の住民ではなく、返還後新たに造成された住宅地に移り住んできた方が多数を占めている。そして、この泡瀬半島の周辺に広がる浅瀬が泡瀬干潟である。干潟とその周辺の浅海域合わせて二九〇ヘクタール、海草藻場が一一二ヘクタールと、琉球列島の中で最大の規模を誇る。この干潟の生物多様性や希少種などについては今さらいうまでもないが、多くの生き物を内包している豊かな干潟であった。

泡瀬干潟は、地元沖縄市をはじめとした大規模な埋め立て計画がマスコミなどに取り上げられたことで、全国的に広く知られることとなった。この計画はそもそも、泡瀬半島を挟んで干潟と反対側に位置するうるま市側にある、新港地区とよばれる埋立地と関連している。ここもかつて川田干潟とよばれる広大な干潟域であったが、埋め立てて土地を造成したのである。この埋立地に、大型船が入港可能な港湾を整備することで、沖縄の経済振興、特に中南部の商工業への振興、物流の那覇の一極集中の緩和などなどを図ろうと、国や県、市町村が進めてきた総合的な計画が存在する。そしてその港を作るにあたっては、埋立地に隣接する大型船入港予定海域の浅い海底を掘り下げて、大型船の接岸可能な場所を確保する必要がある。しかし、その際に出る浚渫土砂をどこに処理するかというところで、隣の沖縄市が掲げていた泡瀬干潟の埋めたて計画に白羽の矢が立ち、本事業がスタートしたという経緯がある。

周辺状況の把握

全国的にも有名となった泡瀬干潟の埋め立て事業だが、この事業では、市民団体から行政（国、県、市）が公金の支出差し止め訴訟を起こされており、私たちは市民から訴えられていた被告側でもあった。最も、訴訟関連は私の業務ではなかったので、直接関わることはないのだが、裁判傍聴のため、人生で初の裁判所の傍聴席に座るなどという貴重な経験もさせてもらうことになる。そしてこの事業自体は、行政の仕事を知らない私のような存在から見ると、なんとも不思議な持ち回りで責任を分散していた。市民向けのパンフレットなどにも書いてあるが、この大きなプロジェクトは、国と沖縄県と沖縄市の共同事業となっているのだ。その中で国は、海を浚渫して大型の船舶の入港可能な泊地を整備する目的があり、その際に出る浚渫土砂の処理場として泡瀬の埋めたて計画に参加。県は、できあがる陸地に堤防や港湾を整備し、そこにつながる道路インフラを整備するという目的があった。そして私のいた沖縄市はできあがった陸地部分をいかに利用するかというところに目的を有している。こんな具合に、それぞれが少しずつ違う

図10・1　泡瀬干潟

目的で事業を進めている関係が成り立っていた。この大きな事業計画の中にある環境対策の一つとして、沖縄市はできあがる陸地において、環境利用学習という名称での環境教育への取り組みが求められていた。これが、字面上の私の仕事の根拠となる部分だ。このような場所を使っての、環境利用学習の推進に関わる業務、しかも埋め立てる側の立場での取り組みである。特に私が入った当時は、反対派とされる人たちから私の所属する課は随分と敵視されていたようで、何かと槍玉にあげられていた。私としては、環境教育自体は埋め立てとは独立して進めていきたいと考えていたが、そういった人たちからあらぬ誤解をされないよう、色々と気を使う場面も多い変わった立ち位置の職であった。

さて実際に動き回るにあたって、私としてはまず状況の把握をしておきたかった。私の性格上、喧嘩を売られれば即買いしてしまうであろうことは間違いなかったのだ。環境教育以外の部分での無用なトラブルは避けたかったので、ここでも私はまず、徹底的に情報を収集し、周辺含めた状況や沖縄市の立ち位置を把握することにした。勤務して一カ月くらいは、文書に残っているものや配布されている資料、関連する新聞記事などに片っ端から目を通し、この事業のいきさつを同僚に聞くなどして、計画が立案された当初から順を追ってこれまでの流れをおさえた。実は、この事業がにわかに騒がれだしたのは、私がまだ学部生の頃で、そのときは状況もよくわからないながら、せっかくの干潟を埋め立てるという計画の中に描かれている夢物語に嫌気が差し、沖縄県という存在にものすごく失望したのを覚えている。当時埋め立てに反対していた人たちは、本当に純粋に干潟の価値や経済性の問題などを訴えていて、その多くは先輩や知り合いでもあった。しかしそういった初期のメンバーの姿は、それから一〇年以上が経過したこの時点では、ほとんど見ることはできないでいた。当時と比べ、いろんなことが変化していることは間違いのないことなのだ。

資料や当時の新聞記事など、順に目を通してよくわかったのは、行政側だけでなく、すべての関係者も何度も世代交代しているほど、相当前から動いている事業であること。地元の代表とされる団体が賛成に転じていたり、反対派とされる人の顔ぶれも変遷しているなど、それぞれの立場や思惑が複雑に絡んでいることがよく理解できた。経緯を調べると同時に、協力が可能な組織や団体の存在も把握しておきたかった。大がかりなことを実施する場合は、外部との協力も不可欠となる。役所の看板を背負った状態で環境教育の音頭を取るに当たって、色々な誤解や難癖をつけられるのも避けたかったので、役所の内外の施設や団体に関しても、協力を求めることができるか否かなど同僚などから情報を集めておいた。これでいくぶん動きやすい環境が整ったわけである。

とりあえず動いてみる

資料や現場の下見などから、干潟までの導線、周辺インフラ、協力を求められそうな団体など、必要な周辺状況は大体把握することができた。さて、物事は軌道に乗せるまで、特に最初の一手がなかなか難しい。とにかく一度でも実際に観察会をやってみないと、次の問題点も見えてこない。手札が揃ったところで、早速色々動いてみることにした。まず手始めに、市の広報や生涯学習の出前講座リストに、干潟観察会の案内を載せてもらうことにした。この広報は毎年継続して掲載していた。が、結論からいうと、この広報を利用しての連絡は、数年にわたる私の勤務期間中、ただの一度もくることはなかった。新しいことを始めるには、役所によくある「窓口は開いています」的な待ちの姿勢でダメだということを再確認させられた。そこで広報に出すと同時に、市内で協力してくれそうな団体や部署を回り、「干潟に出てみませんか」と声かけして回ってみることにした。根気よく各地の自治会や市の博物館、後述する沖縄こどもの国という社会啓蒙施設など、いくつかの関連する団体や機関に出向き、話を繰り返していった。しばらくすると、その中から少しずつではあるが反応があり、小規模な観察会をやらせてもらうことができるようになった。こうして動め出して二カ月ほど経過して、やっと実践的な活動の第一歩を踏み出すことができたのだ。

さて、当の干潟だが、ここを読んでいる生き物好きの人も、知識のうえでは知ってはいても、実際に足を踏み入れたことはあまりない環境ではなかろうか。陸と海の境にある干潟は海や陸上から多くの有機物が流入してくる生産性の高い環境で、多くの生き物が生息する場所だ。潮の干満に伴い海底が干出する部分を一般に干潟とよぶが、一様に同じような環境が広がっているわけではない。海流や地形などの条件によって、底質だけでも礫、砂、泥と様々なタイプの干潟が存在する。当然その底質によって干潟の雰囲気は異なり、各タイプの干潟に適応した生き物が、それぞれの場所で生息している。また海では、スノーケルやタンクなど呼吸を維持するための特殊な機材が必要なこと、必ずしも目が届く場所ばかりでないことなどから、学校のようなクラス単位の大人数で出かけるのに適していない。しかし、干出した干潟は歩いて移動できるため、特殊な器具は必要なく、一般に遠浅なので安全確保などの課題が他の海辺の環境に比べて少ない。これも観察会などの開催には有利な点だ。特に当時の泡瀬干潟は、行って帰って二時間ほどの距離のところに、転石帯、砂州、岩場、海草藻場と、実に様々な微小地形が混在し、それぞれの微小地形に生息する生き物を一度に観察できた。干潟に流入する有機物を起点に始まる複雑な食物連鎖の仕組みの一端を、数多くの生き物で実際に確認することができる。生き物にしろ地形にしろ、なるべく多くの実物を見ることのできる、とても使い勝手のよいフィールドだった。

こういった会では、解説者としての講師のアシストが、満足度の高い観察会を行う重要なポイントとなる。干潟は、パッと見ただけでは、平坦な底質が広がっているに過ぎない場所だ。講師が次々に生き物を見つけて解説するやり方では、参加者がただのお客さんになってしまう。そこで、積極的に参加してもらうためにも、どこに注目して見るか、何を手がかりに生き物を探していくかといった、ヒントやものの見方、解釈の仕方を参加者に提案することで、参加者自身が次々と発見をしていくように仕向け、「自分で

「見つけた」という楽しさを経験してもらうことがとても大切なのである。そうした発見に対し、干潟の持つ魅力や価値、現状について、生物や生態系の視点からしっかりと解説していくことにした。

観察会にきてくれた参加者の反応は、きわめて良好だった。多くは、ただ純粋に、ものすごく多くの生き物が生息していること、それらが絶妙なバランスで関係しあっていること、海だけでなく陸との関係の中で干潟が機能していることなどを知り、驚き、楽しんでくれていた。しかし一方で、この最初の頃の観察会で強く印象に残っているのは、多くは地元沖縄市で生まれ育った大人であったが、ほとんどの参加者が地元の泡瀬干潟に入るのがそのときが初めてであること、海といえば人工ビーチという、非常に貧相なイメージや体験しか持っていないという事実だった。当時の首長選挙の争点となり、全国区のニュースで度々取り上げられているほどの公共事業であるにもかかわらず、そもそもこの泡瀬干潟と地元の人間との関係は、本当に近隣の住民を除いてほとんど存在しないのかもしれない。そういう現状を再認識することになった。好き好んで自然を破壊したいという人間はほとんどいない。問題の根源は、これまで感じていたのと同様「大多数の住民の無関心」だろうと考えてはいたが、観察会に参加してくれるような自然や環境に興味のある人たちですら、この干潟は訪れたことのない場所だったのだ。地域住民との関わりの薄い場所について、外野がいかに「干潟が大切だ」と説いたところで、誰の耳にも届かないだろう。埋め立て事業反対賛成の議論の前に、それを判断するための条件が満たされているとはいえない状況だったのだ。おそらく、多くの人間が干潟に関わってその価値の理解や恩恵を享受していれば、自然と埋めたてに消極的になるのかもしれない。しかし現状では、少なくとも短期的には、地元の自然としっかり向き合おうという動きが生じることは、期待できないように思えた。そんな数回の観察会を通して、ここはやはり少し強制的にでも、地元の人たちを干潟に連れてくる仕組みを構築したほうがいいだろうという結論らしきものが見えてきた。そこで目をつけたのが、公教育の場を利用して干潟と関係を持たせることだった。これがいちばん効率よく一般の人に干潟と関係を持たせることができる方法ではないかと考え、学校をターゲットにした新たな活動方針を設定した。

観察会にこぎつける

泡瀬周辺の街をみると、干潟のすぐそばに、市内でも児童数の多い公立の泡瀬小学校がある。この小学校は、干潟から歩いて二、三分のところに校舎がある。当然、生徒は周辺の住宅地に住んで、徒歩で通っている。ここであれば干潟からも近いし、なんといっても地元のことである。泡瀬干潟の環境教育について、じっくりと腰を据えて取り組むには申し分なかった。できればこの学校と連携し、授業の一環として干潟のことについて取り組ませてもらえれば、干潟に関係を持った人間を今後効率よく増やしていくことができるし、活動を継続していくことも容易にできると考えた。

では、どうやってこの学校と接触すればよいのだろう。実は、学校という公教育の場に、外部からアプローチするのはものすごく大変なのだ。学校は、その中で自己完結している組織として機能しているので、外部と連携してのやりとりをすること自体、あまりないのだ。また、学校の先生は日常業務を多く抱えている場合が多く、よほどのことがなければ、外部の人間と交流を維持することが難しい。無論、突然放課後にでも飛び込みで職員室を訪れ、いきなり接触することは可能かもしれないが、不審がられてすべてがポシャっては元も子もないだろう。せっかく役所の看板を背負っているのだから、最初は正攻法でいこうと考え、同僚のアドバイスのもと、同じ役所にある教育委員会に出向いてこの小学校の先生を紹介してもらおうと行動してみた。が、反応はかんばしくなかった。結局、早々にこのルートでの接触はあきらめることになった。

しかし、私としてはなんとか学校側と接触し、干潟を使った環境教育に取り組んでみたかった。正攻法は頓挫したとなると、次は私の得意なゲリラ戦である。沖縄では時に、公のつながりより私のつながりで物事が進むことがある。仲よくなっていた博物館やこどもの国など、学校の先生が利用しそうな施設の知り合いに片っ端から連絡を取り、泡瀬小学校の先生を紹介してもらおうと考えた。沖縄とは不思議なところで、方々に当たると、必ずといっていいほど何がしかの関係者に出会えるのだ。この作戦は成功し、ほどなくして泡瀬小学校の先生と接触する機会を得ることができた。

私としては、この苦労して得たチャンスはなんとしても無駄にしたくなかった。特に心配していたのは、この動きが埋め立ての推進や反対とからめて穿った見方をされることで、この活動が制限されるような事態になることだった。とにかく変な誤解をされそうな芽は徹底的につぶしておきたかったので、私たちの環境教育に関する立場がこの公共事業に関して中立であること、埋め立て賛成反対の話をしないこと、地元の環境を知ることの意義、環境教育の必要性など、先生が持ちそうな疑問について前もって十分理解納得してもらう準備をして臨むことになった。また、同時に校長先生や教育委員会にも話を通すことで、人間の世界で生じそうな雑音の部分の対策をちまちまと立てていった。

物事の最初の一歩はとにかく慎重を期したほうが間違いはないが、実際に先生と接触してみると、そういった外野のことは拍子抜けするくらい簡単に通過してしまった。振り返れば、いささか過剰だったかもしれない。先生たちの懸念材料は、むしろ別のところにあった。コンタクトを取れた先生は割と生き物好き、理科好きな先生で、私たちの提案にも乗り気だったが、学年単位で行動する小学校では、担任教員全員一致でないと物事は進行しないのだ。この泡瀬小学校は新興住宅地を学区に持つため、一学年が四クラスと、近年の少子化とは少し無縁の学校だった。その五年生の担任の先生四人のうち、一人、やりたくないなぁというオーラを前面に出した先生が同席していた。多数決というのは人間の世の中で多くとられている意思決定方法だが、学校の中では少し様子が違っていた。乗り気な先生が何人いても、一人でも消極的な先生がいると、その意見に合わせて進行するので話は急に下火になってしまうのだ。学校という場は、下に揃えるということを理解する。しかしそんなことで流れを変えさせるつもりは毛頭なかった。ここまできたら押しの一手である。私としては、どうしても観察会にこぎ着けたかったので、天気がわるければ、中止のときは代えの授業が、トイレの心配は、もしものことがあったら……と、本質的なことから半ば難癖かとも思えるようなことまで、次々にあげられるその先生が持つ不安要素について一つひとつ丁寧に説明した。結局、打ち合わせのほとんどを、その先生の不安解消に務めることとなった。

確かに、この先生の言い分にももっともな部分はあった。他の先生も共通して抱いていたのは、本来の学校内とは違う野外活動のようなものに対しては、自身が地元の人間ではないし土地勘もない、干潟自体これまでに出かけたことがないので、子どもを連れていくのは不安ということだったのだ。そこでそういった不安を解消すべく、日を改めて、潮の引いている放課後に日時を設定し、先生向けにプレ観察会を行い、導線から安全確保、危険箇所の把握から出てくる生き物の説明、干潟の機能など、一通り見てもらったうえでこの話を考えてもらうことにした。干潟は平坦な地形が連続しており、見通しもよいため、導線や安全確保はしやすい環境である。そのことを自身の目で確認してもらうのだ。

日を改めて行った先生向けのプレ観察会は、実際には一時間以下の短い時間だったが、先生の反応はすこぶるよく、すぐに授業で子どもを干潟に連れて行きましょうということに話はまとまっていった。百聞は一見にしかず。実物は雄弁にそのすべてを語ってくれる。ここまで話が動き出せば、あとはどうにかなるもの。すぐさま小学校の五年生を対象に、そう遠くない日程で干潟観察会を実施することにこぎつけた。

子どもの一〇年、大人の一〇年

気合いを入れて臨んだ初めての観察会当日。やはりといおうか、「これまで一度も干潟にきたことのない人?」という質問に対し、五年生の中で各クラス二、三割強の生徒が、元気よく手をあげていた。そしてこれは、その後も毎年同じような割合で推移していて、何も珍しいことではないと後々わかることになる。ここは公立の小学校なので、生徒は地元の人間だ。にもかかわらず、結構な数の生徒が、目と鼻の先にある干潟にこれまで一度もきたことがなかった。泡瀬の町が新興住宅地で、住民の多くが外からこの地区へ移住してきているため、地域の縦横のつながりが希薄なうえに、身近な地域の自然とも十分に接してきていなかったのだ。これでは、いくら字面のうえで「地域の自然を大切にしよう」といってみたところで、どこか他人事になるのは当然のこと。一昔前であれば、放課後なり休日に、勝手に出かけていって遊んでいたのかもしれないのだが、放課後も何かと習い事や予定のある現代の小学生にとっては、自然に直接ふれる経験をするのも公教育の場で、ということになってしまっている。

小学五年生は一〇年後には成人し、社会の一員になる。環境教育の視点から考えれば、人間社会の中で地域の決定に参加するようになる。その際に、肯定的であろうと否定的であろうと、地域の自然の価値を自分で判断するための情報を持つべきだ。そしてその判断の元になるのは、そこの自然との接触の中でのみ作り上げられる「自然観」だ。この自然観をしっかり自分の中に持ってもらうために、周りの環境への感受性の高い就学期に、その場所に関心を持ち、自分との関係を作り、そしてできれば自分の身近な環境に対して愛着を持ってもらいたいと考えていた。そして、この学校というシステムのすごいところは、かなりの強制力を持っているという点だ。生き物好きなら放っておいても構わないが、世の中には生き物や自然が嫌いな人もいる。自分からは絶対にこの地にこないであろう、そんな人でも、干潟にこさせることができ、なんらかの経験と関係を持たせることが可能になるのだ。まずは身近な環境を十二分に知る。ここではっきりと、干潟での学校に対する教育活動の目標が見えてきた。理想をいえば、この中から私のようにこの地の自然にどっぷりはまる人間が出て欲しい。それには、公教育の場以外でのアプローチ、それにかける時間、別仕掛けが必要だ。役所の看板を背負って行っている現状では、大多数の人間に対して最低限の経験の確保、これを目標にすえることにした。生徒の反応はよいもので、生き物を見つけては大騒ぎをしていた。こうして無事トラブルもなく五年生の干潟観察会は行うことができたのである。もちろん、この一回で大きく何かが変わるわけではない。しかし、たった一回であっても、この観察会で目標としていた「地元の人間がしっかりと地域の自然と関係を持つ」ことができたのである。

紆余曲折の末、目標としていた学校との関係を作ることには成功した。今後はこれをいかに継続して行くか、発展させていけるかが私の関心事となった。派手で劇的な効果は期待できないが、この活動を継続していく限り、時間の経過とともに、地元の人間でこの干潟にきたことのない人間は減っていくことになる。観察会後の反省会の感触から、今回参加した先生の感想はわるくなかったので、継続に向けての大きな障害は少なく、むしろ先生が積極的に「やりたい」と思ってもらえるにはどうしたらいいかを主眼に考えることにした。とにかく先生の負担を少なくして、干潟の観察会を続けてもらえる環境を整えるということを、次年度に向けての目標とした。まず考えたのが、学校の年中行事に組み入れてもらうことだった。小学校といえども指導要領に則った単元が密に組まれており、遠足、学芸会、運動会、と学年行事も少なくない。自分が小学生のときは毎日遊んでいるように思っていたが、実際裏では先生たちの大変な苦労があったはずなのである。それゆえ、教科以外の授業時間というものは存在しない。そこに無理矢理干潟に出ましょう、環境教育をしましょうというのであるから、少々のペテンを効かせないといけない。

目をつけたのは「総合の時間」だった。ゆとり教育の中の、自分で考える力をつけるためとして設けられた「総合の時間」であるが、内容が現場の教員にまかされている部分も多く、正直この時間を持て余していた先生は意外に多かった。そこで総合の時間を利用できるように交渉してみたところ、いい返事をもらうことができた。それならば、と事前・事後の学習から干潟観察会、年度末の発表会までと、半期にわたる一連の流れを提案し、それぞれに必要な資料や情報の提供をしていくことで、話がまとまることとなった。かくしてこの小学校では、これから毎年継続して五年生の総合の時間を「干潟観察を含めた地域の自然を知るための時間」として活用していくことになるのである。

また、継続についても随分と気を使った。役所や学校などでは、年度をまたぐと担当者が異動したりする。年度前の約束事など、担当者や担任の先生が変わってしまえばご破算になることも大いにあるのだ。学校側が観察会という存在を認知してくれるまで、少なくとも数年間は継続してやることが重要だと考えていた。そこで、毎年四月に入るたびに「例年通りにいかがですか」という、さも長年続いているかのごとくの殺し文句を繰り出しては、教育委員会や校長先生、現場の担任の先生などと引き継ぎしていくことにした。あらかじめ前年度にしっかりとした計画を書面で提出しておき、過去の資料として打ち合わせに臨んだのである。前例踏襲主義の役所などでは、「例年通り」という単語は意外に力を発揮し、話はスムーズに進行することとなった。

先生への支援も柱にすえた。引き続き、後ろ向きな先生には何人も遭遇させてもらい、野外活動に消極的な教員が少なくない数いることも認識させてもらった。下の意見に合わせる逆多数決の現場では、こういう先生を説得し、障害を一つひとつ排除することが、とても大切だった。こういう先生の説得や、やる気のある先生へのお守り代わりには、紙媒体の資料をわたすことが効果的だった。先生は自分が理解するだけではダメで、それを人に伝えるのが仕事だ。特に自分の知らないことを指導するときには、強いストレスを感じるものである。干潟の観察のように、どこか広範で博物学的な知識の要求されるような現場では、適した教材というものも少なく、事前・事後の座学をするうえで障害となっていた。そこで、その際にストレスにならないように、生徒に配布できる干潟に関する直接間接的な資料をまとめて、教材集として担当する先生全員に配布することにした。

教材集はそのまま生徒に配れるよう文字に配慮し、輪転機で印刷してもつぶれないように写真の使用を避け、イラストを多用し、一つの話を一つの紙にまとめ込むといった工夫を凝らした。簡単な雛形を作り、現場とのやりとりをしながら、教材集の骨組みや内容を作っていった。他にも、雨天で中止になった場合の授業プランから、事前・事後学習のプラン、まとめ方、発表の例など、関係する基礎資料を一揃えにし、環境教育の予算を使って委託事業として教材集をまとめ上げた。こうした資料があると、それを実際に使用することがなくとも、多くの先生は安心するものなのだ。持っているだけで安心し、書棚の肥やしになっても構わないではあったが、せっかく作った教材集だったので、担当の先生には個別に一通り使い方もレクチャーして回るなどして、実施に向けた問題点をなるべくつぶし、子どもには経験を、先生には成果物を、というように双方が満足できるよう策を練っていった。

この他にも、学校の先生の経験者を増やすこともターゲットにすえ、沖縄市に赴任した教員の初任者研修の研修項目に干潟の観察会を無理矢理入れ込んでもった。沖縄市での泡瀬干潟の認知度を上げるとともにに、干潟に出た経験のある母集団を地道に増やしてこうと考えた。先生からの聞き取りなどを通じて、この事業で取り扱う内容も年々拡大を続けることとなった。初めの観察会から三年目には、干潟観察を含む理科的な内容だけではなく、地域の商工業や町の変遷や歴史といった社会的な内容も総合して取り扱えるように、授業プランを考えたり、教材を制作して充実を図っていった。その甲斐あってかどうかはわからないが、徐々に新規での観察会の依頼がきたり、泡瀬小から別の市内の小学校に移動した先生からの問い合わせ、別の学年に移った先生からの干潟観察の打診や、同じく泡瀬干潟に面した新設の小学校との取り組みが始まるなど、多くの地域の人たちを巻き込んだ環境教育の形が形成されてきた。しかし、干潟を使った環境教育の動きは着実に軌道に乗り出してきていたところで、これまたすごいことが起きることとなる。埋め立ての是非を巡って争われていた裁判の判決が出たのだ。

突然の強制終了

その日は私ともう一人の同僚以外は裁判所へ出かけ、私は電話番をしていた。そろそろお昼だなというときに携帯電話が鳴った。電話は裁判所に出かけていた仲のいい関係者からである。「沖縄市、裁判負けたみたい」というものだった。地裁に次いで高裁の判決は原告の主張が一部認められる、という行政サイドとしては考えてもいなかった判決が出たのだ。要するに、うちの課では計画策定以外の業務は支出の根拠を失った。判決は大々的に新聞やテレビで報道された。その日から数日は、私をはじめ多くの同僚が延々受話器を耳に当てての電話対応に追われていた。ほとんどすべて苦情というか、「埋めたて反対」という一般からの意見であった。半日近くひっきりなしにかかってくる電話に数時間ずつ対応すると、次第に受話器が高熱を帯びてきて耳に当てられなくなるという、その後の人生であまり役に立たない知識を得ることになった。

私の業務では、次年度の小学校での干潟観察を大規模に展開していく準備をしていたときであった。ずるいやり方かもしれないが、控訴し最高裁で争っている最中に環境教育の部分を役所の別の課の業務に移管するといった延命措置も考えられるだろう（下っ端の嘱託職員の仕事ではないが）。とにかくせっかく継続して取り組んでいるのだから、少なくとも上告している間、まだまだ環境教育が続けられると軽く考えていた。しかし控訴期限に近いある日、首長である市長の「高裁の判決を受け入れ、控訴しない」という内容の記者会見があった。このまま最高裁で争っても、主張が認められる可能性が低いと判断したのだそうだ。上の人間は知っていたのかもしれないが、いちばん下っ端の嘱託職員にとっては寝耳に水の出来事で、これにはとても驚くことになった。泡瀬の埋め立てに関する公金差し止め訴訟は、国と県と市のうちとりあえず矢面に立っていた市が控訴を断念したことで、高裁の判決が確定することになった。

そしてこれには少し困ったことがあった。私の食い扶持の根拠である。役所のお金はすべて税金。税金にはそれぞれ使い道が決まっており、私の食い扶持も支出の根拠があって初めて支払われていたのだ。高裁の判決では、新たな土地利用計画策定以外の業務の公金の支出を差し止めるということなので、私のやっている環境教育などはもろにその差し止めの対象となった。これにより、私の環境教育がらみの業務は次の三月をもって終了し、嘱託職員の口はなくなることとなったのだ。

お先真っ暗、といいたいところなのだが、なにせ明治以降近代日本になって初めて、行政訴訟で行政側が負けるというミラクルな出来事の当事者なのだ。こんなおもしろい事態に居合わせるなどというのは、そうそう起こり得ないことだろう。「相変わらず混乱した状況を引き当てるなぁ」。どこか他人事のように、この状況を楽しんでいた。そして特に何もないまま、たんたんと業務をこなし、三月の末日を持って任期が切れることとなった。思わぬ形での強制終了ではあったが、数多くの現場に出ることができたので、公教育の現場における野外活動に関するノウハウもたくさん蓄積し、いろんな場面で使えそうな干潟の教材集を数種類ほど作ることができた。教材集の一部は、今でも沖縄市役所に行くか、役所の計画調整課のHPから手に入れることができる。そしてなんといっても、この間に知り合いになった様々な関係者の多くとは、現在でもつながりが継続しており、私がこの手の活動していくうえでのすごく大きな財産となったのだ。そしてこの先取り組む海の環境教育の現場で、中長期的な課題だと思っていた先生に向けたアプローチの機会を得ることになる。

幸い（?）なことに、この後判決で指摘された事業計画を二〇一〇年に市が再策定したことを受けて、二〇一二年度から計画策定業務以外の予算の復活が認められた。当然、環境教育関係の予算もこのときから復活の目を見る。私が役所にいたときとはスタイルを変えてはいるが、地元の小学校と続けていた総合の時間の干潟観察会や調べ学習といった体験型の授業も復活し、現在までなんとか継続している。私も干潟の観察会などでは相変わらず声をかけてもらい、講師としてこの場所での環境教育に関わり続けることができている。ここでの地元の学校との環境教育への取り組みは、裁判で一時期中断したものの、なんとか学校の年間行事の中に食い込んで継続しているので、当初掲げていた目標は概ね達成しているといった感じではないだろうか。派手ではないが、地道に身近な環境とふれ合う経験を持つ人間が増えれば、そのうちその中からおもしろい動きを見せる者も出てくるのではないかと、淡い期待を寄せている。

第11章 教材作りのススメ

アマミノクロウサギ幼体

教材を作る、つかう

さすがにいくら私がお天道様主義といっても、食えなくなれば辞めるしかない。お天道様に「はい、お前の教育関係、終わり!」といわれているような気がしていた。スコーレや大学、専門学校の非常勤だけではなかなか食べていくのは苦しい中、やはり研究畑で頑張っていたほうが正解だったのか、そもそもの選択の方向性が間違っていたのか、これまでの数年間をさして需要のない場所で一人奮闘していたのではないかなどと、色々考えるようになってさすがに少し落ち込んだ。しかし、落ち込んでいて事態が好転することは、これまでのところ経験したことはない。何かしら動いていたほうが次の作戦が見えてくるので、数日間かけてしっかり落ち込んだ後に頭を切り替えることにした。そして本格的な転進を考えるべきか、その前に少し山原にでもこもってみようか、などと考えていたところに、同じように環境教育に携っている大学の大先輩から「あ、サトウ? 琉大で環境教育の特命研究員探してるよ」という連絡が入ったのである。首の皮一枚でつながった、と思ったのと同時に、また同じような環境教育系の仕事の口があったことで「おい、お前! もう少しこの方向性で進め」、というお天道様よりの指示なのだと勝手に思うことにした。

声をかけていただいたのは、琉球大学の教育学部の杉尾幸司先生で、次年度から教育学部でスタートする、日本財団からのファンドである海洋教育に関する特命研究員のポストをすすめていただいた。この有り難い話にすぐに飛びついた私は、琉球大学の教育学部にこれから少しの間お世話になる。ここでの取り組みは、海の環境教育を普及させるためのデータ収集、および実践などを行うというもので、この特命研究員の間、出前授業や先生や学生向けの干潟観察会、室内での座学など、泡瀬での活動をもう少し幅を広げて取り組むことができ、様々な実践経験を積ませてもらうことになった。

ちなみにこの活動では、最終的に東海大学出版部から、現場の教員に向けた野外観察・環境教育のマニュアル『海のがっこう』（鹿谷・佐藤、二〇一三）というタイトルの本も出させてもらえることとなり、環境教育の関係であとあとまで残せる、一般に向けた一応の成果を出すことができた。教育学部はその名の通り、「教員を養成する」学部だ。ここにいる学生は、教員を目指して在籍している。つまりここで接することになる学生の多くは、将来の先生となる可能性の高い人物なのだ。ここでは数多くの先生や先生の卵と交流することができ、泡瀬で必要性を感じていた、先生へのアプローチというものへの実践を経験させてもらえることとなった。ここでは特命研究員としての活動は少し脇に置いて、そんな交流の中でのこぼれ話、授業の導入をしやすくする教材を作る話や、先生向けに行ったワークショップの話などを紹介してみたいと思う。

この特命研究員の間、接する学生に呼応する形で、興味の赴くまま、そして闇雲に、それまでよりも多くの教材を作ることになる。教育学部にいる間の教材作りには、当時杉尾先生のところの院生だった中村元紀くんが同じ研究室にいたので、ほとんど毎回巻き込む結果となった。彼は好奇心旺盛だったので、彼が院生の間は毎日のように、何がしか興味のある出来事について質問やら提案をしてきた。私も無責任にその流れに乗っかって、それらをその都度教材ネタとしてまとめていったのだ。そんな思いつきが教材になるまでを紹介してみよう。

サメ歯ナイフ

「うわ、狭いっすね」。私の家に初めて遊びにきた人が、ほぼ間違いなく、異口同音にいうセリフだ。断っておくが、私の部屋は間取り的にはそんなに狭いわけでもないし、散らかっているわけでも決してない。むしろ、ものすごく整理されているほうだと思っている。にもかかわらず、私の部屋はとても狭い。狭い理由ははっきりしている。私の部屋は壁が見えない。本来壁のあるべきところには、すべて隙間なくスチールラックが置かれ、床面近くから天井までぎっしりと荷物で埋まっている。荷物の多くは、普通の人が見れば「ゴミ」とよぶようなものだが、私と一部の生き物好きの人にとっては、貴重な、そしてとてもおもしろい宝物である。学生時代から採集したり拾い集めた岩石・鉱物や種子、貝殻、骨といった各種の標本類。自分で作った竹かごや染め物の見本。ちょっとした悪巧みをするための各種工具類。図鑑や専門書といった本たちなどだ。そして、その中でも最近特に場所をとるようになってきているのが、部屋の一角にうずたかく積み上げられてその存在感をアピールしている、とてもたくさんの教材ネタの入った三ℓタッパーたちだ。いまやこれらは、私の授業やワークショップを行ううえでなくてはならない重要なアイテムとなっている。

ここに至るまで、ある程度先生の真似事を続けていて痛感するのは、教える相手が先生であろうと生徒であろうと、人にものを伝えるときには自分が理解しているだけではダメ、ということだ。伝えるためにはそれを十分に頭の中で咀嚼し、相手にとっていちばんわかりやすいと思われる手法で表現してあげないといけない。その表現の方法として私がよく使うのが、標本なり模型なりといった、実物を使った教材たちだ。これらも元をただせば、スコーレをはじめとして、毎年出会う異なる興味を持った理科嫌いの猛者たちを相手にするため、その都度自前で作って蓄積していった私の財産だ。そのおかげか、大学以外にも、専門学校だ、出前授業だと、理科のおもしろさを伝えるための現場に出られることは着実に増えて行ったが、いまだに宮仕えできていない私の研究室は、自宅にならざるを得ない。必然、毎回の授業に持って行く教材などは、部屋のどこかのスペースに蓄積して行くことになり、私の部屋の結構なスペースを占めるのだ。

教材作りは、いつもたあいもない会話からスタートする。あるとき何かのきっかけで、中村君と「サメの歯でものが切れるのか？」という話になった。自分の身の回りにある歯といえば、自分の口の中にある歯である。こいつで革靴を噛んでみても、噛み切れるとは到底思えない。人の歯は鋭さとは縁遠い形状をしている。そんなこともあってか、中村君もイマイチ実感が持てていない。できることなら、実際の切れ味を自分で確認してみたいというのだ。一方、これまでさんざんサメをつかまえ、いじくり回し、その際に何度も大怪我をしている私にとって、サメの歯で物が切れるなどということは疑いの余地のない、「ただの事実」である。しかし、その体験談を目の前の中村君に話し、彼一人を説得してもあまり意味はない。今後、同様の疑問を持って目の前に現れるかもしれない人に説明し、その人がさらに別の人に伝えていけるように、実体験として理解してもらわないといけないのだ。今の状態では、あくまで私だけの知識でしかない。人に伝えられる準備ができていないのだ。無論、頭のいい、要領のいい人であれば、私の体験をただ話しても理解する人間はいるかもしれない。しかし、中には私のように、すべからくすべてのことを疑ってかかる人間だっている。そういう人も含めて一発で感動させ、納得させる武器が教材なのである。こんな感じで、とにかく誰かが「やってみたい、知りたい、試してみたい」というお題を持って研究室にやってくると、「じゃぁいっちょ作ってみますか」という軽いノリから教材作りは突如開始される。

ハワイなどでは今でも、サメの歯を使った「ニホ・オキ」(図11・1)とよばれるナイフが使われている。これの仕組みは単純で、持ちやすいように成形した木のハンドルの先端に凹みを掘り、そこにサメの歯をはめ込んで固定してある。これなら、材料さえあれば簡単に作ることができるし、誰にでも扱える。そしてその切れ味は、なんといっても私の左手の人差し指の古傷がいちばんわかっている、折り紙付きのものなのだ。今回はこれの廉価版を作ろうというわけだ。いったん作ると決めたら行動はすばやい。早速自宅に戻って、山のような標本たちの中から「いらんもん」箱に収められている袋いっぱいのイタチザメの歯(第2章の石垣島のサメ狩りで入手したもの)を見つけ出し、研究室に持ち込んだ。こういう「いつか役に立つだろう」といって集めていたものが、役に立つこともあるのだ。次は、ハンドル部分の調達だ。ちょうど大学構内には、直前に通過した台風の影響で折れたたくさんの木が、邪魔にならないところに積み上げられて、処理までの間放置してあった。その中から手頃な太さの枝をいくつか選んで、研究室で加工する。切断し、皮を剝ぎ、歯の収まる部分をくりぬいて、糸を通す穴をドリルでさくっと開ける。これ

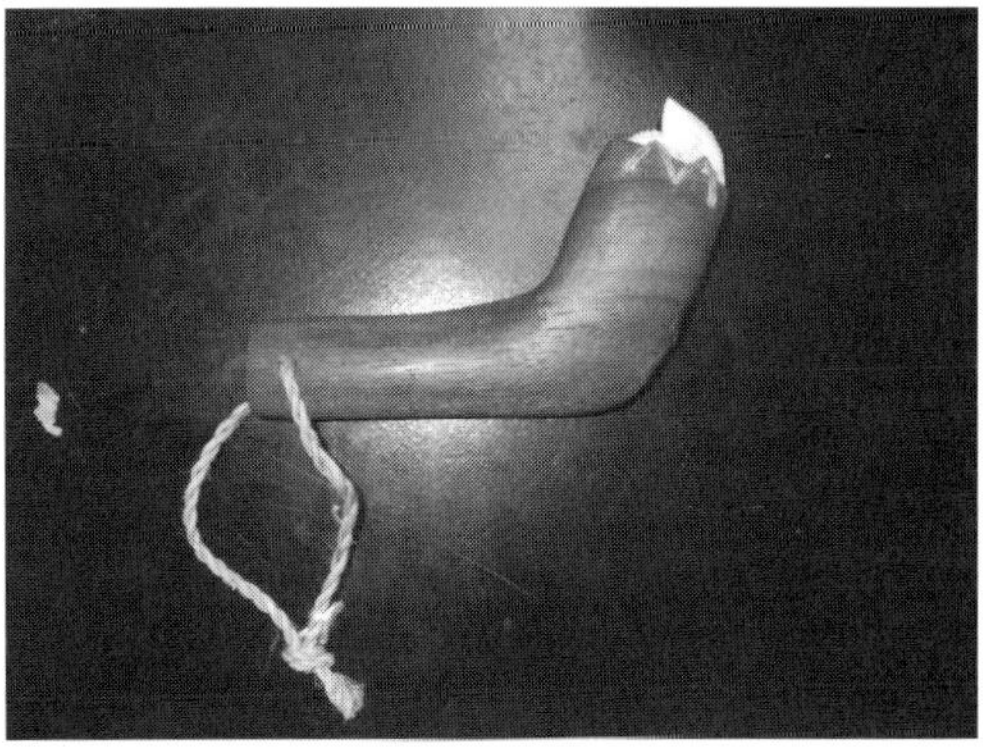
図11・1　ニホ・オキ

でハンドル部分は完成である。歯にも、固定用の穴をドリルで開けるなどの加工を施す。これで歯の準備もできた。あとはハンドル部分に歯をはめ込んで、ハンドル部に糸で縛り上げれば歯が固定される。なんとも簡単だが、これでサメ歯ナイフの完成だ（図11・2）。

できあがったサメ歯ナイフは、非常に単純なうえに、見た目にも切れ味が鋭いようには見えない。安っぽいおもちゃのような外見である。しかし驚くなかれ、厚さ二ミリメートルほどの分厚い牛革にこのナイフを当てて、ちょっと力をかけると、「プッッ」と小気味好い音とともに、ナイフは簡単に革に穴を開ける。そのままハンドルをしっかり握り、下側にナイフを移動させれば、分厚い牛革はストレスなくシャパーと切断できるのだ。その切り口は、見事としかいいようがないきれいなものだ。サメの歯にハンドルをつけるだけで、こんなにも効率がよくなるのかというくらい、機能的な道具に生まれ変わる。百聞は一見にしかずという言葉があるが、本当にその通りだと思う瞬間だ。実は、沖縄の縄文時代の貝塚などの遺跡からは、穴の開いたサメの歯がたびたび出

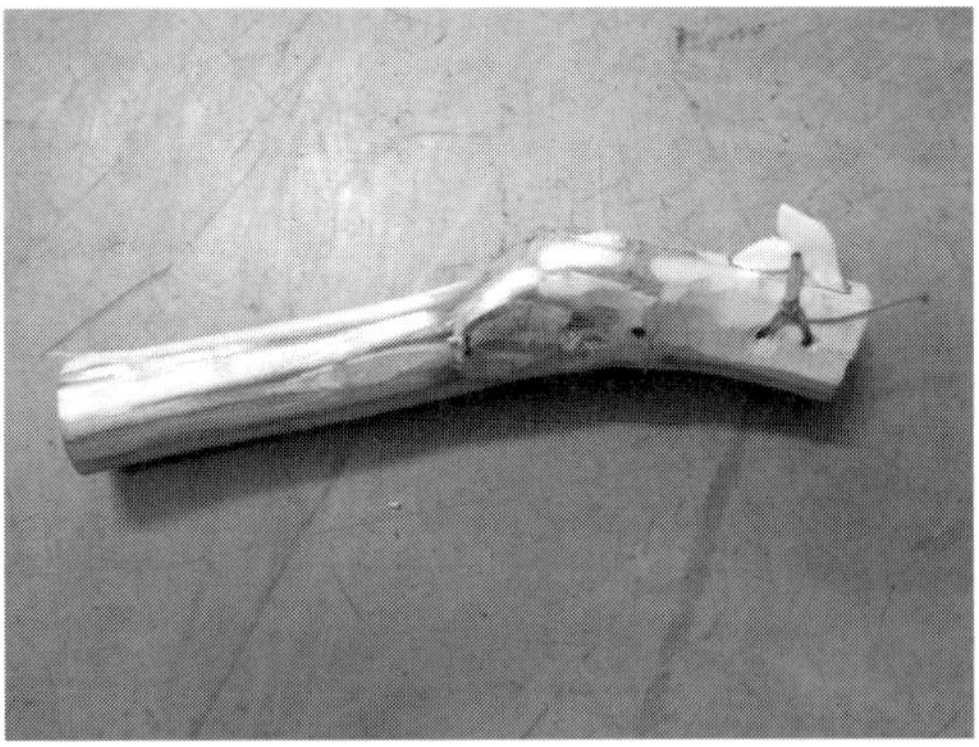

図11・2　完成したサメ歯ナイフ

土している。もしかすると、昔の沖縄でも同じように、サメの歯を道具として使用していたかもしれない。昔の人間が、この切れ味を持つ素材に注目していても、おかしくはないと思うのだ。そんなことを考えるうえでも、この陳腐なナイフは、私たちにものを考えるきっかけを与えてくれる。

切れ味を確かめるだけ、威力を知るためだけならこれでいいのだが、話はこれで終わらない。教材として使うからには、これを少なくともあと数個、学校現場を想定するなら六班分＋予備だけ作っておかないと、限られた時間の中で十分に体験させることはできない。そこで、試作品を完成させて、耐久性などのテストをして改良を加えた後、同じものを複数量産することになる。中村君も自分の分＋αをこさえるので、なんだかんだとしているうちに、こういった教材作りは結構大がかりになってしまう。しかし、これでやっと一つの教材ネタの完成となる。そして、これらのかさばるネタたちを散逸させない工夫も必要になる。多くの教材ネタはよく使うものでも年に数回程度しか使わないので、いざ本番というときにどこかにいってしまって出てこなければ話にならない。ゆえにそれらには、安価で、同じ規格で、積み重ねられて場所を取らず、すぐ見つけられて取り出せる、入れ物に収納できる、といった、保管管理のための条件が求められる。私は百円ショップで売っている三ℓタッパーに、一ネタを一つの容器に入れて、関係する写真や小物も合わせてユニット化して、保存するようにしている。こうすると、複数の教材を用いたいときに、ひとまとめになっているので忘れ物が減らせるし、整理がつきやすいのだ。こうして貯まった山のようなタッパーの中から、サンダーバード2号よろしく必要なネタ容器を選択し、組み合わせて、大学の講義や出前授業、ワークショップのたびに、手持ちコンテナに満載し持って行くことにしている。このサメ歯ナイフに関していえば，サメの話や歯の話といった生物学系の場面だけでなく、石器や武器、道具についての講義の際などにも引っぱりだされ、私のつたない日本語に代わって、雄弁にその実力を語ってくれるアイテムとなっている。

こんな調子で、投槍機や牛追いムチ、塩ビパイプディジュリドゥなどの大がかりなものや、火打石と火打金のセット、石器のナイフや石斧（松田ら、二〇一三）、動物のなめし革、透明骨格標本、化石レプリカ、沖縄の植物で作る葉脈標本（吉田ら、二〇一一）、ホタル提灯、シンチレーター式γ線測定器、たたら製鉄（松田ら、二〇一二）……と、理科好き、生き物好きであれば、問答無用でおもしろいと思えるネタばかりを製作しては教材の形に整え、蓄積して行くこととなったのである。他にも、私がこれまで拾い集めた標本たちも、それだけでは教材ではないので、この機会にとにかく実際にふれたり理屈を納得できるような状態に仕上げることで、同様に教材ネタとして整理し直していくことになった。仕事の合間とはいえ、多いときにはほぼ週一くらいのペースで教材などを作っていった。しかしながら、打率はよくない。

元々たいした目的もなく、興味のおもむくままに作った教材は、一〇個のうち数個が一回でも実際に授業で使えればよいほうで、そのほとんどは現在出番がないというか、使う場所が見当たらず、死蔵教材として私の部屋で眠りについている。いつかこれが仕事につながる日がくると、この死蔵ネタも報われるのだが、今のところ教材ネタの増えるペースのほうがだいぶん早いので、三ℓタッパーの山によって家の空きスペースは急速に失われつつある。

ドングリ粉作り

季節を感じにくいとされる沖縄でも、秋口から冬にかけては、やはりそれなりに秋の恵みを目にすることになる。実は沖縄には、六種類ほどのシイやカシのドングリ状の堅果をつける樹種が生育している。そのうち、私の住む沖縄島には、ウバメガシを除く残りの五種、イタジイ、マテバシイ、アマミアラカシ、ウラジロガシ、オキナワウラジロガシがドングリ状堅果を作る樹種として知られている（植栽された数種があるがここでは省略）。秋から冬にかけて、林床や林道沿いには、これらの熟した堅果が落下している光景を目にすることができるようになる。私は毎年この時期になると、沖縄の山の中をほっつき歩いては、それらをせっせと拾い集めている。もちろん八割位自分の趣味ではあるものの、これだって「ものを考えるうえで実際に体験すること」というのが最重要と考えている私にとって、この地の自然や理科に興味を持たせるためのきっかけとなるれっきとした教材であり、毎年その確保に奔走しているのだ。

二〇一一年は、沖縄島のドングリ全種が近年稀に見る豊作という、ミラクルな年だった。この年、私は中村君と連れ立って、沖縄島の南部の某所に出かけてみた。ここは南部に残された数少ない林環境の残る場所で、ドングリに限らずなんだかんだと私が足を運ぶ場所の一つだ。そしてここの林の特色は、なんといっても林内で優占しているのがドングリをつけるアマミアラカシという樹種であることだ。酸性土壌の卓越する沖縄島北部には生育するドングリ類が多いが、このアマミアラカシという樹種はアルカリ土壌を好むため、沖縄島の中南部でも比較的よく見られる。琉球石灰岩の割れ目を利用した、獣道のような小道をよじ登っていくと、石灰岩台地上に比較的状態のよい林環境が広がってくる。一歩足を踏み入れると、林床には拾い切れないほど大量のドングリが散乱している。早速誰がいうでもなく地面にしゃがみ込み、無言でコンビニ袋にドングリを拾っていくことになる。互いに目の前に落ちている秋の恵みを、一つずつコンビニ袋に詰めていく。袋が一杯になれば袋の口を縛って次の袋に、という感じで気が付くと、小一時間ほどで、トスロンバケツ小に一杯くらいの量が集まった。これくらい拾えれば、その年に使う分としてはかなりのお釣りがくるほどである。が、目の前にはまだまだたくさんのドングリが落ちている。もう十分だ、と頭では理解できているのだが、ついつい余計に拾い集めてしまう。おそらく人間の採集本能が刺激されるのだろう。私も中村君も、帰り道に落ちているドングリを見かけると、すでに両手にコンビニ袋をたくさんぶら下げているにもかかわらず、ついつい上着やズボンのポケットなど、入れられる隙間という隙間にしまいこんでしまうこととなるのだ。

このようにして沖縄島中から拾い集めたドングリは、なかなか個性的である。さっき拾ってきたアマミアラカシは、先端が尖っていて、ポケットに入れておくと時折足に刺さることがある。殻の硬くてお尻が凹んでいるのが、マテバシイ。小粒なイタジイ……といったように、それぞれのドングリに特徴があって、集めるとつい飾りたくなってしまうほどだ。なかでも異彩を放つのが、やはりオキナワウラジロガシだろう。日本では琉球列島にだけ生育するこの樹種のドングリは、とにかく大きい。日本一大きなドングリなのである。机の上に一同を並べて眺めてみると、圧巻の大きさだ。こういうのを手に入れられるというのも、琉球列島にきてよかったと素直に思える瞬間なのだ。

さて、散々集めたドングリだが、標本用、友だちにあげる用、何かのときの交換用、予備……と、必要量を確保した残りが教材用となる。しかし、今日日の学生や、自然に関心の薄い人にこれらの苦労して集めたドングリをただ見せたって、強烈な体験とはならないことはすでに経験ずみ。「ふーん、おもしろそうっすね」といった、ゆるい反応で終わってしまうのだ。この、苦労して集めたドングリたちを使って私がしたいのは、自然や理科がさして好きでもない人でも、自分と関係のある出来事として認識し、理科や身近な自然と自分とをリンクさせてあげることなのだ。そのためのキーワードが「衣食住」。その中でも、特に食に関することだと考えている。どんな人でも飯は食らう。食に関心のない人などいないのだ。そこで、この残った大量のドングリは、食用として供されることになる。

沖縄にある縄文時代のいくつかの遺跡からは、しばしばドングリ類が出土していることが知られている（国立民族博物館、二〇〇二、沖縄市郷土博物館、二〇〇九）。その中でも特に有名な本島北部の場所からは、たくさんの竹のカゴに入れられ、川沿いに埋められた大量のオキナワウラジロガシのドングリが出土

図11・3　沖縄のどんぐり

する。明らかに人間が収穫して、貯蔵していた痕跡が残った状態で見つかるのだ。現在この地にいる人の祖先が、何のためにドングリを集めたのか？　現在のドングリの利用方法など、観賞用やコレクション、玩具などに一部利用するだけだろう。大昔の縄文時代には、そんなことを優先していたとは思えないし、第一すごい量である。おそらくこの貯蔵は、「食べるため」の採集の跡なのだ。それならば、現代の私たちがその追体験をしながら、先人の食べていた食材を味わってみるのもおもしろいだろうし、その過程には様々な科学のおもしろさが詰まっている。ということで、私は毎年大学の講義の中でドングリを食べさせている。ではいったい、先人たちはどうやってドングリを食べていたのだろう？　沖縄にはそのへんの資料がほとんどない。そこで実際の講義では、まず生のまま、思い切りかじってもらうことにしている。そこからどうするか考えてもらうのだ。

ちなみに、隣に座っている中村君に生のドングリを食らわしてみると、なんともいいリアクションをしてくれる。とても渋いです、という顔をしてくれるのだ。口の中は、粘膜が急速に縮んでいくような感覚が支配し、それが口をゆすごうと何をしようともずっと続く。これが、思いっきりかじったときの主な感想だ。これは、ドングリに多量に含まれている、タンパク質を変成させる作用の強いタンニンという物質が溶解し、口の中の粘膜を固定したために感じる感覚なのだ。ちょうど、長いこと注ぎ忘れた急須の中の濃いお茶を飲んだときの渋みを、桁違いに増幅させたようといえば伝わるだろうか。シイの実の一種のイタジイは生食できるのだが、それ以外のカシ類のドングリ類はとてもじゃないがそのままでは食用には適さない。

そんなドングリの中でも、日本一大きいオキナワウラジロガシの渋さは特に強烈だ！　私も今まで散々日本各地のドングリを生でかじってみたが、その中でも桁違いに渋く、おいしくない。おそらく日本でいちばんおいしくないドングリなのではないかと思っている。これだけのタンニンであれば、口の中はおろか、消化管の粘膜全体が固定され、腹を壊してしまうであろうという代物なのだ。まぁ生食したかどうかはともあれ、この渋みを取り除くこと、これがドングリを食すために先人に求められた命題だったことだけは間違いない。そこで、可食状態にもっていくための「加工」という作業が必要となる。「アク抜き」というやつだ。以前、北部に住む知人の庭から出土した縄文後期のたたき石とスリ石を見せてもらったことがあるが、おそらくこれなどが可食に持っていくための道具だったのだろうと思う。とにかくドングリをこまかく砕いて水につけ、水に溶けない栄養源のでんぷんやタンパク質を沈殿させ、水に可溶なタンニンなどのアク成分を分離して洗い流していくのである。

この作業、多くは講義の中で実際に学生に加工させるのだが、実は学生にやらせるとあまり上手に処理ができない。そこで、アクの抜け切らないそれらは処理した学生に食らわすこととして、残りは自分で可食できるようにドングリを処理する。関東のほうのドングリなど、種類によっては、荒く砕いた実をたっぷりの水で何度も煮こぼすことで可食状態にできる種類もあるのだが、沖縄のドングリ類はどうもそれだけではアクは抜け切らないようで、加工にはちょっとした手間が必要となる。細かく砕いたあと、たっぷりの水に何度もさらしてアクを抜いていくのだ。普段はこの処理を自宅の風呂場で行うので、この時期私の家の風呂場は茶色い液体の満たされたいくつものバケツが並ぶ、圧巻な光景が広がることになる。ちなみに、最初の数回の上澄み液には、たっぷりのタンニンが溶け出している。これも後で使うことができそうなので、最近ではトスロンバケツに貯めておくようにしているのだ。

コラム　ドングリの全粒粉の作り方

①水洗　とってきたドングリを水に晒し、汚れと、浮いてしまうドングリ（虫食い：イルムサーとよばれるものや、成長段階で栄養供給が絶たれて中身が充填されていないもの）を除去する。

②乾燥　水洗いの済んだドングリを、ザルやバットにあけ天日干しする。生で食べさせる分は、この時点で確保しておく。

③粉砕　乾燥させたドングリは、地面や木の板の上に、上下方向に立たせるようにおいて、上から金槌や石

でひっぱたく。こうすると、殻がさけるようにきれいに割れ、中身を取り出すことができる。面倒臭い作業なので、中村君に丸投げにする。ある程度の量を取り出せたところで、たっぷりの水とともにミキサーにかけ、十分に粉砕する。学生にはすり鉢とすりこぎをわたし、昔ながらの作業をしてもらう。ドロドロの状態の粉砕物をバケツなどに移し、たっぷりの水に晒す。

④攪拌沈殿　しばらくすると、タンパク質やでんぷんといった分子量の大きな不水溶性の物質が沈殿し、ドングリの渋味成分タンニンが水に溶け出す。その後、静かに上澄み液を棄て、再度バケツに水を注ぎ、全体をよくかき回す。半日から一日ほどかけて沈殿させ、再び上澄みを捨てる。これを、上澄み液が濁らなくなるまで、数回から十数回繰り返すと、アク抜きは終了となる。

⑤乾燥　沈殿物を布で漉し取り、乾燥させ、漉した水の底に残った沈殿物（でんぷん）も、同様に乾燥させる。

こうして得られたものがドングリの全粒粉だ。処理を始めて大体一週間から一〇日ほどかけて、やっとのこと可食状態になる。この状態で冷蔵庫などに入れておけば、数年は保存できる。

こうして拾い集めたドングリから作ったドングリ粉には、外見と同じように結構な個性が出る。でんぷんの量やアクの量がそれぞれ違うので、味や見た目の色合いが微妙に異なるのだ。共通しているのは、どれも「大して美味しくない」という点だけだろうか。この粉に、砂糖、牛乳、バターを加えて泥だんごの

図11・4　オキナワウラジロガシ

ような塊を作り、薄く伸ばして焼き上げたものが縄文クッキー、いわゆるドングリクッキーとよばれる代物となる。たくさんの種類の粉が手に入るときなどは、食べ比べをさせてみたりするのだが、その中でも、オキナワウラジロガシは粉にしてもおそらく日本でいちばん美味しくない。丁寧に砕いて、他のドングリよりも長い時間をかけてアクを抜いたにもかかわらず、このドングリ粉だけは苦い。かなり徹底的にアクが含まれているらしく、抜け切らないのだ。そして、オキナワウラジロガシ粉で作ったクッキーも、同様に人気がない。小麦粉はいうまでもないが、他のドングリ粉で作ったものと比べても、格段に苦味が残るのだ。口の肥えた最近の大学生は大変正直者なので、付き合いやお世辞で「美味しいですよ」というものの、一口ずつ口にしたところでたいていの者の手が止まる。口とはとっても正直者なのだ。しかしそれも、この教材の目的の一つだ。字面で書くと「おいしくない」とか「まずい」だけで終わってしまうが、それを体験してもらうことが大切なのだ。まさに、そこから考えることが始まる。美味しいまずいだけでなく、なぜ？　どうして？　どうやって？　だれが？　そういった一つの事実から派生する疑問について考えていくプロセスこそ、身近な自然を科学の視点で見ていく姿勢に他ならない。その植物そのものへの興味、食べられないものを食べられる状態まで「加工」する生活の中の知恵や技術といったものから、その科学的な仕組み、周りにある今の食べ物がいかにすばらしいかなど、この体験から考えられる話は無限とも思われる広がりを見せる。事実や新知見は得られなくとも、数字にならない部分の充実、ここにこそ実体験させることの最重要な目的があるのではないかと思っている。

ちなみに、美味しくない美味しくないと私に悪態をつかれているオキナワウラジロガシだが、このドングリは動物にもそんなに人気があるとは思えない。他のドングリ類の成りが十分な年には、リュウキュウイノシシをはじめ、ドングリ類を狙うであろう生き物のほとんどが、このオキナワウラジロガシをスルーする。動物でさえ、他に食べるものがあると食べない代物だ。しかもドングリ類、沖縄では毎年豊作というわけではない。しょっちゅう台風が襲来したり、夏枯れが激しい琉球列島のような場所では、たびたび不作の年が訪れる。オキナワウラジロガシなどは、成る年は一つの木から拾いきれないほど本当にたくさんの実をつける一方で、不作の年は森中探し回っても一つも実を見つけられないという事態が起こる。こういった基本的な食料資源は、美味しい美味しくないより、毎年確実に手に入るか否かが重要なのだ。日本本土のトチノミのように毎年安定して収量を確保でき、その資源を当てにできるでもなく、そのうえ格段に美味しくないときている。縄文時代の人は、お腹を壊すほどの量のタンニンを、どうやって取り除いたのだろうか？　不作のときはまったく手に入らないなど、常食にするにはリスクが大きすぎるのではないか？　そもそも本当に食べていたのか？　たくさん落ちていたから拾っただけではないのか？　新たな疑問が次々と実感として湧き上がってきてしまう。いつか、考古とか民俗の専門家でノリのいい人と出会う機会があれば、真剣に考えて取り組んでみたい課題だ。これも、いつかお天道様が巡り合わせてくれるであろう。その謎解きは、くるべきときまで頭の中で熟成させることとして、それまでは一人でも多くの人にこの美味しくないドングリを食らわせ、沖縄の秋の恵みについて興味を持たせるべく行動することにしているのだ。仕込みや準備が大変な割に、反応がイマイチだったりしてくじけそうにもなるのだが、なんとか今まで継続して、このドングリを食べさせることは細々とやり続けている。こうして私は毎年秋になると、山原をはじめとした沖縄島内や、ときには周辺離島にも足を伸ばし、なるべく多くのドングリを求めるべく林内を彷徨い歩くのだ。

理科であそ部

泡瀬での経験から、クラスの中の絶対権力者である先生をその気にさせることが、理科好きを増やすか減らすかという命題にものすごく影響するということを痛感していた。いかにして先生をその気にさせるか、そういう意識を持った先生を支援していけるかというのが、生徒の気持ちを大きく左右する鍵となる。そのためにもまずは先生を感動させ、先生がその楽しさを授業の形にして生徒に伝えられやすいように教材を揃える。これが一セットになっていないと、なかなか授業へのフィードバックは難しい。研究室の杉尾先生も、理科教員になる人材には十分な理科のスキルを持ってもらいたいと常々考えておられて、沖縄の身近な自然を題材にした教材の開発や、自身の研究対象であるシロアリを使った教材化など、色々と取り組んでいるのだ。私が特命研究員の間、教員を目指す院生の中村君もちょうどやる気を見せていることだし……という、またもや軽いノリから、杉尾先生に相談し、休日を利用して、先生や教育学部の学生に向けたワークショップ「理科であそ部」を始めてみることにした。

山原や西表島に行かないと、自然について学べないわけではない。自然らしい自然が少ない場所でも、手近なネタを題材にして理科のおもしろさや琉球列島の自然について理解を深めることができるということを、先生や教員志望の学生に知ってもらうことが目的だ。というのも、世の中ではやれ「自然を大切にしましょう」とか「琉球列島の自然は宝だ」と優等生的な美辞麗句なスローガンが掲げられているが、それらを学ぶ沖縄の中南部の小学校の校庭の現状は、生き物屋的にはあまり芳しくないのだ。たいていの校庭は、きれいな花が咲くだけの外来種ばかりが植えられて、在来の植物をはじめとする生き物の姿を見ることが難しくなっている。そんな、自然を感じるのが難しい場所で頑張らないといけない先生に向けて、沖縄島の中南部の小学校の校庭でも転がっている題材をうまく教材化して提供することで、生徒にも琉球列島の自然をしっかり知るためのきっかけを与えて欲しいと思ったのだ。一般の人に話をして食いつきがいいのは、「同じ仲間で種類が多い」というもので、老若男女、先生生徒を問わず、おもしろいと思うもののようだ。同じ仲間がたくさんいるというのは、それを実際に比べてみることで、生き物の違いや共通点を理解するのにはうってつけの材料となる。そして、身近な自然にこだわるのは、それを学ぶ学校という場所で使用することができなければ、結局のところ使われないで無駄になってしまうこと多いからだ。そんなネタをいくつも候補にあげ、その中から、中村君の主観でおもしろいと思うものを形にしていくことになった。その一つが、イチジク属の観察だ。

沖縄には、イチジク属（*Ficus* 属）の種類が豊富だ。特に、人口の多い沖縄島中南部の石灰岩地には、ガジュマル、アコウ、イヌビワ、ケイヌビワ、ハマイヌビワ、ホソバムクイヌビワ、オオバイヌビワ、オオイタビと、そこらへんを少し歩き回るだけで何種類ものイチジク属の樹種を見つけることができる。イヌビワは、葉っぱを折り取ると切り口から白いミルク状の汁が出ることからアンマーチーチー（アンマー：おかあさん、チーチー：お乳、の意）とよばれており、沖縄の人にとっては馴染みの植物でもある。外来種の多い小学校の中でも、カジュマルやハマイヌビワ、アコウ、オオイタビといった樹種は、校庭に自生していたり植えられているので、身近なという点でも申し分ない。これらの樹種は、得意とする生育環境が少しずつ異なるようで、そういった戦略の違いが葉や樹形などの違いとなって観察できる。これらを比べてみるだけでも、生き物の多様化や生息環境による違いなど、気付くことはたくさんある。そして、このイチジク属の植物は、少し変わった受粉の仕組みを確立しており、生き物屋からみてもおもしろいと思える存在なのだ。

ものすごい主観になるが、この受粉に関してイチジク属の仲間は「ケチくせぇな」、と思ってしまうのだ。「無花果」とかいて、イチジクと読む。読んで字のごとく、イヌビワの仲間は花を咲かせない。正確にいうと、隠頭花序という、果実の内側に花をつける不思議な果実というか花をつけるのだ。外から眺め

図11・5　イヌビワの実（花）

図11・6　イヌビワコバチ

ているると、イヌビワの仲間は突然果実を実らすように見える。これが花序であり、果実なのだ。試しにイヌビワの果実を割ってみると、内側にはにびっしりと隙間なく粒状の花が並んでいる。この、外からは見ることのできない花は、他の植物の花のようにきれいな色をしているわけでも、いい匂いがするわけでもない。では、どうやって、外部からはふれることのできない花は受粉するのか？　一般に、植物は花を咲かせて受粉して、タネを作る。受粉に際して、それぞれの植物は、あるものは風を利用したり水を利用したりして花粉を拡散させる他、昆虫や動物などを介して、受粉を行うやり方が知られている。イヌビワの仲間は、虫による花粉の媒介（ポリネーター）を必要とするタイプの植物なのだ。にもかかわら

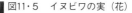

ず、その花序は外部からは見ることができない。

割った果実の中をよくよく観察してみると、中に小さなアリのような生き物がいるのがわかる。大人の多くが「あ、虫がいる、キッタネェ」といってしまうような、ショウジョウバエよりも小さな虫だ。実はこれが、イヌビワの仲間の植物の受粉には欠かすことのできない、イヌビワコバチという小さなハチの仲間なのだ。この小さな生き物は、その生活史を完全にイヌビワに依存しており、果実の中で交尾を終える。成熟したメスバチ（オスは一生果実を出ることはない）は花粉を身体中につけたまま果実を出て飛翔し、別の新たな果実にたどり着き、果実の先端にできたわずかな隙間から中に入り込む。この際に体につけた花粉が内側にある花序の柱頭につき、イヌビワの受粉が確実に起こるのだ。そしておもしろいことに、ガジュマルにはガジュマルコバチ、イヌビワにはイヌビワコバチと、それぞれの樹種に対応するハチの種類が決まっている。おそらく、ケミカルなシグナルを使って見分けているのだろうが、それぞれのコバチは間違えることなく、同じ樹種の果実にしかいかない。そのため、確実に受粉してくれる契約農家ならぬ専門のハチがいるから、他の虫なんぞにきてもらわなくていい、というイヌビワの花は、外側に向けて咲いていないのだ。看板や広告をださない、一見さんお断りのような花序のスタイルが「ケチくせぇな」と思うところなのだが、無駄な投資をせず、かつ確実に受粉を行うため発達したのであろう。よくできた仕組みでもある。なお、イヌビワコバチの生活史についてはいくつも本などが出ているので、興味のある人はそちらを参考にされたい（中村・板橋、二〇一〇など）。

この他にも、発芽条件や種子散布方法など、まだまだこの仲間の植物にはおもしろいことは山ほどある。

とにかくたくさんの種類が身近に山ほど生育し、その生育環境が種類によって微妙に異なり、小さな果実の中で繰り広げられているなんともよくできた虫との共生関係。このへんは自然に興味を持つきっかけとしては申し分ない。それらの話から、時間内に収まるように内容を吟味し、標本やサンプルを作ったりしながら、準備を進めることになるのだ。

そして迎えた当日、理科であそ部は主催者側が軽いノリであるからか、全体的には勉強会といったような堅苦しさはなく、なるべく純粋に楽しんでもらおうというゆるい集まりとなる。たいていまずは実践から始まる。事前に集めておいたイチジク属の葉をランダムに混ぜ合わせ、参加者により分けてもらう。人間は本能的に同じものと違うものを見分ける力を持っているので、なんの説明をしなくても六〜七種類の葉っぱが混在した袋をわたすと、相談し合いながらも、分けて行く。大きさ、表面の特徴、硬さ、質感など、様々な特徴を見つけ出しては、なんとか葉っぱを種類ごとに分けることができるのだ。この作業は、大の大人でも謎解きパズルのようで意外と楽しい。そこで答え合わせをしたのち、それらの樹種についての説明と、生えている環境などを解説。次いで大学構内にあるそれらの生育状況を実際に見に出かける。参加者は、先ほど葉っぱをいじくり回した直後ということもあって、普段は気が付かないようなところにひっそりと生えているガジュマルやイヌビワなどの実生も、目ざとく見つけられるようになっている。この散策の中で果実をいくつか採集し、実験室に戻る。これからイヌビワコバチを実際に観察するのだ。実験室で果実を割ってみると、コバチが入っていない果実や、別の寄生バチが入っていたりと、本や教科書の知識とは違う実体験のずれも体験できる。顕微鏡などで、それらを一つひとつ観察してもらうのだ。こ

図11・7　理科であそ部

うして、身近な植物の持っているおもしろさの一側面を体験することで、知ってもらうのである。そして、先生向けのワークショップは、準備や片付けなど、裏方の部分をいかに紹介できるかが、とても大切になる。今後、自分で教材を再生産できるということも、とても重要なのだ。観察するにしても、画像を記録したり、サンプル瓶などにイヌビワコバチを入れておくなどすると、いつでも見せることのできる標本となる。知識のうえでは知っていても、実際に見ることの難しいものなどを見られる状態にしておくことが、教材の大事なところだ。他にも、使った資料や参考文献などもリストしてあげることで、ここで作った標本や記録を元に、自分でもできるセットになるはずだ。これをどのように授業の形にしてアウトプットできるかは、その先生なりの得意分野ややり方があるだろう。沖縄の植物の話でもいいだろうし、共生の話でもいい。先生たちの一生のうち、なんらかの形で還元する機会が一度でもあれば、それは成功といえるのだ。こんな感じで、座学、観察、実験の組み合わせで毎回ワークショップを企画し、シロアリやマイマイ類など、沖縄の身近な環境に出てくる生き物を使ったおもしろいネタ教材や資料を準備し、不定期ながらも「理科であそ部」は開催されていった。

ただこのワークショップも、学生はともかく、参加できる現場の先生が少ないという課題も見えてきた。休日であっても、部活動などがあったりと、何かと忙しい先生が多いようなのだ。先生が忙しいというのも、今後考えないといけない課題の一つかもしれない。そして、このような活動を継続することがとても大切なのだが、私が特命研究員でなくなってしまってからは開催できていない。形を変えてでも、どこかでこの活動を継続して行きたいのだが、予算の確保、場所使用の許可云々というのも、野良の先生モドキとしては目下頭の痛い課題なのだ。そして忙しい先生は、ネタを仕入れるのも論文を調べてというのも時間がなく、なかなかできないことが多いこともわかってきた。そこで、こういった教材の作り方や素材のネタは、ブログの記事にして公開するようにした（「沖縄生物倶楽部」、二〇一五年一二月現在）。これならいつでも検索できるし、忙しい先生にとっては使い勝手はいいはずだ。本来であれば、ＨＰなどをしっかり作り込んで…となるのだが、技術的にも時間的にもあまり込み入ったことができない台所事情もあるので、現在のところこれくらいの活動にとどまっている。機会があれば……という宿題が、この分野でもいろいろ溜まってきてしまっているのも、どうにかしたいところではある。

第12章
生涯学習のススメ

リュウキュウコノハズク

たとえ学生時代に生き物や自然が好きでも、学校を卒業してしまうと、そういったたぐいにふれる機会や学び直すきっかけなどが激減してしまう。生涯にわたり自然や生き物、理科や科学と付き合ってもらいたいという考えから、ここでは一般に向けて取り組んでいる活動についても、二つばかり簡単に紹介させてもらいたい。ここ最近力を注いでいる活動の一つとなっているものだ。一つは、琉球列島の自然の姿にどっぷりはまった生き物屋の、さらにその中でも一般に向けた窓口が必要と思った人たちがほそぼそと続けている、日本野鳥の会やんばるでの活動。そしてもう一つは、沖縄こどもの国という科学啓蒙施設で、理科に興味のない人を理科の世界に引き込むためのワークショップについてだ。まずは野鳥の会のほうから紹介してみよう。

鳥を見ない野鳥の会

私は定期的に、一般の人たち向けに、山原を中心とした自然観察会を開催している。これは学位を取得する前後から始まり、現在までずっと続けている活動だ。最初がなんだったかは思い出せないが、おそらく先輩に誘われ、観察会のお手伝いをするようになったのがきっかけだったと思う。当時の私にとって、学位を取る前後からくすぶっていたもやもやしたものというか大きなフラストレーションとして、「琉球列島の自然に関する一般の人の無関心」というのがあった。この一般の人に対して、何かアクションを起こしたかったのだ。もちろん、これは私一人だけでやれるわけはなく、有志のみんなと続けている手弁当の活動なのだ。

この集まりの名称は、「日本野鳥の会やんばる」という、日本野鳥の会の地方支部の一つで、沖縄島北部を中心に活動している。元々は地元の自然愛好家や写真家などが集まって設立した団体で、私が関わるようになってもう一〇年以上になる。そして、この集まりが設立から現在まで途切れることなく続けている主な活動として、一風変わった「自然観察会」がある。

野鳥の会は全国にたくさんあれど、この支部で行っている観察会は他に類を見ないと思う。通常、野鳥の会が行う観察会といえば、「鳥を観察する」と誰もが思うだろう。しかしこの観察会では、「鳥を見ない」のだ。こう書くと少し正確性を欠く。実は毎回行う観察会はそれぞれテーマがあり、年間を通してこの地の自然の姿を見てもらうという趣向になっている。その年間スケジュールの中に、鳥を中心にすえた会は一回かせいぜい二回しか出てこない。そのため、ここでの観察会は「探鳥会」ではなく、「自然観察会」と銘打って開催している。もちろん、観察会の最中に鳥が出てきたからといって、見ない振りや無視するわけではない。そこはしっかりと観察したり解説するが、あくまでも鳥は自然観察の中で出てくる生き物の一ピースに過ぎない。あえて「鳥だけ」を見に行くようなことはないのだ。しかも、私がいちばん下っ端で幹事を任されてからは、年六回の観察会のうち、例年三、四回は夜の観察会を企画するようになっている。当然、夜間の観察会では、フクロウ類を除いて鳥なんてほとんど出てこない。対象は、そのときその場に出てきた自然すべてが相手だ。全国的に見れば、高頻度で観察会を続けている団体は他にもあると思うが、その中でも夜間の観察会を主軸にすえているような団体は、おそらくないだろう。全国にあ

図12・1　夜の観察会の様子

る野鳥の会が開催する探鳥会とは少し異なる「自然観察会」であることに、私たちは誇りを持っている。

琉球列島の自然の中でも、夜の森はとてもおもしろい。ハブどころ沖縄というだけあって、普通の人は夜に山に入るなど考えもしないかもしれないが、琉球列島の自然を特徴づける生き物の多くは夜行性なのだ。そのため、いくら同じ場所を昼間に歩いたって、そういう生き物に出会えない。その存在自体を知らないのでは、この地への興味の持ちようがないので、参加者にはしっかりとそのおもしろさを見てもらいたいのだ。そんな夜の観察会は、私を含めた講師数名がなんとなく散らばった状態で、たいていとても賑やかに進行する。懐中電灯を片手に、足元を照らしながら林道を歩くと、そこには昼間とはまったく違う生き物の世界が広がっているのだ。

「この倒木のところを見てみましょう。この薄っぺらいのがオオカサマイマイです、枯死体が好きなので、死神と一緒です。こいつがくるってことは、この木はもう枯れかかってるってことがわかりますねぇ。そいでこのカタツ……あー、クロイワトカゲモドキですっ！、しかも完全尾です！　えっとこの尾っぽはですね……あ、今ホタルが飛びましたね、オキナワスジボタルですね、えっと、このホタルの光り方はですね……」

「あー、壁の凹みのところにオオゲジがいますねぇ……あっ、すげぇ、なんか食ってるな……ツユムシの仲間かな……このオオゲジという生き物も夜行性で……あ、踏まないで下さいね、足下にいる黄色いのがアマビコヤスデです、あ、タシロルリミノキがもう咲いてますねぇ、冬ですねぇ……」

「あ、あ、ちょっと、静かに！　聞こえます？　あ、みなさんちょっと電気消してみましょう、いま沢のほうで鳴いている虫がいますね、聞こえます？　そうそうそれ、これがリュウキュウサワマツムシです。いい声ですねぇ、雄が羽をこすり合わせて音を出しているんですよ……あー、後ろでうるさく鳴いてるのはタイワンクツワムシですね……」

と、こんな感じで夜の観察会はいつも出たとこ勝負で展開していく。しかもこの会では、普段なら注目されないであろう、昼間では見ることの難しい夜行性の生き物が中心となる。中でもカタツムリや昆虫、土壌動物のような「地味」といわれてしまうようなものをしっかりと見せ、生態系での役割や習性などを詳しく紹介する。コンディションのよいときなどは、解説の途中で次から次へと違う生き物が出てくることも珍しくない。新しい生き物が出てくれば他の講師が解説を始め、そちらに話の中心が移っていく。目で楽しむだけではない。最近では、琉球列島の鳴く虫を対象に、耳で楽しむ観察会をするなど、あの手この手で自然を紹介している。見るもの、見せたいものが山ほどあるにぎやかな観察会なのだ。

もちろん自然相手だから、前日の天候や温度の急変などで生き物がほとんど出ないようなこともある。

しかしそんなときでも、講師は慌てない。生き物がいないことの理由も解説することができるし、そもそもみんなの視界には山ほど自然の姿が写り込んでいるのだ。昆虫や甲殻類、両生爬虫類などの「動く生き物」が出てこないときでも、その季節の植物の状態、暮らしの中での利用法、他の生き物の関係、沖縄島の地質と土壌、天候や星など、見るものには事欠かない。それらを誰かしらがきちんと説明できる講師の布陣で、観察会に臨んでいるのだ。出てきたものは、植物だろうと動物だろうとなんでも対象にする。このあたりが、自然観察会と名乗っている所以である。ちなみに、今講師をしているほとんどが、琉球大学生物クラブの出身者や先輩たちだ。改めて、自分の所属していた大学サークルの奥深さを実感する。

参加者は、会員や、口コミやネットで情報を仕入れた人が、毎回数十名ほど、那覇などを中心にやってきている。常連さんも多く、この観察会を楽しみにしてくれている。もちろん、これをしたからすぐに生き物好きが増えるわけではない。理科好きが増えるわけでもない。そんなことはわかっている。この観察会の常連さんにしても、毎回必ずこなくてもかまわない。ここにくればそういう窓口が常にある。興味を持った人がそのときにふらっとやってこられる。わからないことがあれば聞くことができる。そういう状態を維持していくことが、生き物好きを増やすとても大切な基礎インフラだと考えているのだ。欲をいえば、この参加者の中から少しでも多くの人が、琉球列島という地域やそこに生息・生育する動植物に興味を持つようになり、その中の一握りの人でもいいから、どはまりしてくれることを願ってやまないのである。

理科に惹き込む草木染め

生涯にわたって学ぶ機会を提供することは大切だと思う反面、私のように活動母体を持たない人間にとって、その窓口を確保し、維持し続けるというのは結構難しかったりする。そういった意味では、動物園とか博物館、ビジターセンターのように、施設をしっかり構えているところは窓口が固定できるので、参加者はもちろん、講師としても使い勝手がよい。私のやりたいことを実現するには、とても心強い存在だ。

ここ最近は、沖縄県内にあるそういった施設などに出かけていって行うワークショップや、出前授業のようなものの依頼が増えてきている。対象も、子どもから大人まで幅広く、生物系の話はもとより、食べ物だったり岩石だったり、光学、土壌、工作、発酵、骨格標本作り、ロボコン、化学実験……と、その内容も多岐にわたる。声がかかればいつだって、どこへだって出かけていってお店を広げる、というスタイルが定着している。私のやるワークショップでは、毎回琉球列島の自然、科学的なものの見方だとか、仕組や原理といったものをどこかに含むような内容で組み上げて行く。最近では、「興味の方向の違う人たちを理科のおもしろさに惹き込む」といったことにも、随分と試行錯誤を続けている。当然それらは、理科好き、自然好き一辺倒の私一人では、到底作り上げることのできない企画ばかりだ。そんな人たちに出会い、助けられながら一緒になって企画を作り上げるので、ワークショップができあがるまでの紆余曲折の部分がいちばん楽しい時間となる。

沖縄島の中部、沖縄市の胡屋に、動物園と啓蒙施設などが一つにまとまった、「沖縄こどもの国」という博物館相当施設がある。私はここで年に数回から十回程度、観察会やワークショップ、出前授業など、何がしかの講師の真似事をさせてもらっている。ここには私が沖縄市に勤めているときからの付き合いで、これまでにも黒糖作りや島豆腐作り、化石のレプリカ、骨格標本作り、樹脂封入、石の話、歯の話、シロアリの話、小中学校への出前授業……と、関わらせてもらった企画をあげればきりがない。

こどもの国の中にあるワンダーミュージアムという子ども向けの科学体験館で、その年の夏休みのワークショップで開催する「葉脈標本」について現場打ち合わせをしていたとき、隣で別のワークショップの準備をしていた染色家の新垣志保さんに声をかけられた。新垣さんは柿渋をメインに扱っている染色家で、こどもの国で布作りや染物の体験講座をちょくちょく開催している人だ。このときは、イトバショウの幹を煮込んで繊維を取り出している最中で、その作業で使う竹製の道具を作っているところだった。実は、葉脈標本も植物から糸を取り出すのも、最終的にできあがるものも使う薬剤や工程も違うものの、植物からタンパク質などを取り除いてその骨格のセルロースだけを取り出すという原理は一緒なのである。そんな共通点から、植物繊維や葉脈標本についてあれこれと質問を受けたりと、雑談に花が咲いた。そのうち、新垣さんのほうから一緒に何か企画をしてみませんか、それも草木染めと科学を合わせた形でのワークショップを、というお誘いを受けた。そもそも私には、びっくりするくらい芸術的なセンスや感性といったものが存在しない。色合いや柄といったものにはてんで興味がわかないので、私にとって美術や工芸関係はおもしろいと思う反面、なかなか入り込んで行きにくい分野なのだ。その代わり、その裏側にある職人技や技術、仕組みや原理といった、民俗、工学、科学的な要素には強く惹かれるものがある。そのへんを一緒くたにしたワークショップ。考えただけでおもしろそうだ。これまでの経験則から、「こういう出会いはたいていおもしろいほうに転がっていく、突っ走れ！」。心の中の私がそういっていた。二つ返事で了承し、早速企画を具体化すべく動き始めることにした。

企画の具体化には、施設の担当者が欠かせない、その人物もまた、講師の強い想いを受け止める力を持った人物が必要となる。そういった人物が、こどもの国には何人か働いている。そのうちの一人が吉岡由恵さんだ。ここで働く吉岡さんは琉球大学の後輩で、卒論でオオコウモリについて研究していた生き物屋さんで、私の山原や離島などでの山遊び仲間でもある。この施設では、子ども向けの体験プログラムの他に、沖縄の民俗習慣などを体験する大人向けの講座の開講にも力を入れている。吉岡さんは、大人向けの講座の企画調整も担当していたのである。これまでに開催したいくつかの企画は、彼女と一緒に作り上げたりもしている。今回もその枠を使って、このワークショップを作って行こうと話をつけることになった。

さて、一言で「草木染め」といっても、実はとても奥が深い。使う布一つにしても、動物性か植物性の繊維かで、下準備から染色工程まで違ってくる。さらには、使用する染料植物、媒染方法、濃染処理、絞りや絵付けなど、作品を仕上げるまでの選択肢は幅広く存在する。

そして、一見生物や科学と縁遠いように見える工芸や美術の分野なのだが、実は様々な科学な部分が見え隠れしている。素材の違い、下処理や濃染処理、媒染の仕組み、染料植物の知識などなど、この作業のほとんどは生物学や化学などの理科系の知識があるととても楽しいものとなるのだ。私としては、このへんを強く意識しながら作品を作っていけるとおもしろいのではないかと考えていた。そんな方向性の違う講師同士の打ち合わせは、試してみたいこと、新しいアイデアのぶつけ合いの場となる。まずは全員でとにかく出せるアイデアを片っ端から出していき、そしてそれに呼応する形で周りも意見をあげていく。そのうち、話はまとまるようには思えないほど広がっていき、収集のつかない大脱線の様相を呈するのだ。

使うのは沖縄の植物がいいな！　植物の観察会もいれる？
一つの植物で、部位を変えて染めるってのもおもしろくない？
時間は、まる丸一日ってキツイかな？　複数回開催できる？
繊維は動物性？　植物性？　染め液は？　媒染剤の種類は？
糸は？　なんだったら作っちゃおうか、織物してみる？　綿花もあったよね？
そういえばアンゴラの体毛があったはず、あれは使えない？
カジノキが園内にあるからさ、ついでに紙漉きとか布作りもやっちゃおうか？
植物採集から糸にするまでやってみたら、とかおもしろくない？

もう毎度のことだが、講師が揃いも揃って脱線し続けるので、それを適度に正し、まとめていくのが吉岡さんのとても大切な仕事となっている。結局このときはネタが多すぎて一回では収まり切らず、全三回のワークショップにふくれあがってしまった。そのうちの一回は、ドングリのアク汁を染料に使うことにした。ドングリ粉を作る際に出た、使い道はないがなぜかもったいなくて風呂場の片隅にとっておいたト

図12・2　草木染めワークショップの様子

スロンバケツ一杯のアク汁だ。アクの主成分タンニンは、植物動物どちらの繊維にもよく染まる、非常に優秀な染め液なのだ。これを使うことで、沖縄の植物を身近に感じてもらいながら、さらに草木染めの仕組みを理解してもらうことにした。

なんとか企画の大枠が決まると、それからそう遠くない日に再び三人で集まり、実際に染め物を作り上げるまでをしながら、企画をワークショップの形に具体化して行くことになる。準備から片付けまで、一通りの作業を講師みんなで試行し、その中からどこの工程を参加者に体験してもらうか、どこを省略して行くかを最終的に見極めて行く。供養祭をしてあげたくなるほど、たくさんのアイデアやネタがここまでの過程でボツになっていく。参加者がおもしろいと思うワークショップを作り上げるには、これまでの知識と経験の中から何が本質で大切なことかを吟味する。詰め込みすぎてもダメだし、単調で変化がないのもダメ。体験させられることと難しいことを分別し、内容を削りに削って組み上げていくのだ。最終的にワークショップで参加者に見せることができるのは、こうした作業全体の一割にも満たないのである。

作業内容が決まったところで、再び私の出番となる。草木染めに限らないのだが、美術や工芸の世界には、様々な「きまり」が存在している。その多くは科学的な根拠があったりするのだが、「体験しました」だけのワークショップでは、そこはブラックボックスにしてふれないままとなる。私としては、参加者みんながその技術を一通りできるようになってもらいたいので、あくまでも作品を作り上げることを主眼にしつつも、染まる仕組みや、なぜ、この工程をするのかといった、要所要所で科学的な仕組みの解説を入れ込んでいきたいのだ。

作品を作ることだけに集中すると、なぜ、そうなるのかという仕組みの部分が謎のままになってしまうし、科学的な仕組みばかりでは理科が苦手な人は苦痛になってしまう。実はこのへんの配分が私には難しいのだが、ここで心強いのが新垣さんの存在だ。何を隠そう、新垣さんもそもそも「理科苦手」と自称してやまない人なのだ。おかげで新垣さんは、参加者はどんな情報があればわかりやすいのか、どんな情報が不足しているのか肌身で知っている。「ここところで仕組みについての解説が欲しい」「ここに材料の解説の時間を取りましょう」と、新垣さんが感じている科学の視点が必要な部分を指摘してもらうことで、私はその項目について簡単な実験や標本などを準備し、それらをわかりやすく解説していくことになる。こうしてたくさんの手間ひまを注ぎ込んで作り上げ、やっとのことで草木染めのワークショップ本番の日を迎えるのだ。

沖縄では、意外に参加者を集めるのに苦労することもあるのだが、三回にわたるワークショップは、すべて定員いっぱいという有り難いこととなった。吉岡さんら施設の広報も効果的だったのか、参加者もバラエティに富んでいて主婦、男性、小中学生、お年寄りと、普段草木染めのワークショップに参加しないような方までもが参加してくれた（佐藤ら、二〇一三、二〇一五）。積極的な参加者にも助けられ、核に草木染めがあって科学や民俗的な話に脱線していく、そんな一風変わったワークショップにすることができた。理科に縁遠い人たちにも科学を身近に感じてもらうこのやり方が成功なのかわからないが、一つの切り口にはなっていると思っている。実際、この講座は参加者の方からの反応もよく、開催の要望の高いネタの一つとなっている。

身近な自然を知るための地固め　身の回りの植物調査

「もう少し上っ側ぁー」

「こっちですかぁー？」

「そぉーぅ、そこー」

「ここ斜面崩れて普通に進むの大変ですけどどうしますかぁー」

「危なーいー？」

「そう思いまーす」

「……じゃぁ戻ろぉーかぁー」

「……。了解でーす、戻ってルート確認しまーす……あっ先生、ここにもナカハラクロキとオキナワヤマコウバシがいましたぁー」

「はぁーい、了解ぃー、」

アスファルトがなつかしい。もう半日以上、枝打ち鎌を片手に、背丈以上に密生した藪を払い、地形を読みながらなんとか人が通れる道をつけ、道なき道を進んでいる。地形を読み間違えれば先ほどのように引き返し、またルートを探して藪を漕ぐ。蒸し暑いうえに体中を虫に刺されたり、植物の枯葉やトゲが服の隙間から入り込んで、不快指数はとんでもない数値を示している。はたから見れば、遭難者の一団のような雰囲気すらある集団だ。遭難者と違うのは、その誰の顔にも焦りや憔悴感がないことだろうか。ここは外国でもなければ離島でもない。ここは沖縄県中頭郡西原町字千原一番地、琉球大学千原キャンパスの中なのだ。今、私たちは自分の出身大学の中をさまよいながら、大学の中の植物調査をしている。この本の最後に、最近取り組んでいる、これまたお金にならないことを紹介したいと思う。

最近、身近な自然を伝えることのできる人間を増やしたいということから派生して、そういう志を持った人の手助けとなる資料を残しておこうということに、微力ながら注力している。この手弁当な調査の指揮をとるのは、植物屋の立石庸一先生である。この探検隊の隊長である立石先生は、植物分類学の先生で、数年前に琉球大学教育学部を退官されている。私が教育学部で特命研究員をしていたときからの付き合いで、身近な自然の基礎資料作りとして、大学周辺や沖縄島の周辺離島の植物相を明らかにすべく、私を含

図12・3　千原池周辺

めた大学院生や学部生などとともに調査を続けているのだ。これまでに、久高島、津堅島、浜比嘉島など、調査を終わらせた島がある（立石・杉尾、二〇〇九：立石ら、二〇一四：天野ら、二〇一三など）一方で、久米島、粟国島、伊計島、宮城島、瀬底島、古宇利島、藪地島、奥武島……と調査が始まったが完了してない島、そしてさらにまだ調査に着手できていないそれよりも多い数の離島というのが、ここ琉球列島には存在している。島という環境は、たとえ距離的に近くても、その島の成り立ち、地形、地質、陸水の分布、人の利用形態の違いなどによって、植物の組成も当然のことながら大きく違っている。そのため、実際に調査に入ってみると、意外な発見やおもしろさに毎回遭遇することとなる。ここ琉球列島には、そんな島が数限りなく存在している。終わりの見えない、すごくワクワクする大きな「敵」の存在なのだ。足下の自然をしっかり知りたい私としては、このまたとない機会を使って、植物の勉強をしながら自分の周りの植物相の情報を頭の中に蓄積しているところだ。そしてそのうちの一つが、このキャンパス内で行った植物相調査なのである（天野ら、二〇一二：佐藤ら、二〇一三a、b：中村ら、二〇一三など）。

図12・4　植物調査装備写真

コラム　植物調査の装備

植物相の踏査は、とにかくその場に行くことが大切だ。藪だろうと崖だろうと、環境がある限り進むのだ。それを可能にするための装備を紹介しておこう。

枝打ち鎌（二三〇グラム）　藪を漕ぐための主要な武器。重すぎず軽すぎずのこの鎌がいちばん頼りになる

グローブ　石灰岩の崖を上り下りしたり、藪払いのときに使うと手が傷つかない

植木バサミ、藪払いナタ　植物を採集したり、つる植物を払うのに便利

ビニール袋と採集用カバン　現場でわからなかった植物標本を入れる、ビニールは五斤袋が使い勝手がよい

雨具　急な雨でも車まで戻ることができない場合が多い。傘の一本でもあると助かる
岩石ハンマー　少々重いのだが、岩石を見たり、岩の隙間に生えてる植物を採集するのに便利
GPS　道なき道を進むために欠かせない命綱
帽子、長靴　野外活動の基本装備
一口羊羹　集中力が切れたときのエネルギー補給に最適
ウエストポーチ　色々使ってみたが、米軍の弾帯を入れるウエストポーチがこれまでのところいちばん丈夫で長持ちしている。これに同じく米軍のキャンティーンポーチなどの小さめのポーチをいくつもくくりつけ、中に上記の装備、もしものために使えそうなビニールテープ、パラコードなどを入れて肩から背負って使用する。

植物相とは、ある地域に生育しているすべての植物種の組成のことだ。植物は、地史、地形、地質、土壌、水分条件、種子散布様式といった生育条件に加え、人為的な操作の有無など、様々な要因が作用した結果そこに生えている。その組成を知ることは、その地域の自然環境の理解だけでなく、時代の趨勢、その土地の民俗や風習など、人文科学の分野にとっても不可欠な基礎情報となる。そして植物相の把握とは、具体的にはその地域にどんな植物が生育しているのかを丹念に調べ上げ、そのリストを作成していく作業となる。この、「植物相を調べる」という行為、言葉にすると簡単なようだが、これがなかなかの曲者なのだ。植物相の調査は、ひたすら踏査、これしかない。なるべく多くの環境を見つけ、出かけて行っては

そこにある植物を漏らさず記録していく。調査中にわからない植物が見つかれば、一部採集して、研究室で同定する、これの繰り返しだ。そして植物の難しいところは、普段見かける植物体（地上部分）がまったく出現しない時期があることかもしれない。特に草本の類は、ある時期にだけ地上部を発達させて開花結実し、すぐに枯れて地上部が姿を消す一年草が少なくない。そんな種類も漏らすことなく記録するためには、季節を変えて同じ場所を何度も調査しなければならない。調査範囲も、広く見通しのいい場所ばかりではないのだ。私たちが侵入するのが困難な場所だって、植物は生えている。植物相を知るためには、そういった場所も調査範囲の中なのだ。私たちのよく通るところならアプローチもしやすく、結構な範囲を一日で調査できるが、林や藪、斜面や崖がちな場所だと、一日かけてもほんの少ししか調査が進まない。その分、時間と労力が爆発的に増えることになる。そして何より、当たり前のことだが植物を見分けられないと話にならないのだ。

冒頭のような林内や藪の中まで、見落としがないように、これまで季節を問わずヒマさえあれば構内をうろうろし、ガシガシ踏査を続けていると、次第におもしろいことがわかってくる。実はこのキャンパス内には、冒頭で出てきたナカハラクロキやオキナワヤマコウバシといった、中南部ではほとんど見かけない、むしろ山原などに行かないと出会えない植物が、それもある条件の場所に限って生育している。私としては、正直、そんな植物が大学構内で見られるなどとは考えてもいなかった。

植物の生育には、その場所の土壌の性質が大きく関係する。土壌は、さらに深層に位置する基盤岩の性質に強く影響を受けて成立する。沖縄島の地質は、基本的には北部の非石灰岩（千枚岩など）地域と本部

図12・5　千原池から大学を望む

半島の古生代石灰岩地域、そして中南部の琉球石灰岩、島尻泥岩地域の三つに大別できる。そしてその基盤岩が風化して土壌となるため、大雑把にいってしまえば中南部と本部半島はアルカリ土壌、北部は酸性土壌といったように、南部と北部では植物の生育条件が違っているのだ。大学のある西原町は中南部に属するため、島尻マージやジャーガルと呼ばれるアルカリ性の土壌が発達している。そのため、普通に構内を歩いて目にする植物は、ガジュマルやハマイヌビワといったアルカリ土壌でも生育可能な種が多くなっている。これらは、中南部では見慣れた植物で、それ以外に目新しいものなどほとんど出てこないのだ。

一方で、千原キャンパスは、元々今の首里城のある場所に立っていた大学首里キャンパスが、首里城の復元に伴い、この場所に移転・造成されたものだ。この場所は、移転前までは長いこと琉球王国の裾山だった歴史を持つ地域で、長い間伐採を厳しく管理されていた。林環境を維持した山がちな地形と、付近に小規模な沢や小規模な茶畑などが点在していたらしい。その山の頂上付近を平らに切削することで、このキャンパスは作られている。私たちが普段目にするのは、この頂上部分の姿なのだ。ところが構内には、造成時に表土の切削をまぬがれた場所がいくつか点在している。その多くは、人間の利用に不向きな斜面地や断層地に小規模に残されていて、普段目にすることが少々難しい場所だ。そんな場所では、中南部では見ることの少ない植物が多数生育している。オキナワヤマコウバシやナカハラクロキといった植物は、すべてこの切削されていないエリアに限定される。たとえ隣接しているエリアでも、造成された場所からは一切確認できない。ここはそんな時間軸を超えた自然の姿がうかがい知れる場所となっているのだ。たかだか大学内をうろついただけだであるが、植物には土壌が大切、当たり前のことを改めて指摘されたような気になるのである。

そしてこの手の調査は、終わらせるタイミングが難しい。一つでも見逃せば、その種が植物相のリストから抜けてしまう。恥を忍んで、この調査でやらかした大ポカも記しておこう。実は私がこの調査に参加した大きな動機の一つに、学部の学生時代から何度となく耳にしてきた「この大学の中にオキナワウラジロガシが生えているらしい」という噂を、実際に確かめたいというものがあった。あの日本一まずいドングリ、山原や離島に行かないとお目にかかれないオキナワウラジロガシが、構内に生育しているかもしれないのだ。この噂の根拠となっているのは、複数ある過去の文献資料なのだが、そのうちの一つ、キャンパス移転の直後に琉球大学生物クラブの大先輩たちが行った植物調査の報告書には詳細な調査場所も一諸に記録されていた（琉球大学生物クラブ、一九八一）。その場所は構内を流れる千原池の周辺で、やはり表土の残っているエリアだ。私たちはこの報告を元に、その場所にも何度となく足を運んだものの、ついにオキナワウラジロガシを確認することができなかった。その場所一帯は、造成後に定期的に地滑りが起きているようで、オキナワウラジロガシは愚か、大径木がほとんどない場所となっている。おそらく、キャンパスの造成に伴って地滑りが起こるようになり、当時生育していた樹木の多くが池に水没したのではないかと判断される場所だった。このため調査を終了し、その結果を紀要にまとめたのだ（佐藤ら、二〇一三）。しかし、それからほどなくして、追加で得られた情報から、キャンパス内でオキナワウラジロガシの生育を確認することになるのだ。その場所もやはり千原池周辺で、何度も近くを通ったことのある斜面地だった。生物クラブの報告にあるのとは別の個体なのかもしれないが、全部で数株のオキナワウラジロガシが池の淵の水際ギリギリのところで生育しているのを確認できた。あと数メートル横にルートをとっていれば、見つけられたかもしれない。生育の確認ができた事自体は大変喜ばしいことこのうえないのだが、紀要に書く前に、もう少し慎重を期すべきだった。もの凄く悔やまれることとなってしまったのだ。言い訳や泣き言をいっても始まらない。この本が書き終わったら、訂正とその後に見つかったものを合わせて、訂正報告をしないといけないと思っている。

詰めの甘さは生来のものか。こうやって考え出すと、「ひょっとして……いやまてよ……」という疑心暗鬼になってしまい、なかなか調査の終わりを宣言できないのだ。また、外国や他地域から持ち込まれる外来種も、人の行き来がある限り、次々と侵入してきたりする。そういったものまで考え始めると、調査というものは終わりが見えなくなる行為なのだ。そしてこれらを丁寧にまとめて行っても、おそらく業績にはほとんどならない、地味で労力ばかりかかる作業である。この先、誰かがこの地の自然の姿を頭に入れたいと考えたときに、参考になる資料を地道に残し続けているのだ。何が楽しくてそんな手間ばかりかかることをと思うかもしれないが、その中で見つかる小さな発見が、なんとも私の心をとらえて離さないのである。

おわりに

本書は『琉球列島のススメ』などという大層な表題をつけてしまった割に、あれやこれやとつまみ食いした挙句、そのどれも中途半端な紹介しかできていない。本当にこの地の魅力をおススメできているか、少々不安である。しかし、私の興味の対照群はめまぐるしく変化したものの、根底にある、この場所での生き物の振る舞いや自然の魅力といったものへの興味関心は一向に薄れることなく、むしろ高まる一方だということが、読んでいただいた皆様の中に少しでも感じとってもらえると幸いである。

大学入学以来、様々な専門分野の人との交流や、自身の専門知識の蓄積を通してものを見る私の視点も益々多様になってしまった。たとえ、名前がわかるありきたりな生き物であっても、視点を変えて見直してみると、まったく違う顔をのぞかせていることに気が付くようになってしまっている。それも、分類学や生態学といった狭義の生物学の中の話だけではなく、広く多様な方向から見直してみると、まだまだ私の知らないことばかり。おそらく現在の私は「自分の周りがわからないものだらけだ」ということがやっとわかるようになってきた、という段階のようだ。一体いつになったら、この視界に飛び込んでくるものがわかるもので満たされるのだろう。そのすべてを攻略することはできないと薄々判っているものの、これからも私の体力と好奇心が続く限り、それら一つひとつを攻略していきたいと考えているのだ。

琉球列島の自然に対しての心ばかりの恩返しではないかと考え、取り組み始めた環境教育の世界も、気付けば一応一〇年以上継続している。脱線癖のある私の中ではかなり長寿な部類に入ってしまっている。

最近では新聞に沖縄の自然を紹介するコラムを書いたり（鹿谷ら、二〇一五）、観察会や出前授業、ワークショップのようなことを行ったり、頼まれればなんだってしながら、琉球列島の自然のおもしろさを伝えて行く方法をあれこれ手を替え品を替え模索している。もちろんじっくり腰を据えて取り組めるようなポストにでもつけていればまた違った展開もあったのかもしれないが、私の性格上やはり今のような状態になったかもしれない。そのへんはお天道様しかわからないが、間違ったことをしている気はないので、今（というかずっと）金や定職がないのは、私が金や定職に縁がないからだろうと思うことにし、この分野に関しても私の元に訪れる、人的・物的な出会いに感謝して、降ってくる種種雑多な機会に全力で立ち向かって行こうと思っている。野垂れ死ぬことにもなろう。それもお天道様の采配なのだ。運を天に任せもう少しこのまま続けてみたいと思っている。

謝辞

この本の執筆を最初に提案されたとき、私は沖縄市の山の中でオキナワウラジロガシを探して林内をさまよっていた。滝を迂回しているとき、同じ特命研究員であった鹿谷法一氏から電話が入り、東海大学出版部の稲さんを紹介された。「沖縄の自然について、その想いを書いてみませんか」という、とても勇気の必要なありがたい提案をしていただき、本当にその言葉に甘え、頭に浮かんだ印象深い出来事を列挙し、書き上げたのが本書になる。この本を書くにあたり、こうしてトピックを整理し、振り返ると、この地にきて本当に様々な経験をさせてもらえた自分はなんと恵まれており、さらにそれらを本にする機会にまで恵まれるという幸運に、ただただ感謝するばかりである。しかしこの本を書くにしても、生き物と出会うにも、専門知識を習得するにも、教育絡みの様々な経験を蓄積するにしても、そのどれ一つとっても私一人では成し得ることはできなかったであろうことの積み重ねである。あらためてその都度出会った数々の人から機会や刺激をもらい続けていることに改めて気付かされる。ここ琉球列島には私と同じようにこの地の魅力に魅せられた生き物屋さんが大勢生息している。幸運なことに、そういった人たちと出会えて、交流を持ち、共に這いずり回れたことは、間違いなく私の財産なのだ。これまで出会ったすべての人に感謝を捧げたいと思うのである。ここでは、その中でも特にこの本に出てきた内容に関係する方の名前をあげ、謝辞にかえさせてもらいたい。

吉野哲夫先生には卒論の指導をしていただいた他、日本初記録のエイを食べてしまうなど数々の大ポカをした私や生物クラブの面々を見捨てることなく丁寧にご指導いただいた。太田英利先生には卒論以降、公私にわたり様々なご助言をいただき、研究の仕方から学会発表と、野外で遊ぶことだけが得意な人間に研究者としての一通りを叩き込んでいただいた。両氏には専門知識をはじめ、研究デザインや物事に望む姿勢など多岐にわたり御教授いただいた。増永元、関根正人、望月秀人、田村常雄、坂野猛、外間康洋をはじめとする生物クラブの先輩や同期、後輩のみんなには一緒にフィールドに出たり、様々な経験を一緒にさせてもらった。これらの経験が私の自然観の構築には大変重要な意味を持った。この他にも漁港のおっちゃんたち、離島で聞き取り調査でお邪魔させてもらった多くの方々、旧理学部生物学科、海洋学科の先生方並びに先輩、同期の諸兄にも研究や遊びを通して大きな刺激をもらった。戸田守氏（琉球大学熱帯生物圏研究センター）には実験からデータの解析など技術・議論両面で大変お世話になった。ＣＯＥ研究員だった化石屋の高橋亮雄（岡山理科大学）さんをはじめとした太田研の諸兄、故千石正一氏、佐藤文保氏には研究上で有益な、たくさんの情報や助言をいただいた。ゲッチョさんこと盛口満氏や遠藤知子氏、星野人史氏をはじめとする珊瑚舎スコーレの皆さんには教育の場での貴重な体験をさせてもらい数々の助言をいただいた。森の家みんみんの藤井晴彦氏、鹿谷法一氏、鹿谷麻夕氏、沖縄市東部海浜開発局の職員の皆さんには環境教育全般にわたって貴重な機会の提供を受けたり、様々な助言をいただいた。鹿谷法一氏にはこの他、本文の添削などに関しても大変お世話になった。教育学部の杉尾幸司先生をはじめ先生方には海の教育、教材作りに関して様々な便宜を図っていただいた。立石庸一先生、院生の中村元紀君をはじめとする学生の皆さんには植物の勉強をさせてもらい、フィールドを一緒に回らせてもらった。野鳥の会やんばるの村山望氏をはじめ幹事の皆さんには観察会の運営、開催でご迷惑をおかけしている。財団法人沖縄こどもの国の吉岡由恵さんをはじめとするスタッフの皆さん、染色家の新垣志保さんにはワークショップの実施に際して大変お世話になった。宮本圭さんをはじめとした沖縄美ら島財団の方々には魚類標本の撮影などで大変お世話になった。東海大学出版部の稲英史氏にはこの本の出版に際して、つたない日本語の添削や数多くの助言をいただいた。

名前を出すことくらいしかできないのが恐縮ではあるが、あらためてこれらの方々に深く感謝したいと思う。

最後に、沖縄くんだりまで糸の切れた凧のように流されていってしまった次男坊を最後まで心配してくれている両親、佐藤英資、和子に最大限の感謝をするものである。

アル．東海大学出版会，神奈川．154 pp.
鹿谷麻夕・鹿谷法一・藤井晴彦・佐藤寛之 (2015)．おきなわ自然さんぽ．琉球新報社，那覇．112 pp.
立石庸一・杉尾幸司 (2009)．沖縄県の離島・へき地における自然教育のための基礎資料の充実 I　沖縄諸島・台東島地域小島嶼の植物的自然関係文献．琉球大学教育学部紀要，(75): 213-227.
立石庸一・佐藤寛之・天野正晴・田場美沙基・齊藤由紀子・富永　篤 (2014)．沖縄県の離島・へき地における自然教育のための基礎資料の充実 VII：うるま市浜比嘉島の植物相．琉球大学教育学部紀要，(85): 45-74.
Toda, M., M. Nishida, T. Ming-Chung, T. Hikida and H. Ota (1999). Genetic variation, phylogeny and biogeography of the pit vipers of the genus *Trimeresurus* sensu lato (Reptilia: Viperidae) in the subtropical East Asian islands. *In* H.Ota(ed.), Tropical Island Herpetofauna: Origin, Current Diversity, and Conservation. pp. 249-270. Elsevier Science, Amsterdam.
吉田安規良・神山由紀乃・佐藤寛之・中村元紀・天野正晴・比嘉源和・高田勝・翁長　朝・吉岡由恵・松田伸也 (2011)．沖縄で簡単に入手可能な植物を用いた葉脈標本づくりを取り入れたワークショッププログラムの開発－沖縄子どもの国ワンダーミュージアムでの実践から－．琉球大学教育学部紀要，(79): 147-159.

中村元紀・天野正晴・佐藤寛之・立石庸一 (2013). 琉球大学千原キャンパスに残された森林植生の現状. 琉球大学教育学部紀要, (82): 229-243.
Nakamura, Y., A. Takahashi, H. Ota (2013). Recent cryptic extinction of squamate reptiles on Yoronjima Island of the Ryukyu Archipelago, Japan, inferred from garbage dump remains. Acta Herpetologica, (8): 19-34.
小原裕二 (2013). 同一個体と考えられるオキナワイシカワガエルを複数年にわたって確認した事例. AKAMATA, (24): 9-12.
沖縄市郷土博物館 (2009). 竹と人－上地の竹細工を中心に－. 第37回企画展図録. 沖縄市郷土博物館. 45 pp.
Ota, H. (1998). Geographic patterns of endemism and speciation in amphibians and reptiles of the Ryukyu Archipelago, Japan, with special reference to their paleogeographic implications. Researches on Population Ecology, 40: 189-204.
琉球大学生物クラブ (1981). 改訂2版琉大新キャンパスの植物リスト. 琉球大学生物クラブ, 謄写版, 26 pp.
Sato, H. and H. Ota (1999). False biogeographical pattern derived from artificial animal transportations: A case of the soft-shelled turtle, *Pelodiscus sinensis*, in the Ryukyu Archipelago, Japan. *In* H. Ota (ed.), Tropical Island Herpetofauna: Origin, Current Diversity, and Conservation. pp. 317-334. Elsevier Science, Amsterdam.
佐藤寛之・吉野哲夫・太田英利 (1997). 沖縄県内の島嶼におけるスッポン (*Pelodiscus sinensis*) (爬虫綱, カメ目) の起源と分布の現状について. 沖縄生物学会誌, (35): 19-26.
佐藤寛之・天野正晴・中村元紀・宮城直樹・立石庸一 (2013a). 琉球大学千原キャンパスに於ける維管束植物相の現状. 琉球大学教育学部紀要, (82): 211-227.
佐藤寛之・高木彩花・高田　圭・村上優子・中村元紀・天野正晴・立石庸一 (2013b). 琉球大学千原キャンパスの植え込みに侵入する樹木の実生. 琉球大学教育学部紀要, (82): 245-251.
佐藤寛之・新垣志保・吉岡由恵・杉尾幸司 (2013). 身近な自然を題材にした草木染めワークショップの開催－社会人向け生涯学習プログラムの一例－. 琉球大学教育学部紀要, (83): 49-54.
佐藤寛之・新垣志保・吉岡由恵・齋藤由紀子・杉尾幸司 (2015). 身近な植物を用いた草木染めの色見本作り：小学校生活科における教材化に向けた検討. 琉球大学教育学部紀要, (87): 225-234.
珊瑚舎スコーレ (2015). まちかんてぃ！　動き始めた学びの時計. 高文研, 東京. 220 pp.
鹿谷法一・佐藤寛之 (2013). 海のがっこう：教師向け海辺の観察会企画マニュ

引用文献

天野正晴・高田　圭・中村元紀・佐藤寛之・宮城直樹・立石庸一 (2012). 琉球大学千原構内に生育する野生維管束植物. 琉球大学教育学部紀要, (81): 333-354.

天野正晴・立石庸一・佐藤寛之・田場美沙基・富永　篤 (2013). 沖縄県の離島・へき地における自然教育のための基礎資料の充実 VI：うるま市津堅島の植物相. 琉球大学教育学部紀要, (83): 177-200.

Ferrari, A. and A. Ferrari (2001). サメガイドブック. 監)谷内　透, 訳)御船淳, 山本　毅. TBS ブリタニカ. 256 pp.

橋本芳郎 (1983). 魚介類の毒. 学会出版センター, 東京. 377 pp.

国立歴史民俗博物館 (2002). 海をわたった華花－ヒョウタンからアサガオまで－. 国立歴史民俗博物館平成16年度企画展図録. 国立歴史民俗博物館. 103 pp.

松田伸也・相馬健太・佐藤寛之・宮城直樹・岩切宏友 (2012). 普通の赤レンガを用いた「小たたら炉」による小鋼塊の形成. 日本理科教育学会第62回全国大会発表論文集第10号, 174.

松田伸也・佐藤寛之・宮城直樹 (2013). サヌカイト (讃岐岩) を石材とした学習用磨製石斧の製作とその実用性. 日本理科教育学会九州支部大会発表論文集第40巻, 18-19.

益田　一 (1984). 日本産魚類大図鑑. 東海大学出版会, 神奈川. 448 pp.

Mori, A. and H. Moriguchi (1988). Food habits of the snake in japan: A critical review. The SNAKE, 20: 98-113.

Mori, A. and M. Toda (2011). Feeding characteristics of a Japanese pitviper, *Ovophis okinavensis*, on Okinawa Island: Seasonally biased but ontogenetically stable exploitation on small frogs. Current Herpetology 30(1): 41-52.

Mori, A., H. Ota and N. Kamwzaki (1999). Foraging on sea turtle nesting beaches: Flexible foraging tactic by *Dinodon semicarinatum* (Serpentes: Colubridae). *In* H. Ota (ed.), Tropical Island Herpetofauna: Origin, Current Diversity, and Conservation. pp. 99-128. Elsevier Science, Amsterdam.

盛口　満. 2005. 骨の学校 3. 木魂社. 東京. 257 pp.

盛口　満. 2006. 生き物屋図鑑. 木魂社. 東京. 283 pp.

盛口　満・佐藤寛之・宮城竹茂 (2007). 屋那覇島 (沖縄諸島) から採集された漂着種子：マメ科トビカズラ属の一種 (*Mucuna* sp.) の開花, 結実の報告. 漂着物学会誌, (5): 52-53.

中坊徹次 (1993). 日本産魚類検索－全種の同定. 東海大学出版会, 神奈川. 1474 pp.

中村桂子・板橋涼子 (2010). 生きもの上陸大作戦. PHP サイエンス・ワールド新書. PHP 研究所. 150 pp.

索引

著者紹介

佐藤　寛之（さとう　ひろゆき）
1973年生　東京の下町で生まれ育つ
琉球大学大学院理工学研究科　修了　博士（理学）

大学入学以来，琉球列島の自然の魅力に取り憑かれ，
海山問わずほっつき歩き，更なる深みにはまりながら
現在に至る．

著書：海のがっこう（共著）東海大学出版部
　　　おきなわ自然さんぽ（共著）琉球新報社

フィールドの生物学《せいぶつがく》⑯
琉球列島《りゅうきゅうれっとう》のススメ

2015年12月20日　第1版第1刷発行

著　者　佐藤寛之
発行者　橋本敏明
発行所　東海大学出版部
〒259-1292 神奈川県平塚市北金目4-1-1
TEL 0463-58-7811　FAX 0463-58-7833
URL http://www.press.tokai.ac.jp/
振替　00100-5-46614
印刷所　港北出版印刷株式会社
製本所　誠製本株式会社

ISBN978-4-486-01997-8